TT-Programm

Bruchrechnen

Bearbeitet von Helmut Lindner

Zusammen mit Ruth Haberkorn, Erich Moltzen

und Friedrich Offelmann

Ernst Klett Verlag Stuttgart

7651

Dieses Programm wurde - unter Mitarbeit des Referates für Programmierten Unterricht im Ernst Klett Verlag - für deutsche Schulverhältnisse bearbeitet. Mitgewirkt haben außerdem noch Herr Herbert Michalke und - als Berater - Herr Oberschulrat a.D. Dr. Paul Sengenhorst.

Das Originalwerk erschien unter dem Titel
"Fractions: A Basic Course in Arithmetic - a Tutor Text"
Doubleday & Company, Inc., New York.

1. Auflage 1 10 9 8 7 6 | 1975 74 73 72 71
Alle Drucke dieser Auflage können im Unterricht nebeneinander benutzt werden. Die letzte Zahl bezeichnet das Jahr dieses Druckes.

Druck: Ernst Klett, 7 Stuttgart, Rotebühlstraße 77
ISBN 3-12-765100-7

INHALTSVERZEICHNIS

1 Was ist ein Bruch? **1 A**

Bruchteile einer Menge . . . . 10 A
Prüfungsaufgaben . . . . 22 A

2 Wir vergleichen Brüche, ganze Zahlen und gemischte Zahlen **28 A**

Zähler und Nenner sind gleich . . . . 29 A
Der Zähler ist größer als der Nenner . . . . 45 A
Echte und unechte Brüche . . . . 40 A
Scheinbrüche . . . . 53 A
Umwandlung von unechten Brüchen . . . . 36 A
Prüfungsaufgaben . . . . 51 A

3 Was ist ggT und kgV ? **56 A**

Die Teiler einer Zahl . . . . 56 A
Primzahlen . . . . 65 A
Gemeinsame Teiler . . . . 75 A
Der größte gemeinsame Teiler (g g T) . . . . 83 A
Übungsaufgaben . . . . 87 A
Die Vielfachen einer Zahl . . . . 67 A
Die gemeinsamen Vielfachen mehrerer Zahlen . . 64 A
Das kleinste gemeinsame Vielfache (k g V) . . . . . 71 A
Ein einfacher Weg zum k g V . . . . 79 A
Übungsaufgaben . . . . 81 A
Wir vergleichen den g g T und das k g V . . . . . 93 A
Prüfungsaufgaben . . . . 97 A

4 Das Zusammenzählen (die Addition) von Brüchen **98 A**

Wie addiert man Brüche mit verschiedenen
Nennern? . . . . 110 A

Wir machen Brüche gleichnamig . . . . 123 A

Wir bestimmen den Hauptnenner . . . . 105 A

Prüfungsaufgaben . . . . 125 A

5 Das Zusammenzählen (die Addition) von Brüchen (Fortsetzung) 127 A

Wir wandeln unechte Brüche in gemischte Zahlen um 127 A

Ein zweiter Weg für das Umwandeln unechter Brüche . 143 A

Wir üben noch einmal Erweitern und Kürzen . . . . 134 A

Die HERKUles-Regel . . . . 147 A

Prüfungsaufgaben . . . . 141 A

6 Das Zusammenzählen (die Addition) von gemischten Zahlen 155 A

Wir wandeln gemischte Zahlen in unechte Brüche um 155 A

Der erste Weg für das Zusammenzählen von gemischten Zahlen . . . . 173 A

Übungsaufgaben . . . . 175 A

Der zweite Weg für das Zusammenzählen von gemischten Zahlen . . . . 169 A

Wir vergleichen die beiden Lösungswege . . . . . . 160 A

Übungsaufgaben . . . . 181 A

Prüfungsaufgaben . . . . 182 A

7 Das Abziehen (die Subtraktion) von Brüchen 185 A

Das Abziehen von Brüchen mit gleichen Nennern . . 186 A

Das Abziehen v. Brüchen mit verschiedenen Nennern 191 A

Übungsaufgaben . . . . 195 A

Das Abziehen von gemischten Zahlen . . . . 199 A

Das Abziehen von großen gemischten Zahlen . . . . 193 A

Ganze Zahl weniger gemischte Zahl . . . . 204 A

Gemischte Zahl weniger ganze Zahl . . . . 208 A

Übungsaufgaben . . . . 209 A

Prüfungsaufgaben . . . . 215 A

8 **Das Malnehmen (die Multiplikation) von Brüchen** 216 A

Wie rechnet man "ganze Zahl mal Bruch"? . . . . 225 B

Wie rechnet man "Bruch mal ganze Zahl"? . . . . 248 A

Wie rechnet man "Bruch mal Bruch"? . . . . 240 A

Übungsaufgaben . . . . 225 A

Wie rechnet man "ganze Zahl mal gemischte Zahl"? . 223 A

Wie rechnet man "gemischte Zahl mal ganze Zahl"? . 253 A

Wie rechnet man "gemischte Zahl mal gemischte Zahl"? . . . . 261 A

Prüfungsaufgaben . . . . 254 A

9 **Das Teilen (die Division) von Brüchen** 267 A

Wir teilen gleichnamige Brüche . . . . 270 B

Wir teilen ungleichnamige Brüche . . . . 275 A

Ein zweiter Weg für das Teilen von Brüchen . . . . 291 A

Prüfungsaufgaben . . . . 297 B

10 **Wiederholung und Vertiefung** 303 A

Was bedeutet "$\frac{3}{8}$ von"? . . . . 327 A

Wie findet man Bruchteile? . . . . 333 A

Eine Zahl ist gesucht . . . . 331 A

Prüfungsaufgaben . . . . 341 A

11 **25 Übungen** 342 A

Anhang 393

Eine Übersicht über das Bruchrechnen 393

Zusätzliche Übungsaufgaben 409

Alphabetisches Stichwortverzeichnis 425

Lieber Schüler!

Hast Du schon einmal etwas vom "Nürnberger Trichter" gehört? Sieh Dir diese Zeichnung an! Es wäre natürlich schön, wenn man auf eine solch bequeme Weise jedem Menschen etwas "eintrichtern" könnte und wenn auch die Bruchrechnung wie Honig in Dich hineinfließen würde. Ohne eigene Arbeit geht es aber nicht, wenn man etwas lernen muß und es dann behalten will.

Es gibt verschiedene Wege und Möglichkeiten, zum Erfolg zu kommen, und dieses Buch wird Dir zeigen, daß es eigentlich gar nicht so schwer ist, ja manchmal sogar spannend sein kann, etwas zu lernen. Du wirst staunen, wie leicht Dir auf einmal das Rechnen fällt. Das liegt daran, daß bereits viele Schüler in Deinem Alter mit diesem Buch geübt haben. Erst als wir herausgefunden hatten, welcher Weg am vorteilhaftesten ist, haben wir das Buch gedruckt. Die ganze Bruchrechnung wird für Dich also nach einem bestimmten "Programm" ablaufen.
Hoffentlich bist Du über dieses "dicke Programm" nicht erschrocken! Du brauchst nämlich gar nicht jede Seite zu lesen. Es hängt allein von Dir ab, welchen "Weg" Du gehst. Du wirst besonders erfolgreich mit diesem Programm arbeiten, wenn Du folgendes beachtest:

1. Du kannst in diesem Programm nicht wie in einem gewöhnlichen Buch von Seite 1 nach Seite 2, von Seite 2 nach Seite 3, von Seite 3 nach Seite 4 usw. umblättern und weiterlesen. Wenn Du die erste Seite durchgearbeitet hast, findest Du diejenige Seite angegeben, auf der Du weiterarbeiten sollst. Du wirst dabei ständig vor- und zurückspringen. Das mag Dir ungewohnt vorkommen, aber laß Dich ruhig so durch das Programm führen.

2. Auf vielen Seiten wird Dir zum Schluß eine Aufgabe gestellt; hast Du sie gelöst, findest Du - meist auf einer anderen Seite - mehrere Lösungen für diese Aufgabe. Damit wollen wir Dir aber keine Falle stellen, sondern Du sollst selbst prüfen, ob Du alles verstanden hast. Wenn Du die vorhergehenden Seiten gründlich durchgearbeitet hast, findest Du schnell das richtige Ergebnis. Dann wirst Du zum nächsten Lernschritt geführt.

3. Hast Du aber einmal falsch überlegt oder gerechnet, so führt Dich das Programm zu einer Seite, auf der Dir erklärt wird, weshalb Dein Ergebnis falsch ist und was Du tun mußt, um auf die Lösung zu kommen.

4. Es ist also nicht schlimm, wenn Du einmal einen Fehler machst und die falsche Seite aufschlägst. Aus Fehlern kann man lernen. Dieses Programm unterscheidet sich von anderen Büchern gerade dadurch, daß es Dir auch dann noch hilft, wenn Du etwas nicht gleich beim ersten Male verstanden hast.

5. Manchmal wirst Du sogar Antworten finden wie: Ich habe es noch nicht verstanden. Schlage dann ruhig die dafür angegebene Seite auf, wenn Du die Aufgabe noch nicht lösen kannst. Du mußt dann nicht "nachsitzen", sondern im Gegenteil: Wir erklären es Dir noch einmal und helfen Dir weiter. Du wirst die nächsten Aufgaben dann um so besser verstehen.

6. Du weißt jetzt: Du kannst dieses Programm nicht wie ein Buch einfach durchlesen, sondern Du mußt es durcharbeiten. Dazu brauchst Du ein Heft, in das Du alle notwendigen Rechnungen sorgfältig und vollständig einträgst. Schreibe - wenigstens am Anfang - bei den Rechnungen auch immer noch die Seitenzahl auf, damit Du Dich nicht aus Versehen im Programm verirrst.

7. Arbeite aber nie zu lange mit diesem Programm, denn sonst wirst Du müde, machst Fehler und ärgerst Dich. Jedesmal wenn Du ein P-Zeichen findest, kannst Du eine Pause machen. Arbeite lieber jeden Tag ein kleines Stück weiter statt unregelmäßig in zu großen Abständen.

8. Beachte noch folgende Einzelheiten:
   a) Manchmal findest Du, wie vor diesen Zeilen, einen schwarzen Strich am linken Rand. Das bedeutet: Die Regel oder der Merksatz ist besonders wichtig.
   b) Viele Seiten sind in 2 Teile geteilt. Sieh Dir einmal Seite 4 an. Der obere Teil ist Seite 4 A, der Teil unter dem Strich Seite 4 B. Diesen Unterschied mußt Du beachten, sonst kommst Du durcheinander.
   c) Nimm stets das Leseband zu Hilfe, damit Du den "roten Faden" nicht verlierst.
   d) Jedes Kapitel schließt mit Prüfungsaufgaben. Du brauchst Dir keine Sorgen zu machen: Wenn Du alles gut durchgearbeitet hast, werden Dir die Aufgaben nicht schwerfallen.

9. Das Programm hat noch einen Anhang. Dort findest Du auf blauem Papier
   a) eine kurze Zusammenfassung der Bruchrechnung in Musteraufgaben;
   b) weitere Aufgaben zum (freiwilligen) Üben, falls Du noch weiterrechnen möchtest;
   c) ein alphabetisches Verzeichnis aller Rechenausdrücke, die in diesem Programm vorkommen.

Beginne nun auf Seite 1 A. Wir wünschen Dir viel Spaß!

Die Bearbeiter   Der Verlag

1 Was ist ein Bruch?

Angela und Thomas sollen sich eine Tafel Schokolade teilen. Sie brechen die Tafel mittendurch, jeder bekommt eine halbe Tafel. - Statt "eine halbe Tafel" schreiben wir kürzer: $\frac{1}{2}$ Tafel. Damit hast Du schon die erste Antwort auf die Frage: "Was ist ein Bruch?"

> Ein Bruch gibt die Größe von Teilstücken an und wird in einer besonderen Form geschrieben.

Wir kennen Zeichen für ganze Zahlen wie diese:

1 2 3 4 5 10 29 196 365 1966

Die Zahlzeichen für Brüche werden so geschrieben:

$$\frac{1}{2} \quad \frac{3}{4} \quad \frac{5}{5} \quad \frac{12}{4} \quad \frac{25}{15} \quad \frac{49}{50} \quad \frac{1}{10} \quad \frac{7}{2} \quad \frac{100}{100} \quad \frac{428}{597}$$

Du kennst auch Zahlen, die aus ganzen Zahlen und Brüchen zusammengesetzt sind:

$$2\frac{2}{3} \quad 5\frac{3}{4} \quad 7\frac{1}{8} \quad 10\frac{4}{5} \quad 12\frac{1}{2} \quad 6\frac{2}{3} \quad 33\frac{1}{3}$$

Dies sind Zeichen für gemischte Zahlen. Dabei bedeutet $2\frac{2}{3}$ soviel wie $2 + \frac{2}{3}$, $5\frac{3}{4}$ bedeutet $5 + \frac{3}{4}$ usw.

> Beachte, daß der Bruchstrich immer waagerecht ist; schräge Bruchstriche sind nicht erlaubt!

Zu welcher der drei Zahlenarten gehört nun $\frac{5}{16}$? Ist $\frac{5}{16}$ eine ganze Zahl, eine gemischte Zahl oder ein Bruch? Schreibe Deine Antwort so in Dein Heft:

$\frac{5}{16}$ ist ....,

und vergleiche dann Dein Ergebnis mit Seite 5 A.

Wie kommst Du eigentlich auf diese Seite?

Auf der vorigen Seite steht nirgends, daß Du auf Seite 2 A weiterarbeiten sollst. Denke an das, was Dir vorhin im Vorwort gesagt wurde: Die Seiten dieses Buches sind zwar auch in der Reihenfolge 1, 2, 3, 4 usw. numeriert, Du kannst das Buch aber nicht in dieser Reihenfolge durcharbeiten.

Immer wenn Du eine Seite durchgelesen hast, wird Dir gesagt, auf welcher Seite Du weiterarbeiten sollst. Richte Dich genau danach!

Schlage wieder Seite 1 A auf und lies noch einmal die Anweisung in der letzten Zeile.

Richtig, das erste Rechteck ist in 6 gleich große Teilstücke zerlegt, 5 davon sind schraffiert. Also sind $\frac{5}{6}$ der Figur schraffiert.

Auf Seite 10 A hast Du gelernt, daß man eine Menge aus lauter gleichen Dingen auch als ein Ganzes betrachten kann.

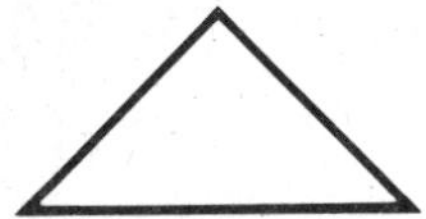 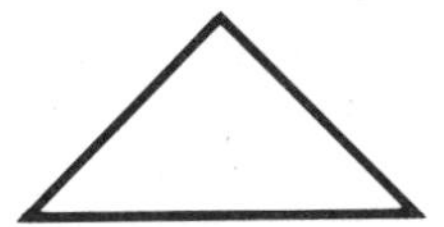 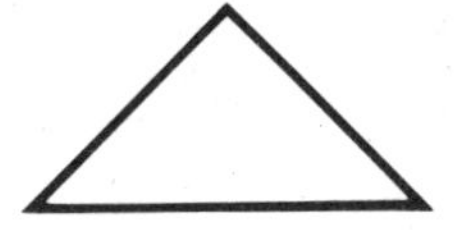 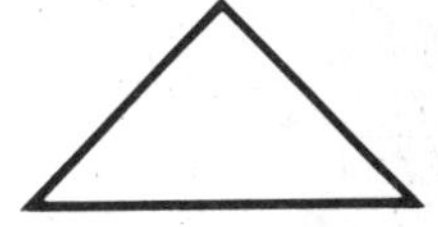

Hier ist wieder diese Menge von 4 gleichen Dreiecken. Du sollst sie als ein Ganzes ansehen. Ein Dreieck von vier gleichen Dreiecken bildet dann $\frac{1}{4}$ dieser Menge.

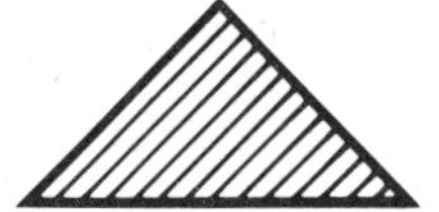 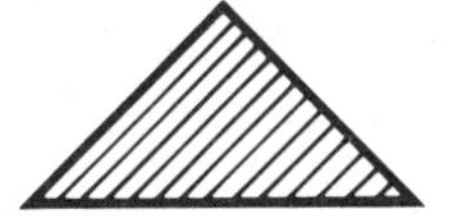 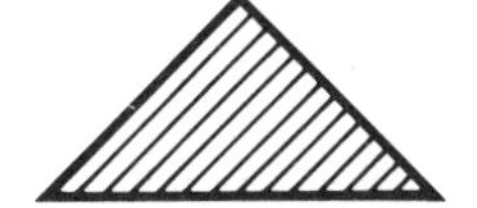 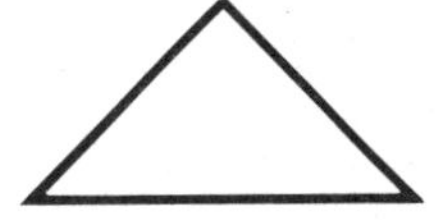

In dieser Zeichnung sind drei der vier gleichen Dreiecke schraffiert. Durch welchen Bruch kannst Du den schraffierten Teil der Zeichnung benennen? Du hast vorhin auf Seite 14 A gelernt: Wird von <u>mehreren</u> gleich großen Teilstücken gesprochen, so <u>zählt</u> man die Anzahl dieser Teilstücke und gibt durch den <u>Zähler</u> an, wie viele es sind:

$$\frac{1}{4} + \frac{1}{4} + \frac{1}{4} = \underline{\underline{\frac{3}{4}}}$$

Man kann daher sagen, $\frac{3}{4}$ der Menge ist schraffiert.

Der wievielte Teil der folgenden Zeichnung ist schraffiert?

Schreibe Deine Lösung auf und vergleiche mit <u>Seite 8 B</u>.

4 A
(von Seite 18 A)

Du hast es verdreht! Man liest immer den Zähler zuerst. Der Zähler ist die Zahl <u>über</u> dem Bruchstrich. Der Zähler des Bruches $\frac{8}{9}$ ist 8. Lies die folgenden Beispiele dreimal laut vor!

$\frac{8}{10}$ wird gelesen: "acht Zehntel",

$\frac{9}{10}$ wird gelesen: "neun Zehntel",

$\frac{4}{5}$ wird gelesen: "vier Fünftel",

$\frac{5}{4}$ wird gelesen: "fünf Viertel".

Lies ebenso diese Brüche:

$$\frac{1}{10} \quad \frac{1}{5} \quad \frac{3}{5} \quad \frac{3}{4} \quad \frac{3}{10} \quad \frac{4}{4} \quad \frac{9}{4} \quad \frac{7}{10} \quad \frac{6}{5} \quad \frac{10}{5}$$

Wie wird also der Bruch $\frac{8}{9}$ gelesen? Schreibe es auf und gehe nun nach Seite 11 A.

---

4 B
(von Seite 10 A)

Welchen Bruch hast Du aufgeschrieben?

Hast Du $\frac{1}{2}$ aufgeschrieben, so schlage Seite 12 B auf.

Hast Du $\frac{1}{4}$ aufgeschrieben, so schlage Seite 14 A auf.

Hast Du $\frac{1}{3}$ aufgeschrieben, so schlage Seite 20 A auf.

5 A

(von Seite 1 A)

Wie lautet Deine Antwort?

Hast Du geschrieben: " $\frac{5}{16}$ ist eine ganze Zahl", dann schlage Seite 6 A auf.

Hast Du geschrieben: " $\frac{5}{16}$ ist eine gemischte Zahl", dann schlage Seite 9 A auf.

Hast Du geschrieben: " $\frac{5}{16}$ ist ein Bruch", dann schlage Seite 12 A auf.

---

5 B

(von Seite 15 B)

Du hast etwas übersehen: Du hast zwar den richtigen Zähler gefunden, denn 3 Quadrate der Menge sind schraffiert. Aber der Nenner kann doch nicht 5 sein!

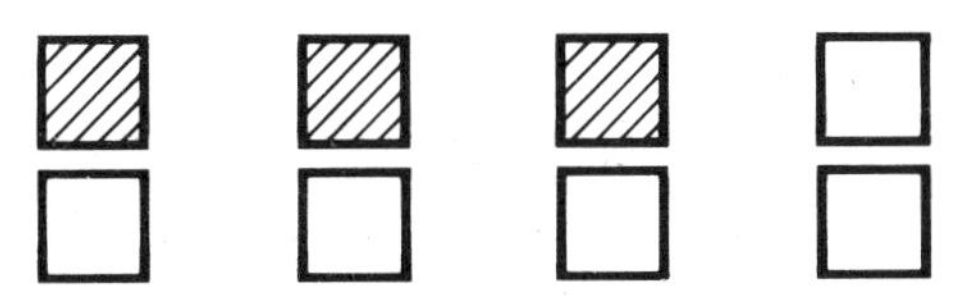

Du hast gelernt, daß der Nenner die Zahl aller gleichen Dinge einer bestimmten Menge nennt. Hier enthält die Menge 8 Quadrate. Der Nenner heißt also 8 und der Bruch zu der Zeichnung $\frac{3}{8}$, aber nicht $\frac{3}{5}$.

Schlage wieder Seite 15 B auf. Wenn Du sorgfältig überlegst, wirst Du jetzt die richtige Zeichnung finden.

6 A
(von Seite 5 A)

Das ist nicht richtig. Die 5 allein ist eine ganze Zahl; die 16 allein ist auch eine ganze Zahl. Aber wenn sie beide übereinanderstehen, so wie hier: $\frac{5}{16}$, so bilden sie gemeinsam keine ganze Zahl mehr.

Schlage nun wieder Seite 1 A auf, lies die Seite sorgfältig durch und beantworte dann noch einmal die Frage.

---

6 B
(von Seite 14 A)

Beinahe, aber nicht ganz. Sieh Dir noch einmal die Zeichnung an:

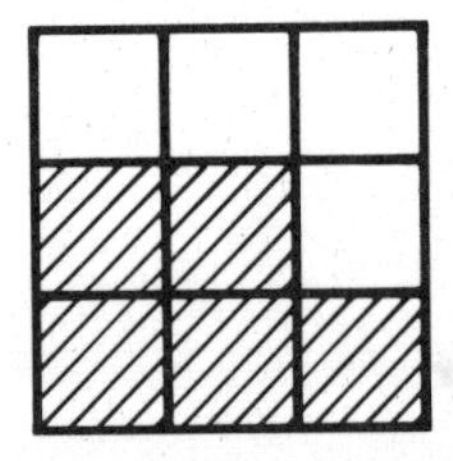

Laß uns die Aufgabe gemeinsam durchdenken:

Sind die Teilstücke gleich groß? Ja

In wie viele gleiche Teilstücke ist das Quadrat zerlegt? neun (9)

Durch welchen Bruch benennen wir jedes dieser Teilstücke? $\frac{1}{9}$

Wie viele Teilstücke sind schraffiert? fünf (5)

Es sind also 5 mal $\frac{1}{9}$, nämlich $\frac{5}{9}$ von den $\frac{9}{9}$ (vom Ganzen) schraffiert, aber nicht $\frac{5}{6}$!

Denke daran: Der Nenner nennt die Anzahl aller in dem Ganzen vorhandenen gleich großen Teilstücke.

Schlage Seite 24 A auf. Dort findest Du Beispiele zum Üben.

7 A
(von Seite 12 A)

Was hast Du aufgeschrieben?

Hast Du $\frac{5}{4}$ aufgeschrieben, dann schlage Seite 18 A auf.

Hast Du $\frac{4}{5}$ aufgeschrieben, dann schlage Seite 26 A auf.

---

7 B
(von Seite 8 B)

Deine Antwort ist falsch. Laß uns noch einmal überlegen.

Hier siehst Du dieselbe Menge. Sie besteht aus 3 Dingen (z. B. 3 Fußbällen). Also ist jeder Kreis $\frac{1}{3}$ der Menge.

In der Aufgabe waren 2 Kreise schraffiert.

Denke daran: Der Nenner (die Zahl unter dem Bruchstrich) nennt die Zahl aller gleich großen Dinge einer Menge. Der Zähler (die Zahl über dem Bruchstrich) gibt die Zahl der schraffierten Dinge an.

Hast Du nun begriffen, daß die Antwort nur $\frac{2}{3}$ heißen kann? Dann kannst Du auf Seite 15 B weiterarbeiten.

Wenn Du noch nicht ganz sicher bist (das wirst Du selbst am besten wissen), so beginne noch einmal auf Seite 8 A.

8 A

(von den Seiten 7 B, 13 B und 15 A)

Wiederholen wir noch einmal:

Wenn wir Teilstücke durch einen Bruch bezeichnen wollen, müssen lauter gleich große Teilstücke vorhanden sein.

Wenn etwas in zwei gleich große Teile geteilt ist, wird jedes Teilstück "ein halb" oder kürzer $\frac{1}{2}$ genannt.

Wenn etwas in fünf gleich große Teile geteilt ist, wird jedes Teilstück "ein Fünftel" oder kürzer $\frac{1}{5}$ genannt.

Wenn etwas in sechzehn gleich große Teile geteilt ist, wird jedes Teilstück "ein Sechzehntel" oder kürzer $\frac{1}{16}$ genannt.

Wähle nun die Zeichnung, in der der schraffierte Teil $\frac{1}{6}$ des Ganzen ausmacht.

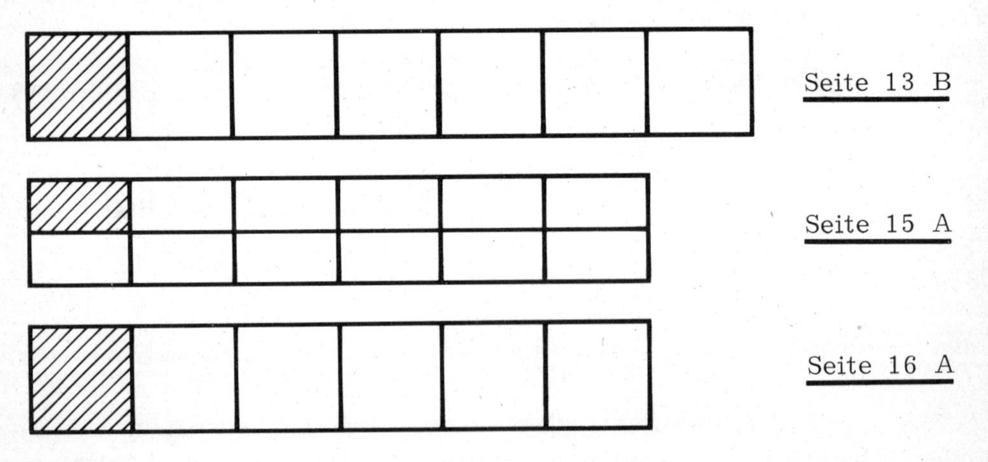

---

8 B

(von Seite 3 A)

Was hast Du aufgeschrieben?

Hast Du $\frac{1}{2}$ aufgeschrieben, dann schlage Seite 7 B auf.

Hast Du $\frac{2}{3}$ aufgeschrieben, dann schlage Seite 15 B auf.

9 A

(von Seite 5 A)

Das ist nicht richtig. Eine gemischte Zahl ist zusammengesetzt aus einer ganzen Zahl und einem Bruch. Vor $\frac{5}{16}$ steht aber doch keine ganze Zahl, nicht wahr?

Hier siehst Du nochmals einige gemischte Zahlen:

$$8\frac{5}{8} \quad 11\frac{5}{9} \quad 25\frac{3}{4} \quad 4\frac{1}{6}$$

> Merke Dir gut: Jede gemischte Zahl ist zusammengesetzt aus einer ganzen Zahl und einem Bruch.

Schlage nun auf Seite 1 A zurück, lies die Seite noch einmal sorgfältig durch und beantworte erneut die Frage.

---

9 B

(von Seite 14 A)

Deine Antwort ist falsch. Sieh Dir noch einmal die Zeichnung an:

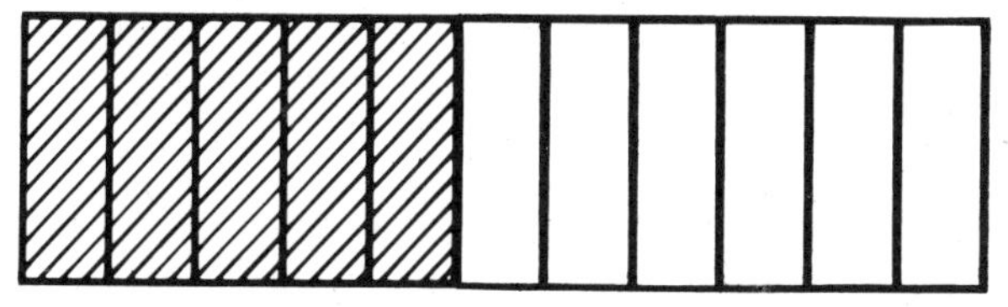

Sind die Teilstücke gleich groß?	Ja
Wie viele gleiche Teilstücke sind in dem Rechteck?	elf (11)
Durch welchen Bruch benennen wir jedes dieser Teilstücke?	$\frac{1}{11}$
Wie viele Teilstücke sind schraffiert?	fünf (5)

Es sind also 5 mal $\frac{1}{11}$, nämlich $\frac{5}{11}$ von den $\frac{11}{11}$ (vom Ganzen) schraffiert, aber nicht $\frac{5}{6}$!

> Merke Dir: Der Nenner nennt die Anzahl aller in dem Ganzen vorhandenen Teilstücke.

Schlage Seite 24 A auf. Dort findest Du Beispiele zum Üben.

(von Seite 16 A)

Bruchteile einer Menge

Bisher haben wir immer eine Figur in gleich große Teile aufgeteilt. Man kann aber auch von einer Menge gleicher Dinge ausgehen. Diese Menge betrachten wir als ein Ganzes, das aufgeteilt werden soll. So betrachten wir eine Menge von gleichen Bällen als ein Ganzes wie anfangs die Tafel Schokolade.

Sieh Dir einmal dieses Beispiel an. Es zeigt Dir, wie man eine Menge von sechs gleichen Dingen (z. B. sechs Fußbälle) auf drei verschiedene Arten in gleich große Bruchteile aufteilen kann.

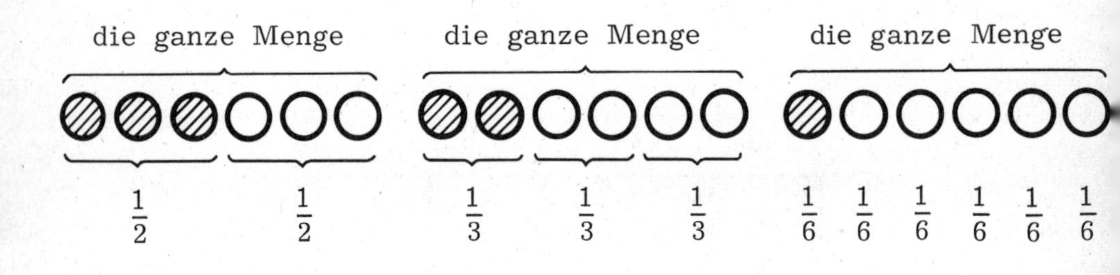

Durch Schraffieren können Bruchteile oder Teilstücke herausgehoben werden. Es ist so ähnlich, wie wenn wir in einem Satz ein Wort unterstreichen.

Sieh Dir nun diese Zeichnung an:

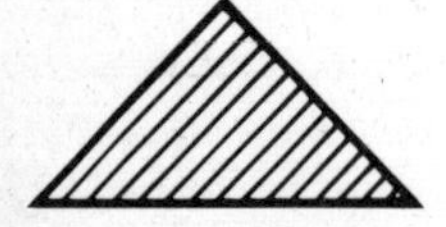 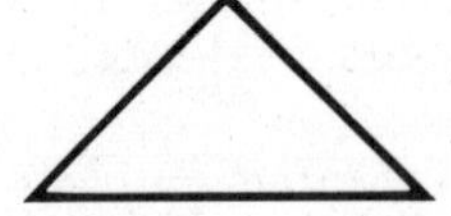 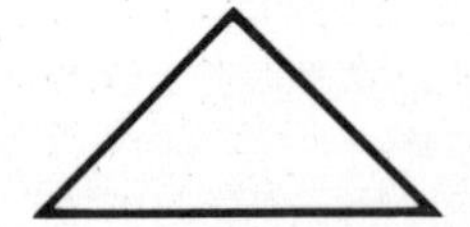 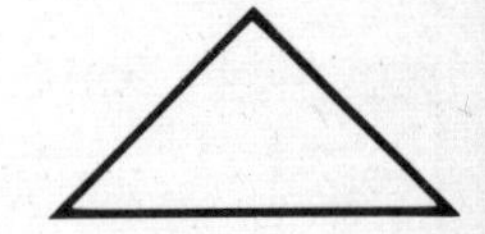

Diese Menge von vier Dreiecken sehen wir wieder als ein Ganzes an. Welcher Bruchteil ist schraffiert? Schreibe Deine Lösung in Dein Heft und schlage dann Seite 4 B auf.

(von Seite 18 A)

Ja, $\frac{8}{9}$ wird gelesen: "acht Neuntel". Der Zähler wird zuerst gelesen, und zwar wie eine gewöhnliche Zahl. Dann erst wird der Nenner gelesen, und zwar das Zahlwort mit einem angehängten -tel.

$\frac{8}{9}$ wird gelesen: "acht Neun-tel", $\frac{4}{5}$ wird gelesen: "vier Fünf-tel".

Aber jede Regel hat Ausnahmen:

$\frac{3}{2}$ wird gelesen: "drei Halbe", $\frac{2}{3}$ wird gelesen: "zwei Drittel".

Von 20 an wird als Nenner dem Zahlwort ein -stel angehängt:

$\frac{7}{30}$ wird gelesen: "sieben Dreißig-stel".

Eine Eins im Zähler wird gelesen: "ein", z.B.

$\frac{1}{3}$: "ein Drittel"; $\frac{1}{4}$: "ein Viertel" usw.

Wenn wir ein Ganzes in gleich große Teile aufteilen, erhalten wir Teilstücke. Diese Teilstücke beschreiben wir mit Brüchen. Bei den folgenden drei Beispielen sollst Du an das gerechte Verteilen einer Tafel Schokolade denken.

Eine Tafel wird an 2 Kinder verteilt

$\frac{1}{2}$	$\frac{1}{2}$

Eine Tafel wird an 3 Kinder verteilt

$\frac{1}{3}$	$\frac{1}{3}$	$\frac{1}{3}$

Eine Tafel wird an 6 Kinder verteilt

$\frac{1}{6}$	$\frac{1}{6}$	$\frac{1}{6}$	$\frac{1}{6}$	$\frac{1}{6}$	$\frac{1}{6}$

Der Nenner nennt die Anzahl der gleich großen Teilstücke, in die das Ganze geteilt ist.

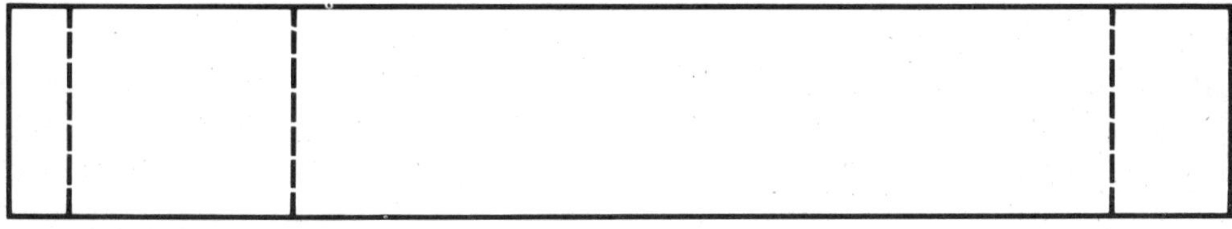

Dieses Ganze ist in 4 Teile geteilt. Ist hier jedes Teilstück $\frac{1}{4}$?

Ja. Seite 16 B Nein. Seite 19 A

12 A
(von Seite 5 A)

Richtig, denn $\frac{5}{16}$ ist keine ganze Zahl, weil die beiden Zahlen (durch einen Strich getrennt) übereinanderstehen. $\frac{5}{16}$ ist aber auch keine gemischte Zahl, weil keine ganze Zahl davorsteht. $\frac{5}{16}$ ist ein Bruch.

Jeder Teil eines Bruches hat seinen Namen:

$$\text{Bruchstrich} \longleftarrow \frac{5}{16} \begin{array}{l} \longrightarrow \text{Zähler} \\ \longrightarrow \text{Nenner} \end{array}$$

Ebenso:

$$\frac{5}{8} \begin{array}{l} \longleftarrow \\ \longleftarrow \end{array} \frac{\text{Zähler}}{\text{Nenner}} \begin{array}{l} \longrightarrow \\ \longrightarrow \end{array} \frac{4}{9}$$

Die Zahl über dem Bruchstrich heißt "Zähler".
Die Zahl unter dem Bruchstrich heißt "Nenner".

Wie heißt der Bruch, dessen Nenner 4 und dessen Zähler 5 ist? Schreibe die Lösung in Dein Arbeitsheft und vergleiche dann mit Seite 7 A.

---

12 B
(von Seite 4 B)

Sieh Dir noch einmal die Zeichnung an:

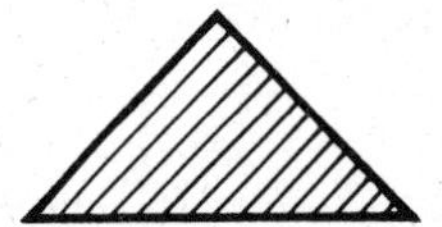 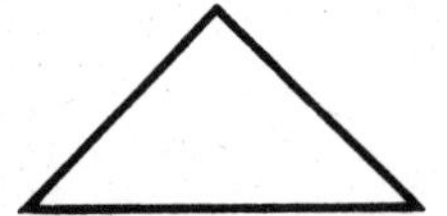 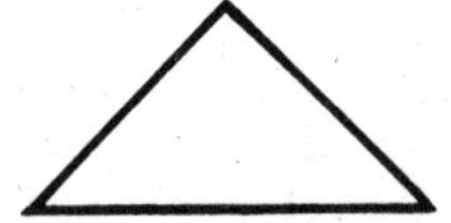 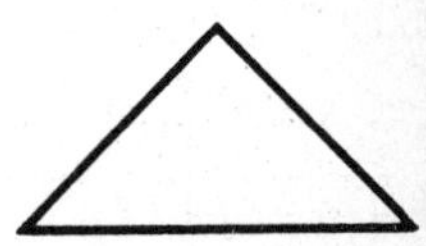

Aus wie vielen Dingen besteht die Menge?	aus vier (4)
Sind die einzelnen Dinge der Menge einander gleich?	Ja
Wie viele Dinge sind schraffiert?	ein Ding (1)

Mit welchem Bruch benennt man jeden der Bruchteile, die entstehen, wenn eine Menge in 4 gleiche Teile aufgeteilt wird? Der schraffierte Teil ist 1 Teil von 4 gleichen Teilen. Das kann nicht $\frac{1}{2}$ sein.

Schreibe Deine Antwort auf und vergleiche nochmals mit Seite 4 B.

13 A

(von Seite 15 B)

1

Du warst flüchtig. Du hast zwar den Nenner richtig gebildet; denn die Menge besteht aus 5 Quadraten.

Aber es sind doch nur 2 Quadrate schraffiert! Also heißt hier der Zähler 2 und der Bruch $\frac{2}{5}$.

Du ersparst Dir viele Fehler, wenn Du Dich daran gewöhnst, sorgfältig zu lesen und ebenso sorgfältig zu überlegen.

Schlage nochmals Seite 15 B auf. Jetzt müßtest Du gleich die richtige Zeichnung herausfinden können.

---

13 B

(von Seite 19 A)

Das sehen wir uns noch einmal an:

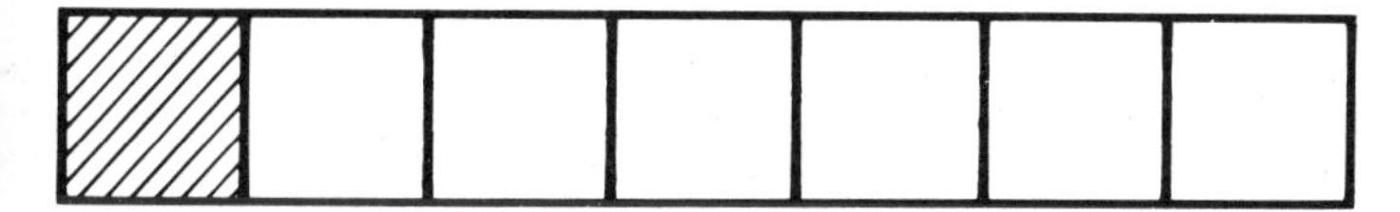

Ist dieses Rechteck in gleich große Teile geteilt? Ja

Kann man jeden dieser gleich großen Teile mit einem Bruch benennen? Ja

Wie viele gleich große Teilstücke hat die Figur? sieben (7)

Welcher Teil eines Bruches sagt uns, in wie viele gleich große Teile das Ganze aufgeteilt ist? der Nenner

Also muß ein Teil dieser Figur $\frac{1}{7}$ sein und nicht $\frac{1}{6}$!

Schlage nun Seite 8 A auf.

14 A
(von Seite 4 B)

Richtig. Die Menge besteht aus vier gleichen Dingen (Dreiecken). Das eine schraffierte Dreieck ist $\frac{1}{4}$ der Menge.

In den beiden letzten Aufgaben haben wir Brüche mit dem Zähler "1" benutzt. Wir haben von einem Teilstück des Ganzen oder der Menge gesprochen.

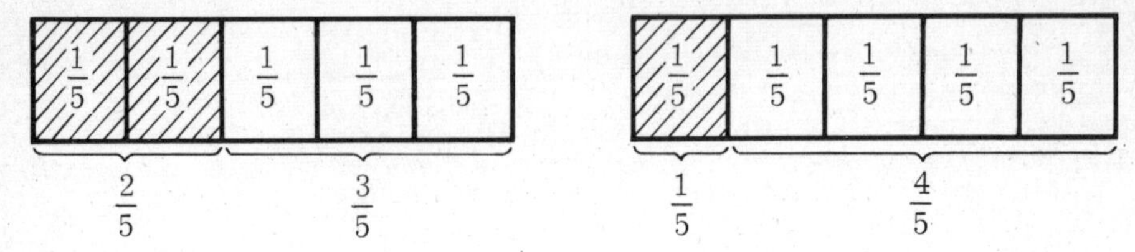

Was gibt uns der Zähler an? Lies die Zähler in der Zeichnung! Der Zähler zählt auf, von wie vielen gleichen Teilen gesprochen wird. $\frac{2}{5}$ der ersten Zeichnung sind schraffiert, $\frac{3}{5}$ sind weiß. Von der zweiten Zeichnung ist nur $\frac{1}{5}$ schraffiert, $\frac{4}{5}$ sind weiß.

Was bedeutet der Nenner? Der Nenner nennt uns die Anzahl aller gleich großen Teile, in die ein Ganzes (eine Tafel Schokolade) oder eine Menge (Fußbälle) aufgeteilt ist.

Welche der folgenden drei Zeichnungen soll den Bruch $\frac{5}{6}$ veranschaulichen? Was meinst Du?

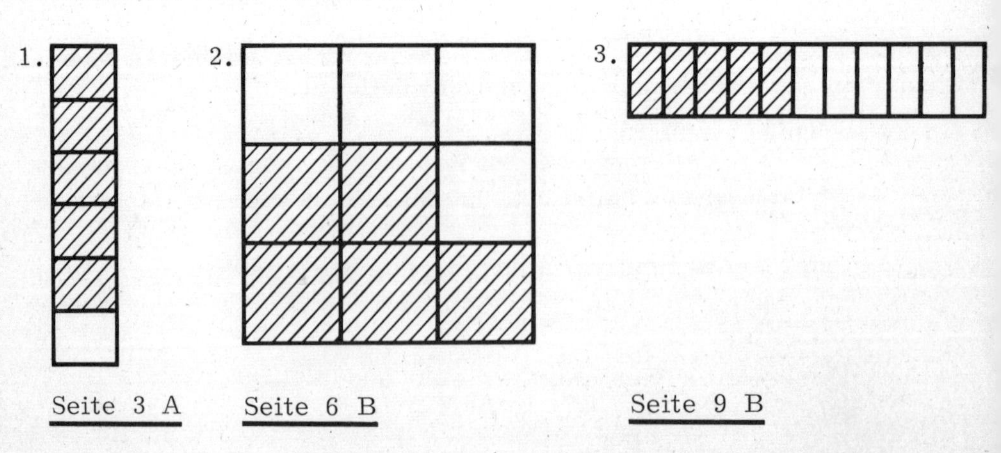

Seite 3 A | Seite 6 B | Seite 9 B

(von Seite 19 A)

Das sehen wir uns noch einmal an:

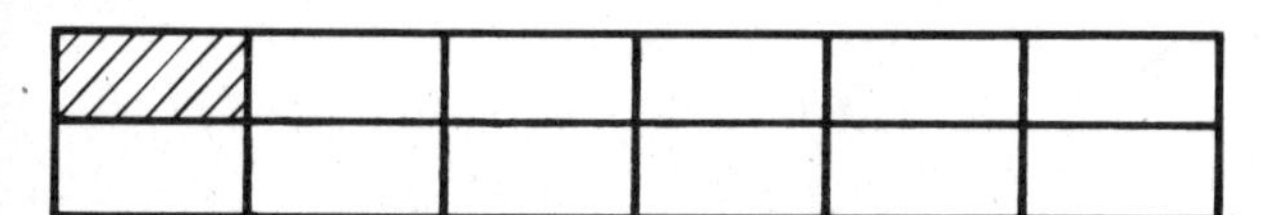

Ist dieses Rechteck in gleich große Teile geteilt?	Ja
Kann man jeden Teil mit einem Bruch benennen?	Ja
Wie viele gleich große Teilstücke hat die Figur?	zwölf (12)
Welcher Teil eines Bruches sagt uns, in wie viele gleich große Teile das Ganze aufgeteilt ist?	der Nenner

Schlage nun Seite 8 A auf.

(von Seite 8 B)

In Ordnung; denn zwei von drei gleichen Dingen, welche ein Ganzes bilden, kann man mit dem Bruch $\frac{2}{3}$ benennen.

Nun zu einer neuen Aufgabe. Suche die richtige Aussage:

1.

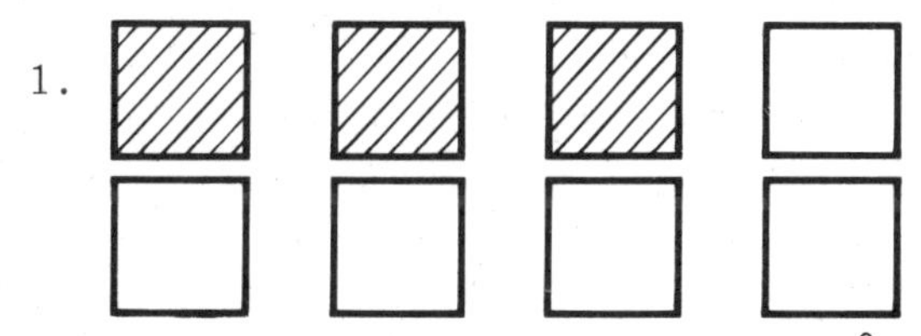

Die schraffierten Quadrate bilden $\frac{3}{5}$ der Menge. Seite 5 B

2.

Die schraffierten Quadrate bilden $\frac{3}{5}$ der Menge. Seite 13 A

3.

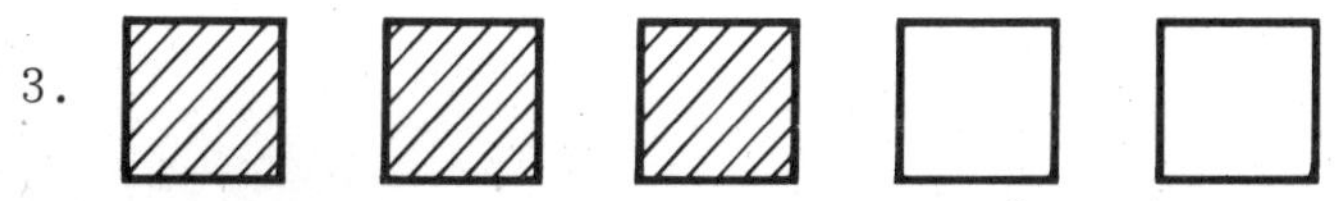

Die schraffierten Quadrate bilden $\frac{3}{5}$ der Menge. Seite 20 B

16 A

(von Seite 19 A)

Richtig, denn dieses Rechteck ist in sechs gleich große Teile aufgeteilt. Ein Teilstück nennen wir ein Sechstel oder kürzer: $\frac{1}{6}$.

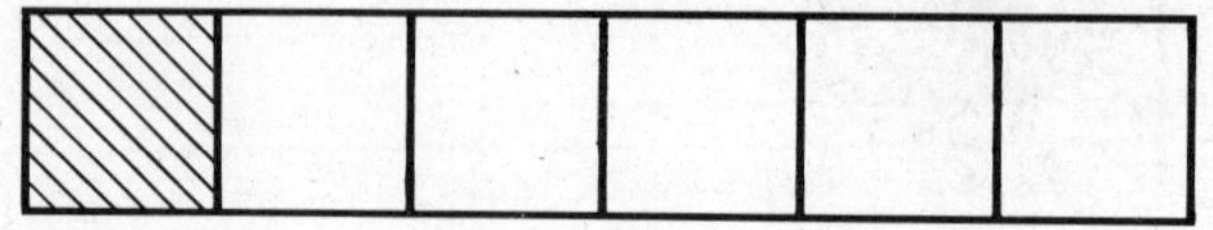

Wenn Dir noch etwas unklar ist, wird es am besten sein, daß Du alles noch einmal wiederholst. Du wirst dann später weniger Schwierigkeiten haben. Beginne also noch einmal auf Seite 1 A.

Wenn Du bis hierhin alles gut verstanden hast, kannst Du auf Seite 10 A mit dem zweiten Teil dieses Kapitels beginnen.

---

16 B

(von Seite 11 A)

Du hast nicht recht.

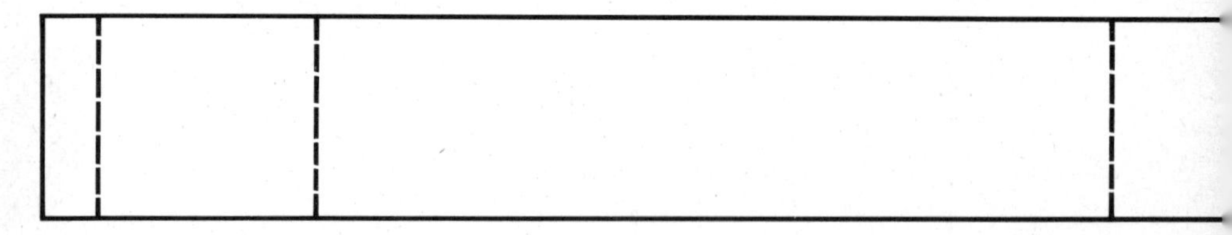

Gewiß, das Ganze ist in 4 Teile geteilt. Aber alle Teile sind verschieden groß, oder etwa nicht? Jedes Teilstück dürfen wir nur dann mit $\frac{1}{4}$ bezeichnen, wenn diese Teilstücke durch Aufteilen des Ganzen in 4 gleich große Teile entstanden sind. Du hättest die Frage also mit "nein" beantworten müssen.

Schlage nun Seite 19 A auf.

(von Seite 18 B)

Richtig. In einer Zeichnung könnte das so aussehen:

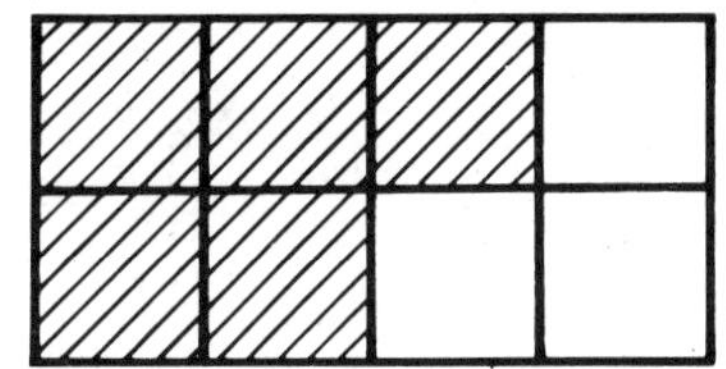

Jeder Hektar ist $\frac{1}{8}$ des Landbesitzes. Also sind 5 von 8 Hektar $\frac{5}{8}$ des Landbesitzes.

Du hast bis jetzt folgendes gelernt:

1. Die Zahlzeichen für Brüche werden in besonderer Art geschrieben, z.B. $\frac{4}{5}$ (das hast Du auf Seite 1 A gelernt).

2. Das Zeichen $\frac{4}{5}$ wird gelesen: "vier Fünftel" (das hast Du auf Seite 18 A gelernt).

3. Ein Bruch bezeichnet entweder ein Teilstück eines Ganzen oder auch die Bruchteile einer Menge gleicher Dinge, welche zusammen ein Ganzes bilden (das hast Du auf den Seiten 11 A und 10 A gelernt).

4. Der <u>Zähler</u> eines Bruches <u>zählt</u> auf, von wie vielen gleichen Teilen gesprochen wird. Der <u>Nenner nennt</u> uns die Anzahl aller gleich großen Teile (das hast Du auf Seite 14 A gelernt).

5. Ein Bruch kann durch eine Zeichnung veranschaulicht werden:

$\frac{1}{5}$	$\frac{1}{5}$	$\frac{1}{5}$	$\frac{1}{5}$	$\frac{1}{5}$

$\frac{4}{5}$

(Das hast Du ab Seite 11 A gelernt.)

Bevor Du mit dem Kapitel 2 dieses Buches beginnst, löse die Prüfungsaufgaben auf <u>Seite 22 A</u>.

18 A
(von Seite 7 A)

Richtig, der Bruch mit dem Nenner 4 und dem Zähler 5 wird geschrieben $\frac{5}{4}$.

Liest man einen Bruch, so wird zuerst der Zähler, dann der Nenner gelesen, z. B.

$\frac{5}{4}$ wird gelesen: "fünf Viertel",

$\frac{4}{5}$ wird gelesen: "vier Fünftel",

$\frac{6}{5}$ wird gelesen: "sechs Fünftel".

Welcher der beiden Sätze ist richtig?

$\frac{8}{9}$ wird gelesen: "neun Achtel". Seite 4 A

$\frac{8}{9}$ wird gelesen: "acht Neuntel". Seite 11 A

---

18 B
(von Seite 20 B)

Was hast Du aufgeschrieben?

Ist Deine Lösung $\frac{5}{8}$, schlage Seite 17 A auf.

Ist Deine Lösung $\frac{8}{5}$, schlage Seite 25 A auf.

Ist Deine Lösung $\frac{5}{13}$, schlage Seite 27 A auf.

(von Seite 11 A)

Richtig; denn in dieser Zeichnung können wir keines der eingezeichneten Teilstücke mit $\frac{1}{4}$ benennen.

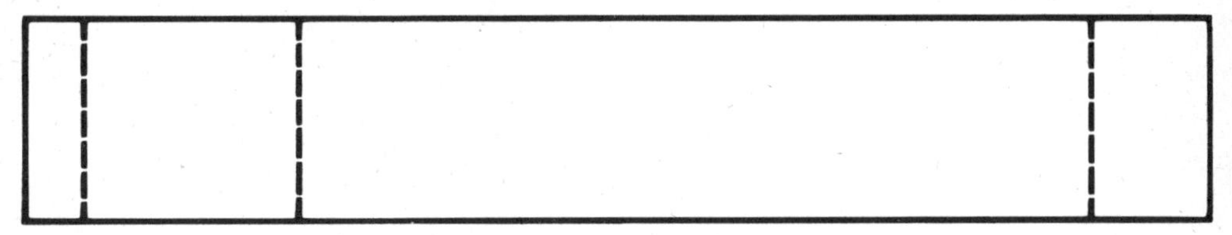

Nur wenn ein Teilstück durch Aufteilen des Ganzen in 4 gleich große Teile entstanden ist, dürfen wir jedes Teilstück mit $\frac{1}{4}$ bezeichnen. Wenn ein Ganzes zwei gleiche Teile hat, nennt man jeden Teil "ein halb", kürzer $\frac{1}{2}$. Hat ein Ganzes 5 gleich große Teile, nennt man jeden "ein Fünftel", kürzer $\frac{1}{5}$. Hat ein Ganzes 16 gleich große Teile, nennt man jeden Teil "ein Sechzehntel", kürzer $\frac{1}{16}$ usw.

Sieh Dir noch einmal die 3 kleinen Zeichnungen auf Seite 11 A an, dann die Zeichnungen unten auf dieser Seite. Eine Zeichnung hier stellt den Bruch $\frac{1}{6}$ dar. In welcher Zeichnung macht der schraffierte Teil $\frac{1}{6}$ des Ganzen aus?

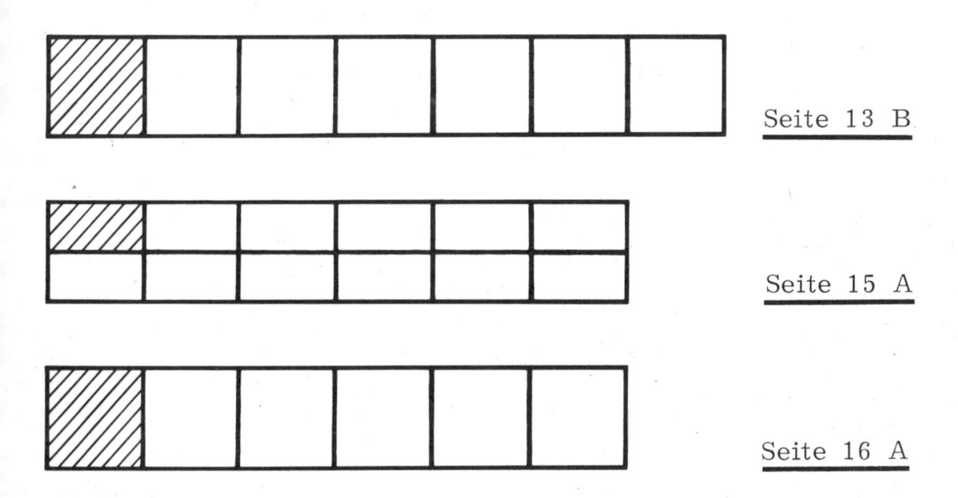

Seite 13 B

Seite 15 A

Seite 16 A

20 A
(von Seite 4 B)

Sieh Dir noch einmal die Zeichnung an:

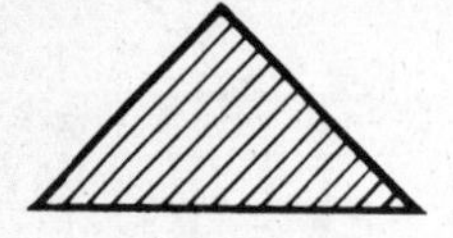 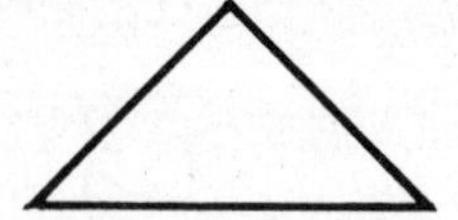 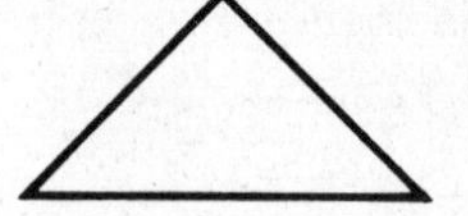 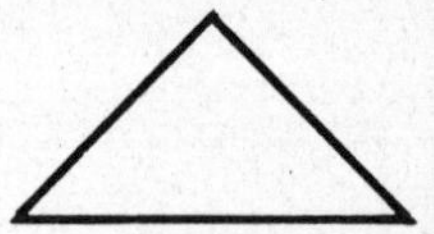

Aus wie vielen Dingen besteht die Menge? aus vier (4)

Sind die einzelnen Dreiecke der Menge einander gleich? Ja

Wie viele Dreiecke sind schraffiert? ein Dreieck (1)

Mit welchem Bruch benennt man jeden der Bruchteile, die entstehen, wenn eine Menge in 4 gleiche Teile aufgeteilt wird? Der schraffierte Teil ist 1 Teil von 4 gleichen Teilen. Das kann nicht $\frac{1}{3}$ sein.

Schreibe nun Deine Antwort auf und vergleiche nochmals mit Seite 4 B.

---

20 B
(von Seite 15 B)

Das ist richtig. Immer wenn 3 von 5 gleichen Teilen gemeint sind, sagt man $\frac{3}{5}$. Dazu ein Beispiel:

Ein Bauer besitzt 5 Hektar Land. Davon sind 3 Hektar Wald. Dann kann man sagen: $\frac{3}{5}$ seines Landbesitzes besteht aus Wald.

Ein anderer Bauer besitzt 8 Hektar Land. Auf 5 Hektar hat er Kartoffeln gepflanzt. Wie groß ist der Teil seines Landbesitzes, auf dem er Kartoffeln angebaut hat?

Schreibe den Bruch auf und vergleiche dann mit Seite 18 B.

(von Seite 26 B)

Wenn wir einen Bruch mit dem Zähler 1 haben, so ist damit ein Teilstück des Ganzen oder der Menge gemeint.

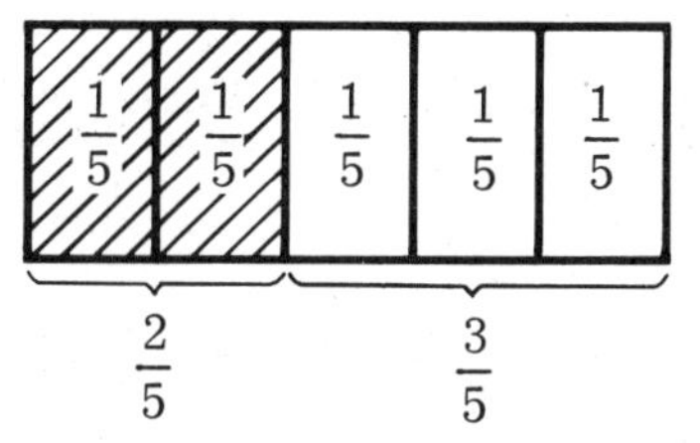

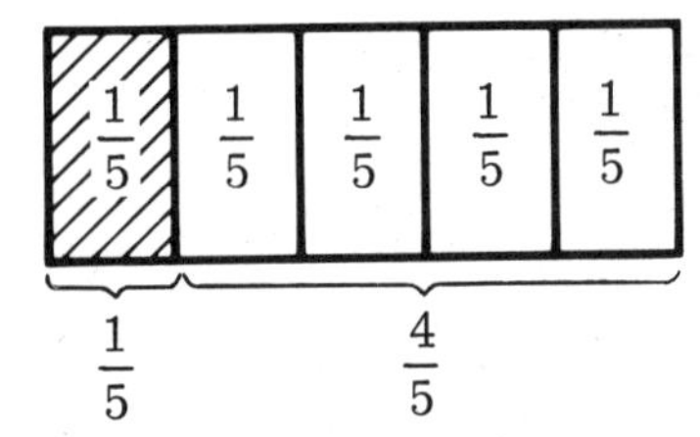

Was zeigt uns der Zähler? Sieh Dir die Zähler der vier Brüche, die unter den beiden Zeichnungen stehen, genau an! Der Zähler zählt auf, von wie vielen dieser gleich großen Teilstücke gesprochen wird. Von der ersten Zeichnung sind $\frac{2}{5}$ schraffiert und $\frac{3}{5}$ weiß. In der zweiten Zeichnung ist nur $\frac{1}{5}$ schraffiert, $\frac{4}{5}$ sind weiß.

Was bedeutet das Wort "Nenner"? Der Nenner nennt uns die Zahl aller gleich großen Teile, in die ein Ganzes (die Tafel Schokolade) oder eine bestimmte Menge (z.B. sechs Fußbälle) aufgeteilt ist.

Nach diesen Übungen wirst Du nun sicher gleich herausfinden, welche der drei Zeichnungen den Bruch $\frac{5}{6}$ veranschaulichen soll.

1.
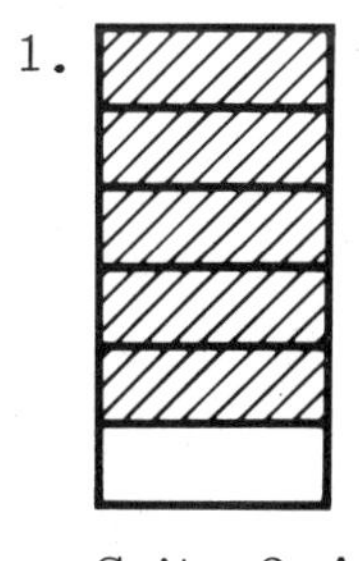
Seite 3 A

2.
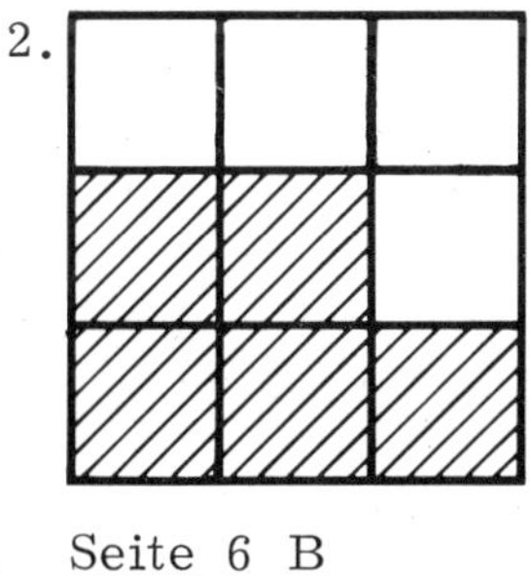
Seite 6 B

3.
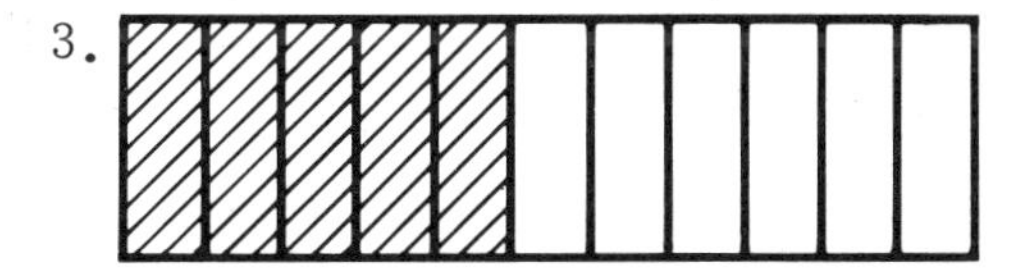
Seite 9 B

(von Seite 17 A)

Prüfungsaufgaben

Du siehst hier zehn Figuren, die Brüche veranschaulichen. Welche Brüche sind durch die schraffierten Teile der Zeichnungen gemeint? Schreibe die Ergebnisse in Dein Heft.

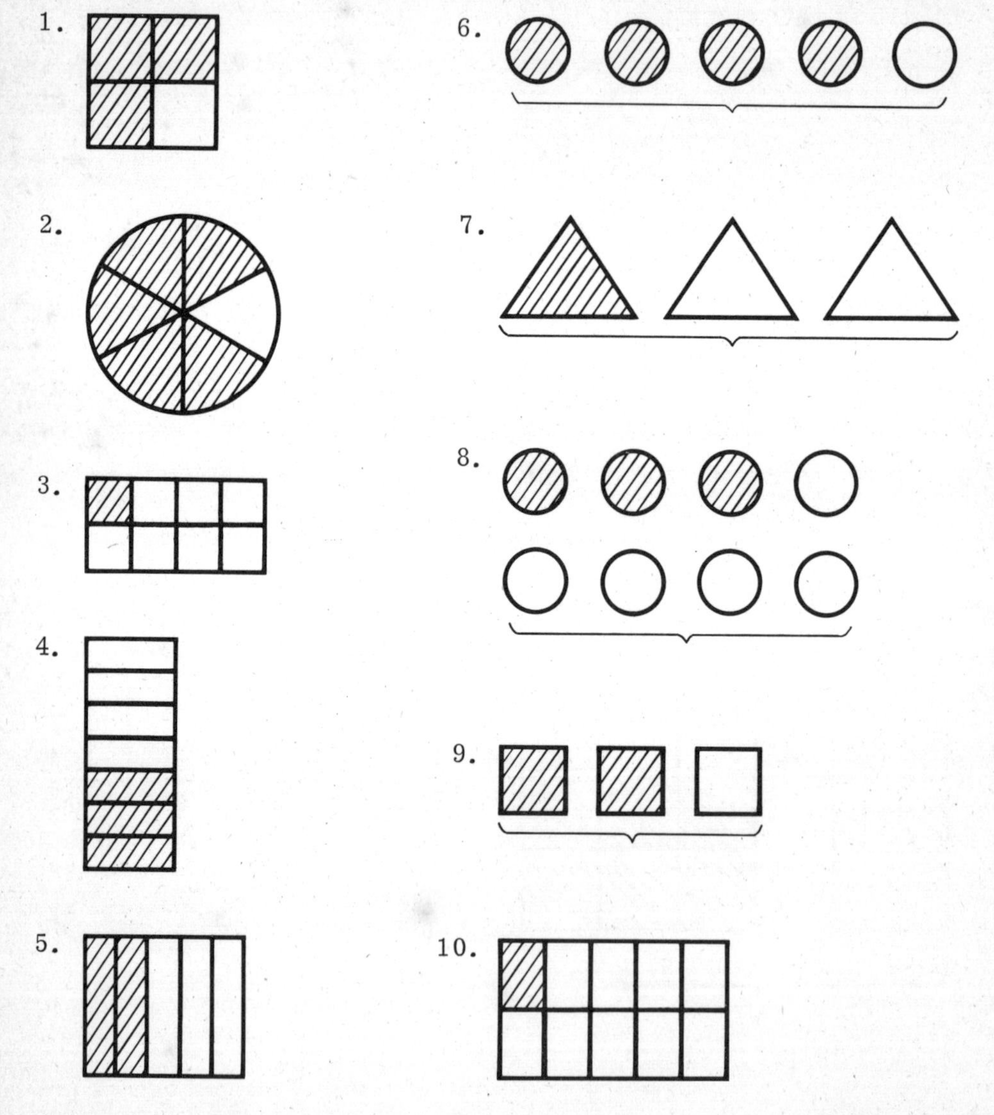

Arbeite jetzt gegenüber auf Seite 23 A weiter.

(von Seite 2[illegible]

Du findest hier nochmals sechs Aufgaben; schreibe die Ergebnisse in Dein Heft:

11. Benenne die Bestandteile dieses Bruches mit ihren Namen:

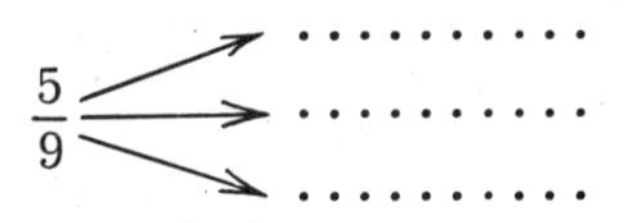

12. Der Bruch $\frac{5}{9}$ wird gelesen: ....

13. Stelle in einer Zeichnung dar, wie ein Ganzes in Neuntel eingeteilt werden kann.

14. Veranschauliche in einer neuen Zeichnung durch Schraffieren den Bruch $\frac{5}{9}$.

15. Stelle in einer Zeichnung eine Menge aus 9 gleichen Dingen dar.

16. Veranschauliche in einer weiteren Zeichnung (wie in Aufgabe 15) durch Schraffieren den Bruchteil $\frac{5}{9}$.

Die Lösungen der Prüfungsaufgaben stehen im Elternbegleitheft. Wenn niemand Deine Aufgaben überprüft, laß Dir das Heft geben, damit Du Deine Ergebnisse selbst vergleichen kannst.

Danach beginnt das Kapitel 2 auf Seite 28 A

(von den Seiten 6 B und 9 B)

Sieh Dir die Zeichnungen gut an. Dann schreibe in Dein Heft, welche Brüche jeweils die schraffierten Teile der Zeichnungen bezeichnen.

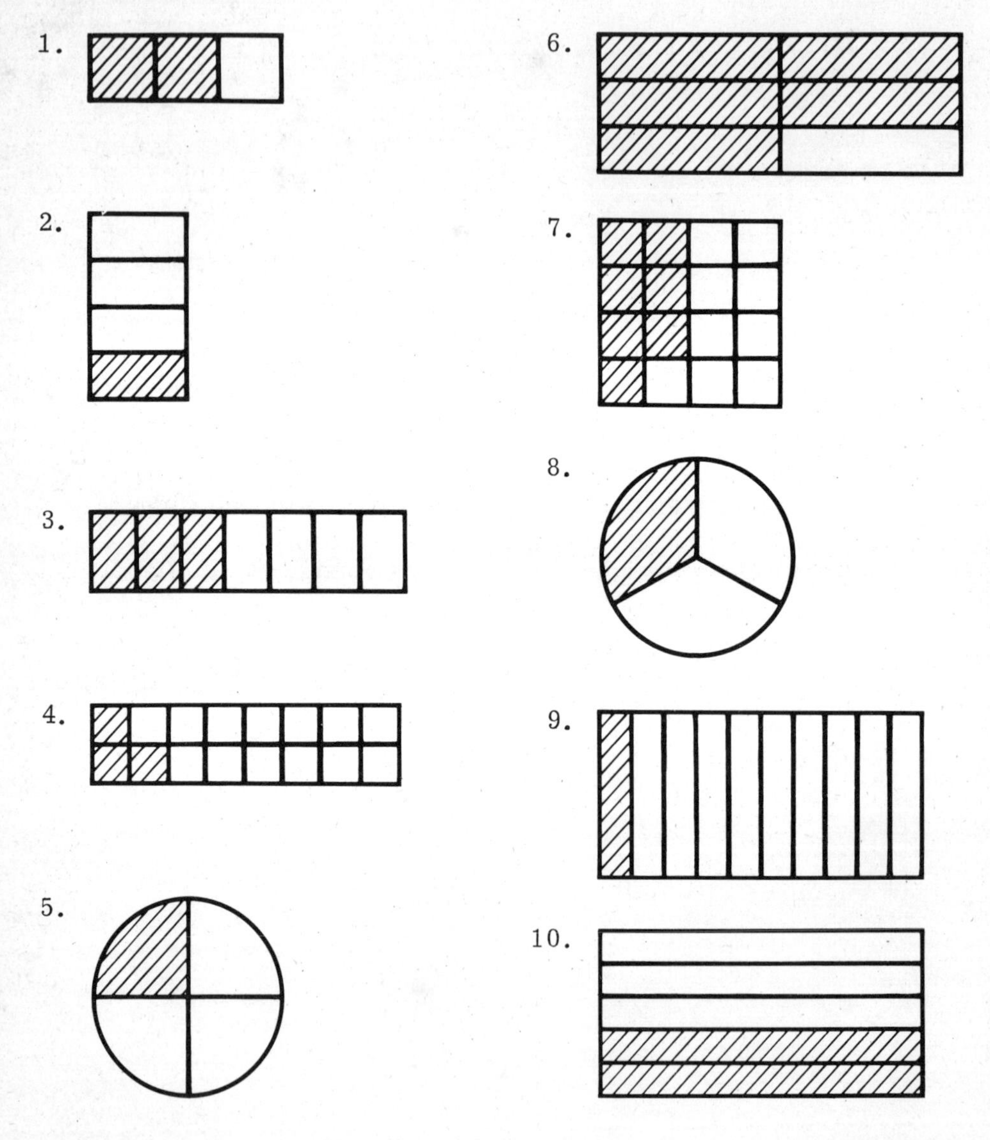

Wenn Du alle Lösungen aufgeschrieben hast, schlage Seite 26 B auf und vergleiche.

(von Seite 18 B)

Das stimmt nicht. Laß uns daher noch einmal überlegen. Vielleicht helfen Dir diese Zeichnungen:

1 Kreis bedeutet 1 Hektar

1 Dreieck bedeutet 1 Hektar

1 Abschnitt bedeutet 1 Hektar

Die Zeichnungen zeigen Dir, daß der ganze Landbesitz 8 Hektar umfaßt; ein Hektar ist also $\frac{1}{8}$ des ganzen Landbesitzes. Nun schraffieren wir die 5 Hektar Kartoffelacker.

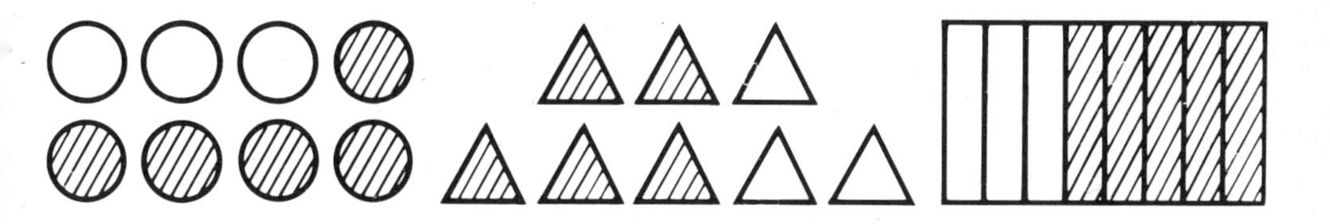

Welcher Teil des Landbesitzes ist also Kartoffelacker?

Schreibe den Bruch in Dein Heft und vergleiche noch einmal mit den Antworten auf Seite 18 B.

26 A

(von Seite 7 A)

Du hast nicht aufgepaßt. Der Zähler ist die Zahl über dem Bruchstrich, der Nenner steht unter dem Bruchstrich. In dem Bruch $\frac{4}{5}$

ist der Zähler 4

und ist der Nenner 5

Gefragt wurde aber nach dem Bruch mit dem Nenner 4 und dem Zähler 5! Schreibe Deine Lösung in Dein Heft und lies dann auf Seite 18 A weiter.

---

26 B

(von Seite 24 A)

Vergleiche Deine Ergebnisse:

1. $\frac{2}{3}$ 2. $\frac{1}{4}$ 3. $\frac{3}{7}$ 4. $\frac{3}{16}$ 5. $\frac{1}{4}$

6. $\frac{5}{6}$ 7. $\frac{7}{16}$ 8. $\frac{1}{3}$ 9. $\frac{1}{10}$ 10. $\frac{2}{5}$

Wenn Du Fehler gemacht hast, vergleiche bitte noch einmal mit Seite 24 A und versuche die Ursache Deiner Fehler zu finden. Berichtige Deine Fehler.

Wenn alles in Ordnung ist, schlage Seite 21 A auf.

(von Seite 18 B)

Das ist falsch. Laß uns daher noch einmal überlegen. Vielleicht helfen Dir diese Zeichnungen:

1 Kreis bedeutet 1 Hektar

1 Dreieck bedeutet 1 Hektar

1 Abschnitt bedeutet 1 Hektar

Die Zeichnungen zeigen Dir, daß der ganze Landbesitz 8 Hektar umfaßt; ein Hektar ist also $\frac{1}{8}$ des ganzen Landbesitzes. Nun schraffieren wir die 5 Hektar Kartoffelacker.

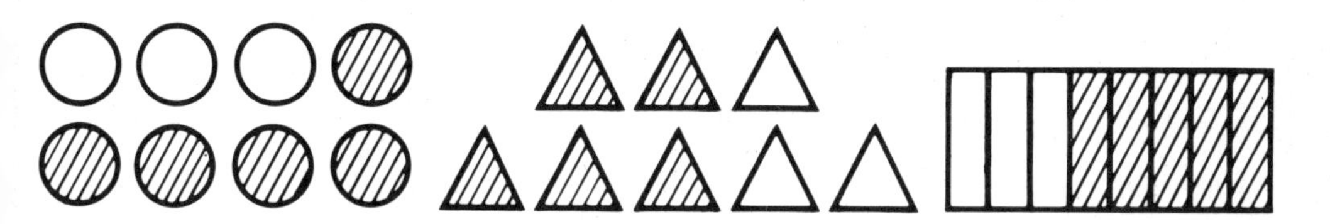

Welcher Teil des Landbesitzes ist also Kartoffelacker?

Schreibe nun den Bruch in Dein Heft und vergleiche nochmals mit den Antworten auf Seite 18 B.

2 Wir vergleichen Brüche, ganze Zahlen und gemischte Zahlen

Im 1. Kapitel unterschieden wir Brüche, ganze und gemischte Zahlen. Dann lernten wir zunächst die Brüche näher kennen. In diesem Kapitel wirst Du nun sehen, welcher Zusammenhang zwischen den Brüchen einerseits und den ganzen und gemischten Zahlen andrerseits besteht.

Die Brüche, die wir uns durch Zeichnungen veranschaulichten, waren alle kleiner als 1:

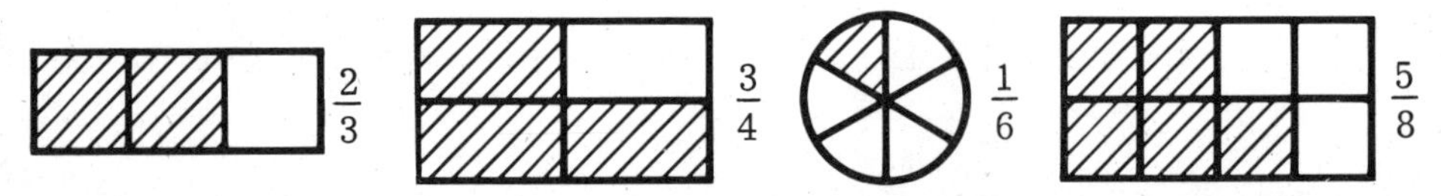

Hier folgen nun einige Zeichnungen, in denen alle Teilstücke schraffiert sind; alle Bruchteile zusammen sind so groß wie das Ganze, sie sind gleich 1.

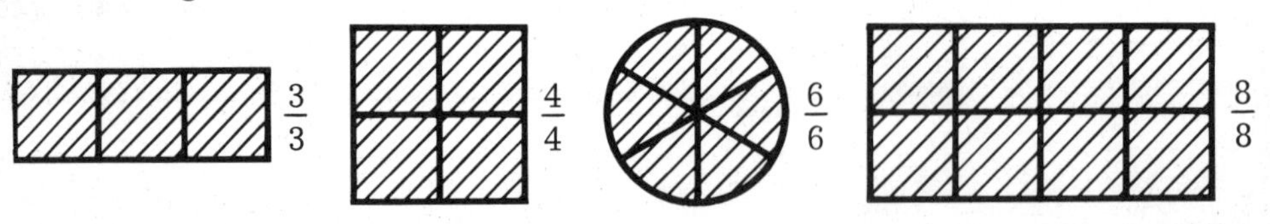

Du kannst Dir dies so vorstellen: Vor Dir steht eine kleine Torte, sie ist in 6 Stücke geschnitten. Du hast einen guten Appetit und ißt sie alle auf. Dann hast Du 6 mal $\frac{1}{6}$ Stück Torte gegessen, also die ganze Torte verzehrt. In der Schreibweise des Mathematikers sieht das so aus: $6 \cdot \frac{1}{6} = \frac{6}{6} = 1$. Genauso sind $\frac{3}{3}$; $\frac{4}{4}$; $\frac{7}{7}$ immer gleich 1, oder

$$3 \cdot \frac{1}{3} = \frac{3}{3} = 1; \qquad 4 \cdot \frac{1}{4} = \frac{4}{4} = 1; \qquad 7 \cdot \frac{1}{7} = \frac{7}{7} = 1$$

Arbeite jetzt gegenüber auf Seite 29 A weiter.

(von Seite 28 A)

Zähler und Nenner sind gleich

Du kannst Brüche, die gleich 1 sind, sehr leicht erkennen: Zähler und Nenner dieser Brüche sind immer gleich! So stellen die Brüche

$$\frac{2}{2} \quad \frac{3}{3} \quad \frac{4}{4} \quad \frac{5}{5} \quad \frac{7}{7} \quad \frac{10}{10} \quad \frac{100}{100}$$

jeder für sich ein Ganzes dar, sie sind gleich 1.

Prüfe gleich einmal, ob Du das schon verstanden hast. Was meinst Du?

Ist jeder der Brüche $\frac{3}{3}$; $\frac{5}{5}$; $\frac{1}{8}$; $\frac{9}{9}$ gleich 1? Ja? Dann schlage Seite 32 A auf.

Ist jeder der Brüche $\frac{6}{5}$; $\frac{2}{2}$; $\frac{11}{11}$; $\frac{20}{20}$ gleich 1? Ja? Dann schlage Seite 35 A auf.

Ist jeder der Brüche $\frac{5}{5}$; $\frac{8}{8}$; $\frac{16}{16}$; $\frac{100}{100}$ gleich 1? Ja? Dann schlage Seite 38 A auf.

(von Seite 40 A)

Ganz sicher nicht. Die Brüche $\frac{2}{3}$, $\frac{3}{5}$ und $\frac{99}{100}$ sind zwar echte Brüche. Jeder ist kleiner als 1; das sagt uns der Zähler, der kleiner ist als der Nenner. Aber das trifft nicht für den Bruch $\frac{5}{3}$ zu. Dieser Bruch ist größer als 1; das sagt uns der Zähler, der größer ist als der Nenner. $\frac{5}{3}$ ist ein unechter Bruch.

Schlage wieder Seite 40 A auf und suche die richtige Aussage.

30 A

(von Seite 39 A)

Nein, hier ist kein Fehler. Vergleiche:

$$\frac{12}{4} = \frac{4}{4} + \frac{4}{4} + \frac{4}{4} = \frac{12}{4}$$

$$= 1 + 1 + 1 = 3 \text{ (Ganze)} \quad \text{Also: } \frac{12}{4} = 3$$

$$\frac{10}{2} = \frac{2}{2} + \frac{2}{2} + \frac{2}{2} + \frac{2}{2} + \frac{2}{2} = \frac{10}{2}$$

$$= 1 + 1 + 1 + 1 + 1 = 5 \text{ (Ganze)} \quad \text{Also: } \frac{10}{2} = 5$$

$$\frac{12}{6} = \frac{6}{6} + \frac{6}{6} = \frac{12}{6}$$

$$= 1 + 1 = 2 \text{ (Ganze)} \quad \text{Also: } \frac{12}{6} = 2$$

$$\frac{6}{3} = \frac{3}{3} + \frac{3}{3} = \frac{6}{3}$$

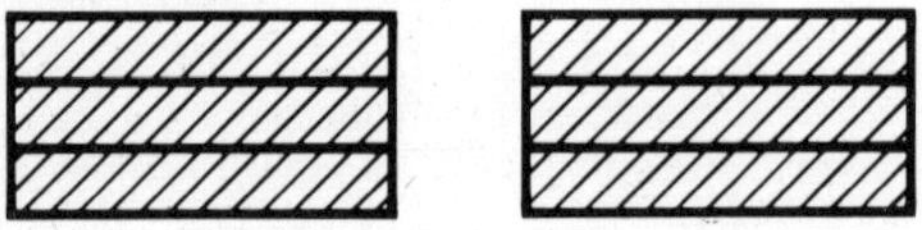

$$= 1 + 1 = 2 \text{ (Ganze)} \quad \text{Also: } \frac{6}{3} = 2$$

In dieser Aufgabengruppe war also kein Fehler enthalten. Überprüfe noch einmal Deine Ergebnisse und suche auf Seite 39 A den Fehler.

(von Seite 38 A)

Das stimmt nicht! In wie viele Bruchteile ist die Figur aufgeteilt?

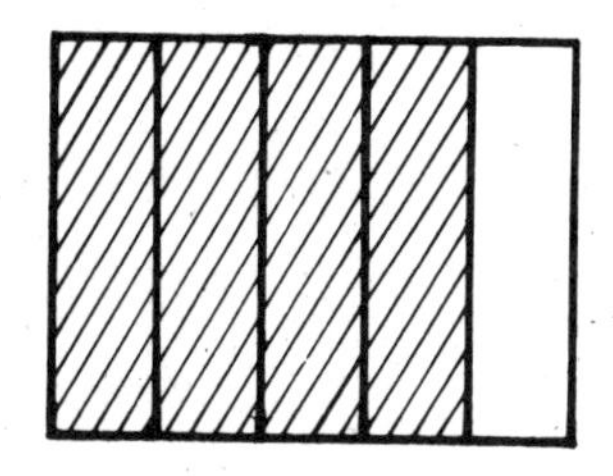

in 5.

Also heißt der Nenner 5.

Wie viele Bruchteile sind schraffiert? 4.

Also heißt der Zähler 4. Die Zeichnung veranschaulicht den Bruch $\frac{4}{5}$, nicht $\frac{4}{4}$!

Bedenke, was der Bruch $\frac{4}{4}$ darstellen soll. Er schließt alle Bruchteile des Ganzen ein. Sind in der obigen Zeichnung alle Bruchteile schraffiert? Nein! Die Zeichnung veranschaulicht daher auch nicht den Bruch $\frac{4}{4}$.

Schlage wieder Seite 38 A auf und suche die richtige Zeichnung.

2

(von Seite 29 A)

Du warst nicht recht bei der Sache. Hier sind noch einmal die Brüche, von denen Du behauptest, jeder sei gleich 1:

$$\frac{3}{3}; \quad \frac{5}{5}; \quad \frac{1}{8}; \quad \frac{9}{9}$$

Du bist einfach über den Bruch $\frac{1}{8}$ hinweggegangen. Denn Du weißt doch, daß $\frac{1}{8}$ nicht gleich 1 ist. In Abschnitt 1 hast Du gelernt: Der Nenner nennt die Anzahl der Teile, in die das Ganze aufgeteilt ist. Das sind hier 8. Demnach besteht das Ganze aus 8 mal $\frac{1}{8} = \frac{8}{8}$, oder anders (als Gleichung) ausgedrückt: $8 \cdot \frac{1}{8} = \frac{8}{8} = 1$.

Die schraffierten Teile der beiden Zeichnungen zeigen Dir den Unterschied.

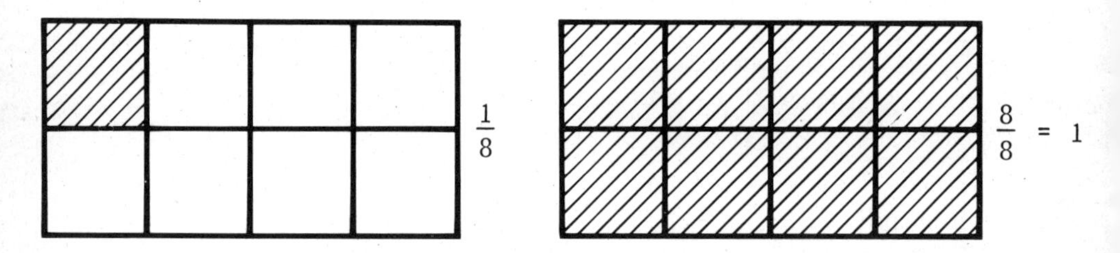

Schlage wieder Seite 29 A auf und suche die richtige Aussage.

(von Seite 39 A)

Du hast einen Fehler gefunden? Laß uns gemeinsam prüfen, ob Du Dich nicht geirrt hast.

$$\frac{5}{5} = 1 \quad = \text{(1 Ganzes)}$$

$$\frac{8}{2} = \frac{2}{2} + \frac{2}{2} + \frac{2}{2} + \frac{2}{2} = \frac{8}{2}$$

$$1 + 1 + 1 + 1 = 4 \text{ (Ganze)} \quad \text{Also: } \frac{8}{2} = 4$$

$$\frac{10}{5} = \frac{5}{5} + \frac{5}{5} = \frac{10}{5}$$

$$1 + 1 = 2 \text{ (Ganze)} \quad \text{Also: } \frac{10}{5} = 2$$

$$\frac{16}{4} = \frac{4}{4} + \frac{4}{4} + \frac{4}{4} + \frac{4}{4} = \frac{16}{4}$$

$$1 + 1 + 1 + 1 = 4 \text{ (Ganze)} \quad \text{Also: } \frac{16}{4} = 4$$

Diese Aufgaben waren also richtig. Überprüfe noch einmal Deine Ergebnisse und suche auf Seite 39 A die Aufgabengruppe, die einen Fehler enthält.

2

(von Seite 38 A)

Das ist richtig. $\frac{4}{4}$ und ein Ganzes sind dasselbe. "$\frac{4}{4}$" und "1" sind nur verschiedene Bezeichnungen für dieselbe Zahl, sie haben denselben "Wert". In der Mathematik sagt man: "Sie sind einander gleich." So sind auch "3 + 3" und "6" einander gleich. Der Mathematiker schreibt das so:

$$3 + 3 = 6$$

und nennt das eine Gleichung. Bei einer Gleichung können die beiden Seiten vertauscht werden, da der Wert der beiden Seiten gleich ist, z. B.:

$$3 + 3 = 6 \quad \text{und} \quad 6 = 3 + 3$$

$$4 + 2 = 6 \quad \text{und} \quad 6 = 4 + 2$$

Wenn zwei Zahlenausdrücke (3 + 3 und 4 + 2) einer dritten Zahl (6) gleich sind, so sind sie auch untereinander gleich:

Weil $3 + 3 = 6$ und $4 + 2 = 6$ ist, ist auch $3 + 3 = 4 + 2$. Ebenso ist

$$\frac{4}{4} = 1 \text{ und } \frac{5}{5} = 1, \text{ und damit } \frac{4}{4} = \frac{5}{5}.$$

Beachte, daß bei Gleichungen mit Brüchen das Gleichheitszeichen in gleicher Höhe wie der Bruchstrich steht.

Wähle nun die fehlerfreie Gleichung aus:

$\frac{3}{3} = \frac{3}{6}$ Seite 41 B

$\frac{3}{3} = \frac{6}{6}$ Seite 44 A

$\frac{3}{3} = 3$ Seite 48 A

(von Seite 29 A)

Du hast nicht aufgepaßt. Hier sind noch einmal die Brüche, von denen jeder nach Deiner Meinung gleich 1 sein soll:

$$\frac{6}{5}; \quad \frac{2}{2}; \quad \frac{11}{11}; \quad \frac{20}{20}$$

Deine Behauptung stimmt für die Brüche $\frac{2}{2}$; $\frac{11}{11}$; $\frac{20}{20}$. Jeder von ihnen ist gleich 1. Aber doch nicht $\frac{6}{5}$! Du weißt: Eine 5 im Nenner eines Bruches bedeutet, daß das Ganze in 5 gleich große Teile aufgeteilt ist. $\frac{5}{5}$ bilden ein Ganzes, $\frac{6}{5}$ sind mehr als ein Ganzes. Die schraffierten Teile der Zeichnung sollen Dir das zeigen:

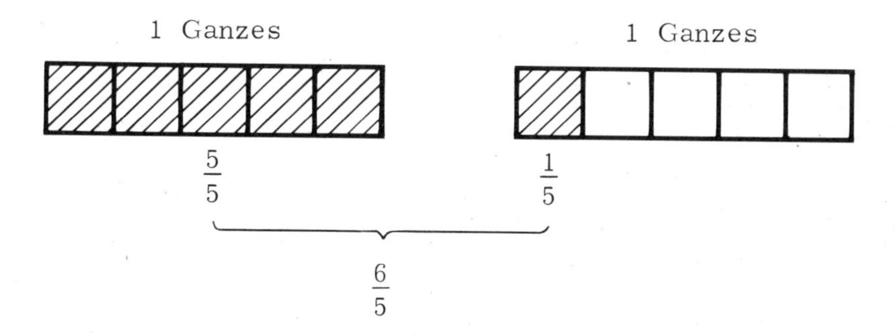

Merke: Ist der Zähler so groß wie der Nenner, dann ist der Wert des Bruches 1 (ein Ganzes).

Schlage wieder Seite 29 A auf und suche die richtige Aussage.

(von Seite 39 A)

Meinst Du die vorletzte Aufgabe: $\frac{4}{2} = 4$? Dann hast Du recht.

Denn die Lösung muß so aussehen:

$$\frac{4}{2} = \frac{2}{2} + \frac{2}{2} = \frac{4}{2}$$

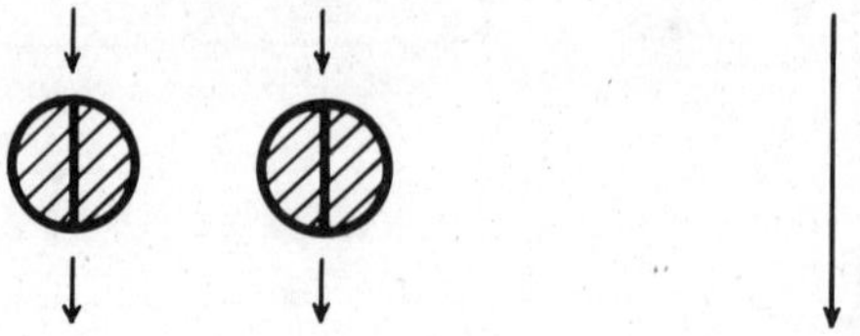

$$1 + 1 = 2 \qquad \text{Also: } \frac{4}{2} = 2$$

Das hattest Du auch gefunden, nicht wahr?

Umwandlung von unechten Brüchen

Wir gehen einen Schritt weiter: Können unechte Brüche auch gemischten Zahlen gleich sein? Gewiß, wie das folgende Beispiel zeigt:

$$\frac{9}{4} = \frac{4}{4} + \frac{4}{4} + \frac{1}{4} = \frac{9}{4}$$

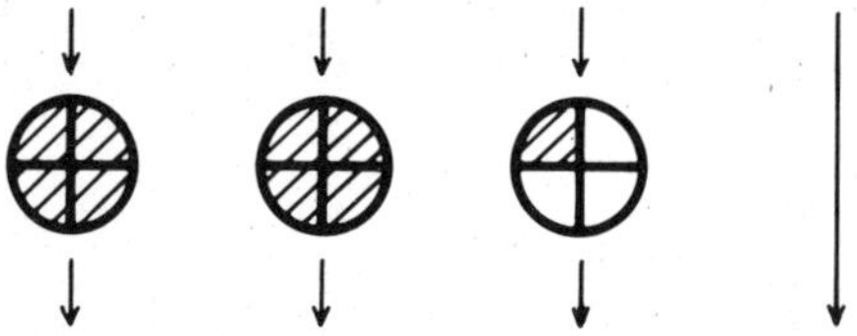

$$1 + 1 + \frac{1}{4} = 2\frac{1}{4} \qquad \text{Also: } \frac{9}{4} = 2\frac{1}{4}$$

Oder einfacher: $\frac{9}{4} = \frac{4}{4} + \frac{4}{4} + \frac{1}{4} = 1 + 1 + \frac{1}{4} = 2 + \frac{1}{4} = 2\frac{1}{4}$

Wandle die folgenden unechten Brüche in gemischte Zahlen um. Schreibe sie so, wie Du es soeben gelernt hast, z. B. $\frac{6}{5} = 1\frac{1}{5}$.

$$\frac{7}{2}, \frac{4}{3}, \frac{7}{4}, \frac{7}{3}, \frac{9}{2}, \frac{9}{4}, \frac{5}{3}, \frac{10}{9}, \frac{5}{2}, \frac{8}{3}, \frac{11}{4}, \frac{3}{2}$$

Schreibe Deine Rechnung vollständig in Dein Heft und vergleiche Deine Ergebnisse mit denen auf Seite 52 A.

(von Seite 45 A)

Das stimmt nicht ganz. Sieh Dir die Brüche noch einmal an:

$$\frac{3}{2}; \quad \frac{5}{4}; \quad \frac{7}{5}; \quad \frac{8}{4}; \quad \frac{15}{5}; \quad \frac{7}{6}; \quad \frac{13}{10}; \quad \frac{25}{2}$$

Keiner dieser Brüche ist kleiner als 1. Wenn man die ersten drei Brüche in Zeichnungen darstellt, sehen sie so aus:

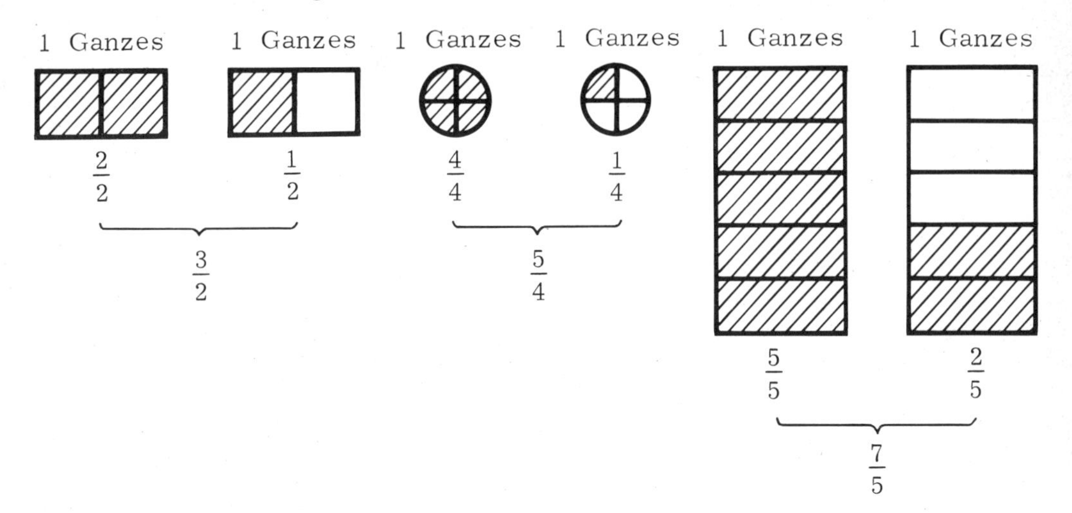

Wie Du siehst, ist keiner dieser Brüche kleiner als 1. Versuche es doch mit den anderen Brüchen einmal selbst. Erinnere Dich:

Bei Brüchen, die kleiner als 1 sind, sind die Zähler kleiner als die Nenner, z. B. $\frac{1}{2}$; $\frac{3}{4}$; $\frac{3}{5}$.

Arbeite noch einmal die ganze Seite 45 A durch und finde dann die richtige Aussage.

38 A
(von Seite 29 A)

Richtig. Hier sind die von Dir gewählten Brüche noch einmal durch Zeichnungen veranschaulicht:

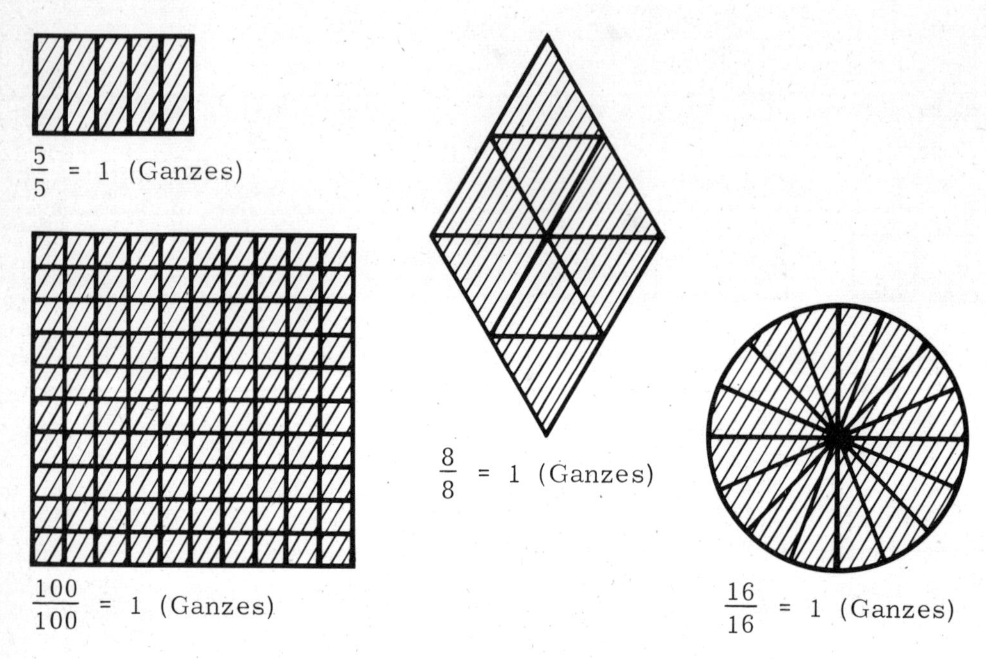

In jeder Zeichnung sind alle Teilstücke einer Figur schraffiert. Alle Bruchteile einer Figur sind zusammen so groß wie das Ganze, sie sind gleich 1.

Welche der folgenden Zeichnungen veranschaulicht den Bruch $\frac{4}{4}$? Was meinst Du?

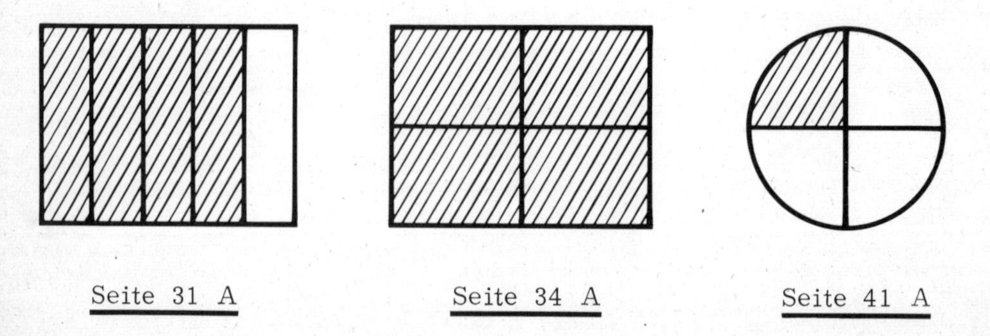

Seite 31 A

Seite 34 A

Seite 41 A

(von Seite 43 A)

Na, hast Du es geschafft? Vergleiche bitte Deine Ergebnisse mit denen auf dieser Seite. Finde die Aufgabengruppe, die einen Fehler enthält:

$\frac{12}{4} = 12 : 4 = 3$

$\frac{10}{2} = 10 : 2 = 5$

$\frac{12}{6} = 12 : 6 = 2$

$\frac{6}{3} = 6 : 3 = 2$

Wenn Du meinst, daß eines dieser Ergebnisse falsch ist, schlage Seite 30 A auf.

$\frac{5}{5} = 5 : 5 = 1$

$\frac{8}{2} = 8 : 2 = 4$

$\frac{10}{5} = 10 : 5 = 2$

$\frac{16}{4} = 16 : 4 = 4$

Wenn Du meinst, daß eines dieser Ergebnisse falsch ist, schlage Seite 33 A auf.

$\frac{8}{8} = 8 : 8 = 1$

$\frac{15}{5} = 15 : 5 = 3$

$\frac{4}{2} = 4 : 2 = 4$

$\frac{25}{5} = 25 : 5 = 5$

Wenn Du meinst, daß eines dieser Ergebnisse falsch ist, schlage Seite 36 A auf.

(von Seite 45 A)

Ganz recht. Du weißt: Sind Zähler und Nenner eines Bruches gleich, so ist der Bruch gleich 1.

Ist der Zähler größer als der Nenner, d.h. zählt der Zähler mehr Bruchteile auf, als das Ganze enthalten kann, muß der Bruch größer als 1 sein.

Echte und unechte Brüche

Wir können Brüche in zwei Gruppen einteilen, wenn wir sie mit der Zahl 1 vergleichen.

Sind Brüche kleiner als 1, nennen wir sie echte Brüche:

$$\frac{1}{4}; \frac{2}{33}; \frac{5}{8}; \frac{7}{9}; \frac{9}{10}; \frac{1}{25}; \frac{75}{100}$$

In jedem dieser echten Brüche ist der Zähler kleiner als der Nenner.

Sind Brüche gleich 1 oder größer als 1, nennen wir sie unechte Brüche:

$$\frac{6}{6}; \frac{7}{6}; \frac{11}{6}; \frac{5}{5}; \frac{6}{5}; \frac{12}{5}; \frac{1}{1}; \frac{11}{10}; \frac{52}{10}$$

In jedem dieser neun unechten Brüche ist der Zähler gleich dem Nenner oder größer als der Nenner.

Prüfe, welche der folgenden Aussagen richtig ist:

$\frac{2}{3}, \frac{3}{5}, \frac{5}{3}, \frac{99}{100}$ sind echte Brüche. Schlage Seite 29 B auf.

$\frac{3}{10}, \frac{7}{10}, \frac{9}{10}, \frac{10}{10}$ sind echte Brüche. Schlage Seite 49 A auf.

$\frac{9}{9}, \frac{5}{4}, \frac{8}{3}, \frac{16}{15}$ sind unechte Brüche. Schlage Seite 53 A auf.

41 A

(von Seite 38 A)

Unmöglich! In dieser Zeichnung ist nur 1 Teil von 4 gleichen Teilen schraffiert. Die Zeichnung veranschaulicht also den Bruch $\frac{1}{4}$, nicht $\frac{4}{4}$.

Jede Zeichnung in der Mitte von Seite 38 A bestand aus einem Ganzen, das in gleich große Teile zerlegt ist. Wie viele Teile es sind, kannst Du abzählen. Die Bruchteile des Ganzen, auf die es ankommt, sind schraffiert. Kommt es auf alle Teilstücke an, sind auch alle schraffiert.

Schlage wieder Seite 38 A auf und finde die richtige Zeichnung heraus.

---

41 B

(von Seite 34 A)

Nein, das ist falsch! $\frac{3}{3}$ und $\frac{3}{6}$ sind nicht einander gleich. Sieh Dir dazu diese Zeichnungen an:

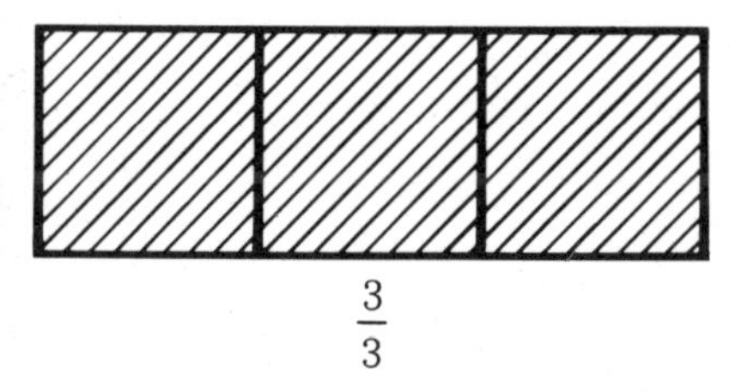

$\frac{3}{3}$

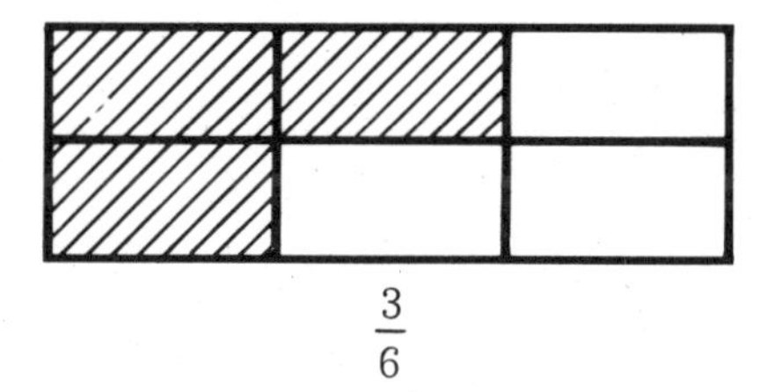

$\frac{3}{6}$

$\frac{3}{3}$ ist so groß wie das Ganze, also $\frac{3}{3} = 1$. Aber $\frac{3}{6}$ ist weniger als ein Ganzes, und daher sind auch die beiden Brüche nicht einander gleich.

Schlage wieder Seite 34 A auf und suche die fehlerfreie Gleichung.

(von Seite 44 B)

Ja, das ist richtig.

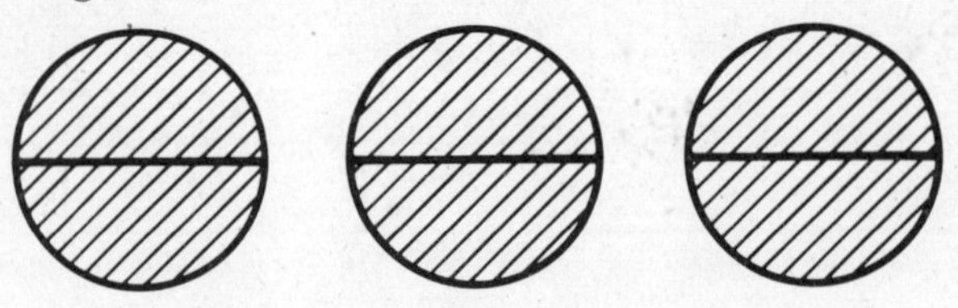

$\frac{6}{2}$ sind gleich 3 Ganzen. Dazu heißt die Gleichung: $\frac{6}{2} = 3$. Man kann dafür sagen: $\frac{6}{2}$ sind in 3 Ganze umgewandelt worden. Das kannst Du auch ohne Zeichnung herausfinden. Du löst den unechten Bruch auf, und zwar in Brüche, die gleich 1 sind. Dies wird so gemacht:

$$\frac{6}{2} = \frac{2}{2} + \frac{2}{2} + \frac{2}{2}$$

$$\downarrow \quad \downarrow \quad \downarrow$$

$$1 \quad 1 \quad 1$$

Diese Ganzen zählst Du zusammen:

$1 + 1 + 1 = 3$. $\frac{6}{2}$ sind also genausoviel wie 3 Ganze: $\frac{6}{2} = 3$.

Hast Du das verstanden? Hier sind noch mehr Beispiele:

$$\frac{9}{3} = \frac{3}{3} + \frac{3}{3} + \frac{3}{3} = \frac{9}{3}$$

$$1 + 1 + 1 = 3$$

Also: $\frac{9}{3} = 3$

$$\frac{8}{4} = \frac{4}{4} + \frac{4}{4} = \frac{8}{4}$$

$$1 + 1 = 2$$

Also: $\frac{8}{4} = 2$

$$\frac{10}{2} = \frac{2}{2} + \frac{2}{2} + \frac{2}{2} + \frac{2}{2} + \frac{2}{2} = \frac{10}{2}$$

$$1 + 1 + 1 + 1 + 1 = 5$$

Also: $\frac{10}{2} = 5$

Arbeite bitte gegenüber auf Seite 43 A weiter.

P

(von Seite 42 A)

Sicher hast Du bei dem letzten Beispiel bemerkt, wie umständlich dieses Verfahren ist. Einfacher ist es, wenn wir den Zähler durch den Nenner teilen:

$\frac{6}{2} = 6 : 2 = 3$ $\frac{9}{3} = 9 : 3 = 3$

$\frac{8}{4} = 8 : 4 = 2$ $\frac{10}{2} = 10 : 2 = 5$

Wandle nun die folgenden Scheinbrüche in ganze Zahlen um. Rechne so, wie Du es eben gelernt hast.

$\frac{12}{4}, \frac{10}{2}, \frac{12}{6}, \frac{6}{3}, \frac{5}{5}, \frac{8}{2}, \frac{10}{5}, \frac{16}{4}, \frac{8}{8}, \frac{15}{5}, \frac{4}{2}, \frac{25}{5}$

Wenn Du Dich noch nicht ganz sicher fühlst, kannst Du ja Dein Ergebnis durch eine Zeichnung überprüfen.

Arbeite nun die Aufgaben durch und vergleiche Deine Ergebnisse mit den Lösungen auf Seite 39 A.

(von Seite 45 A)

Kleiner als 1? $\frac{2}{2}$ ist gleich 1. Kann dann $\frac{3}{2}$ kleiner als 1 sein? $\frac{4}{4}$ ist gleich 1. Kann $\frac{5}{4}$ kleiner als 1 sein? Wenn das zuträfe, müßten doch die Zähler kleiner als die Nenner sein. Meinst Du das wirklich?

Arbeite noch einmal die Seite 45 A sorgfältig durch und suche dann die richtige Aussage.

44 A

(von Seite 34 A)

Das ist richtig. $\frac{3}{3}$ sind gleich 1, $\frac{6}{6}$ sind gleich 1. Du hast gelernt: Sind zwei Zahlenausdrücke einer dritten Zahl gleich, so sind sie auch untereinander gleich:

$$\frac{3}{3} = 1 \quad \text{und} \quad \frac{6}{6} = 1, \quad \text{demnach} \quad \frac{3}{3} = \frac{6}{6}$$

Auch jeder der folgenden Brüche ist gleich 1:

$$\frac{2}{2};\ \frac{3}{3};\ \frac{6}{6};\ \frac{8}{8};\ \frac{9}{9};\ \frac{10}{10};\ \frac{99}{99};\ \frac{1000}{1000}$$

Dagegen sind die folgenden Brüche alle kleiner als 1:

$$\frac{1}{2};\ \frac{1}{3};\ \frac{5}{6};\ \frac{3}{8};\ \frac{4}{9};\ \frac{7}{10};\ \frac{97}{99};\ \frac{99}{100}$$

Arbeite jetzt bitte gegenüber auf Seite 45 A weiter.

---

44 B

(von Seite 53 A)

Was hast Du aufgeschrieben?

Hast Du $\frac{6}{2} = 3$ aufgeschrieben, schlage Seite 42 A auf.

Hast Du $\frac{3}{2} = 3$ aufgeschrieben, schlage Seite 46 A auf.

Hast Du $\frac{6}{6} = 1$ aufgeschrieben, schlage Seite 49 B auf.

Hast Du ein anderes oder gar kein Ergebnis, schlage Seite 55 A auf.

(von Seite 44 A)

Der Zähler ist größer als der Nenner

Kann man durch einen Bruch auch eine Zahl bezeichnen, die größer ist als 1? Gewiß. Die folgenden Zeichnungen veranschaulichen solche Brüche:

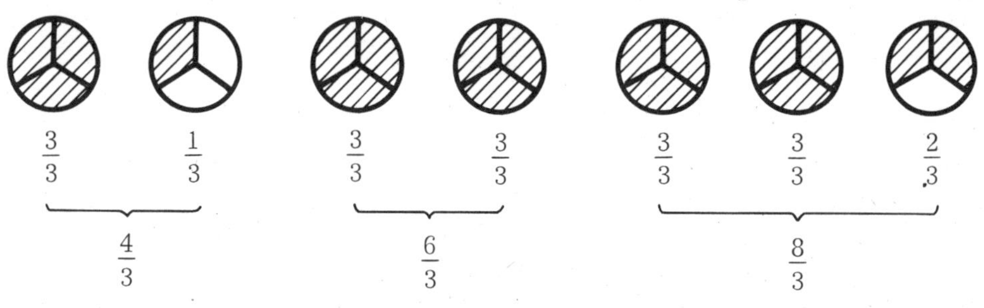

Beachte: In diesen Brüchen sind die Zähler größer als die Nenner.

Sieh Dir nun diese Brüche an:

$$\frac{3}{2};\ \frac{5}{4};\ \frac{7}{5};\ \frac{8}{4};\ \frac{15}{5};\ \frac{7}{6};\ \frac{13}{10};\ \frac{25}{2}$$

Welche der folgenden Aussagen ist richtig?

Einige dieser Brüche sind größer als 1, einige kleiner. Seite 37 A

Alle diese Brüche sind größer als 1. Seite 40 A

Alle diese Brüche sind kleiner als 1. Seite 43 B

46 A

(von Seite 44 B)

Sieh Dir doch noch einmal die Zeichnung an:

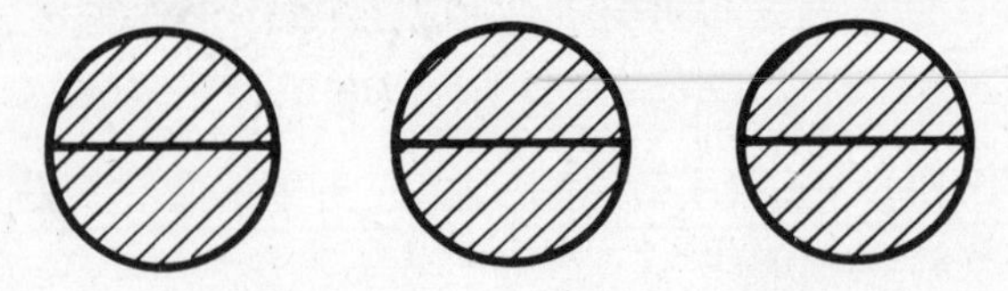

Hier sind 3 Ganze, das ist richtig. Nimm 3 Äpfel, teile sie in Hälften, wie viele Hälften hast Du dann?

Wenn Du Dein Ergebnis laut liest: "Drei Halbe sind gleich 3 Ganze", müßte Dir auffallen, daß das nicht stimmen kann. 3 ganze Äpfel sind <u>nicht</u> $\frac{3}{2}$ Äpfel. Hier folgt noch die Zeichnung, die den Bruch $\frac{3}{2}$ veranschaulicht.

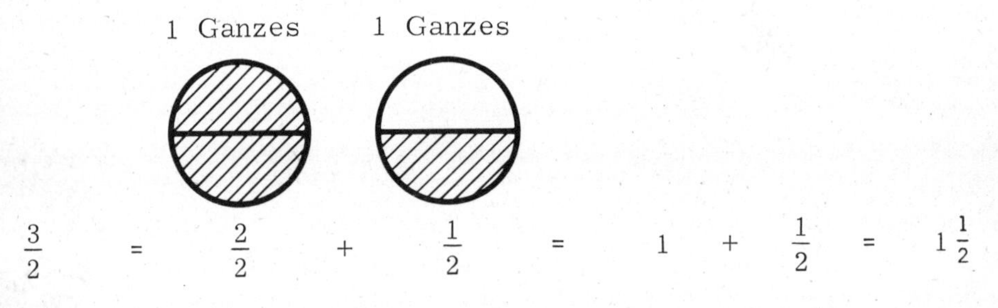

$$\frac{3}{2} = \frac{2}{2} + \frac{1}{2} = 1 + \frac{1}{2} = 1\frac{1}{2}$$

Nun sieh Dir noch einmal die Zeichnung ganz oben an. Kannst Du jetzt die Gleichung schreiben? Schreibe sie in Dein Heft und vergleiche dann mit <u>Seite 44 B</u>.

(von Seite 52 A)

Laß uns den Fehler gemeinsam suchen!

$\frac{7}{2} = \frac{2}{2} + \frac{2}{2} + \frac{2}{2} + \frac{1}{2} = \frac{7}{2}$

$1 + 1 + 1 + \frac{1}{2} = 3\frac{1}{2}$ Also: $\frac{7}{2} = 3\frac{1}{2}$

$\frac{4}{3} = \frac{3}{3} + \frac{1}{3} = \frac{4}{3}$

$1 + \frac{1}{3} = 1\frac{1}{3}$ Also: $\frac{4}{3} = 1\frac{1}{3}$

$\frac{7}{4} = \frac{4}{4} + \frac{3}{4} = \frac{7}{4}$

$1 + \frac{3}{4} = 1\frac{3}{4}$ Also: $\frac{7}{4} = 1\frac{3}{4}$

$\frac{7}{3} = \frac{3}{3} + \frac{3}{3} + \frac{1}{3} = \frac{7}{3}$

$1 + 1 + \frac{1}{3} = 2\frac{1}{3}$ Also: $\frac{7}{3} = 2\frac{1}{3}$

Diese Aufgaben stimmen, es ist kein Fehler zu finden.

Überprüfe Deine Ergebnisse noch einmal und vergleiche sie mit denen auf Seite 52 A. Findest Du nun den Fehler?

48 A

(von Seite 34 A)

Nicht so schnell! Sieh Dir die Zeichnung an:

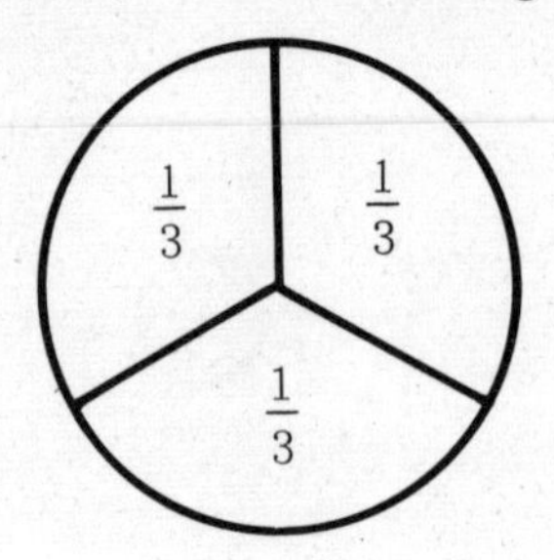

Diese $\frac{3}{3}$ sind so groß wie das Ganze, oder $\frac{3}{3} = 1$.

Diese $\frac{3}{3}$ sind auch jedem anderen Bruch gleich, der so groß ist wie ein Ganzes. Du hast gelernt: Sind zwei Zahlenausdrücke einer dritten Zahl gleich, so sind sie auch untereinander gleich. Hilft Dii das weiter?

Arbeite Seite 34 A noch einmal sorgfältig durch und suche die fehlerfreie Gleichung heraus.

49 A
(von Seite 40 A)

Du hast etwas übersehen: $\frac{3}{10}$, $\frac{7}{10}$, $\frac{9}{10}$ sind echte Brüche, richtig. Aber $\frac{10}{10}$ nicht. $\frac{10}{10}$ ist gleich 1, und wir hatten vereinbart, daß Brüche, die gleich 1 oder größer als 1 sind, unecht genannt werden.

Wiederhole noch einmal:

1. Sind in einem Bruch Zähler und Nenner gleich groß, so ist der Bruch gleich 1.
2. Ist der Bruch kleiner als 1, spricht man von einem echten Bruch.
3. Ist ein Bruch gleich 1 oder größer als 1, spricht man von einem unechten Bruch.

Arbeite nun noch einmal Seite 40 A durch und suche die richtige Aussage.

---

49 B
(von Seite 44 B)

Jetzt hast Du die drei schraffierten Kreise zusammen als ein Ganzes angesehen. Das ist nicht richtig. Sieh noch einmal hin:

1 Ganzes
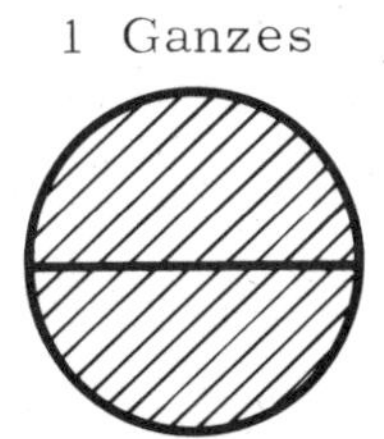
1 Ganzes
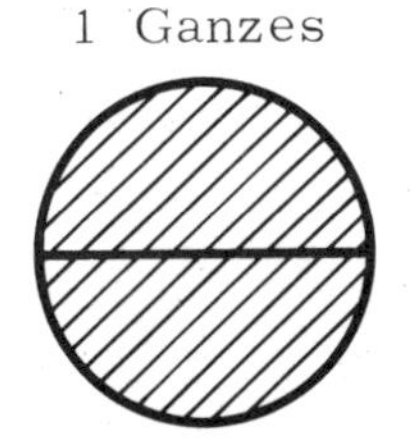
1 Ganzes
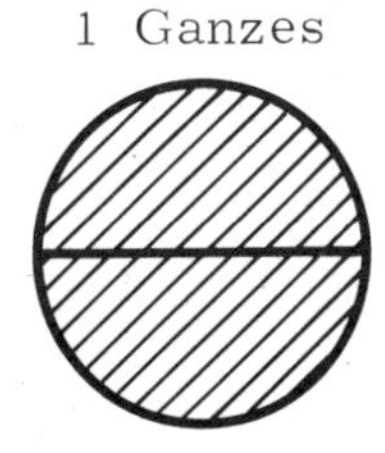

Denke Dir anstelle der drei Kreise drei Äpfel!

Nun müßtest Du die richtige Gleichung finden. Schreibe sie in Dein Heft und vergleiche mit Seite 44 B.

50 A

(von Seite 52 A)

Du hast den Fehler entdeckt? Wenn Du diesen meinst: $\frac{10}{9} = 1\frac{1}{10}$, hast Du recht. Eine Zeichnung beweist es:

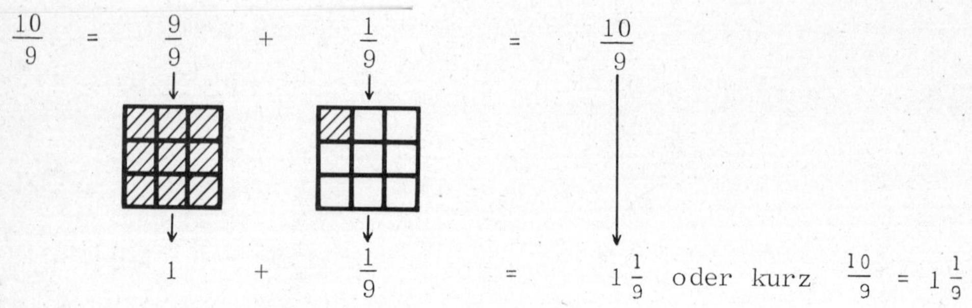

Hier sind alle Lösungen der Aufgabengruppe:

$$\frac{9}{2} = \frac{2}{2} + \frac{2}{2} + \frac{2}{2} + \frac{2}{2} + \frac{1}{2} = 1 + 1 + 1 + 1 + \frac{1}{2} = 4 + \frac{1}{2} = 4\frac{1}{2}$$

$$\frac{9}{4} = \frac{4}{4} + \frac{4}{4} + \frac{1}{4} = 1 + 1 + \frac{1}{4} = 2 + \frac{1}{4} = 2\frac{1}{4}$$

$$\frac{5}{3} = \frac{3}{3} + \frac{2}{3} = 1 + \frac{2}{3} = 1\frac{2}{3}$$

$$\frac{10}{9} = \frac{9}{9} + \frac{1}{9} = 1 + \frac{1}{9} = 1\frac{1}{9}$$

Unechte Brüche können immer in ganze Zahlen oder gemischte Zahlen umgewandelt werden. Das geht bei echten Brüchen nicht, denn sie sind kleiner als 1.

Arbeite nun bitte gegenüber auf Seite 51 A weiter.

P

(von Seite 50 A)

Bei Deinen handschriftlichen Rechnungen mußt Du darauf achten, daß bei gemischten Zahlen die ganze Zahl annähernd doppelt so groß geschrieben wird wie die Zahlen des Bruches:

$$4\tfrac{1}{2},\quad 2\tfrac{1}{4},\quad 1\tfrac{2}{3},\quad 1\tfrac{1}{9}$$

Beim Druck von gemischten Zahlen läßt sich das nicht erreichen, aber wir haben dann immer kleinere Bruchziffern verwandt, die sich gut von den ganzen Zahlen abheben. (Auch an anderen Stellen haben wir - aus technischen Gründen - manchmal die kleineren Bruchziffern benutzt.)

Nun kannst Du in einer kleinen Prüfungsarbeit zeigen, daß Du ein sicherer Rechner bist.

Prüfungsaufgaben

Schreibe die folgenden unechten Brüche als ganze oder gemischte Zahlen in Dein Heft.

1. $\frac{11}{10} =$ 2. $\frac{6}{3} =$

3. $\frac{6}{5} =$ 4. $\frac{12}{3} =$

5. $\frac{10}{3} =$ 6. $\frac{12}{5} =$

7. $\frac{12}{4} =$ 8. $\frac{11}{3} =$

9. $\frac{16}{5} =$ 10. $\frac{25}{5} =$

Die Lösungen der Prüfungsaufgaben stehen im Elternbegleitheft. P

52 A

(von Seite 36 A)

Fertig? Vergleiche nun Deine Ergebnisse mit denen auf dieser Seite. Irgendwo steckt ein Fehler. Findest Du ihn?

$\frac{7}{2} = 3\frac{1}{2}$

$\frac{4}{3} = 1\frac{1}{3}$

$\frac{7}{4} = 1\frac{3}{4}$

$\frac{7}{3} = 2\frac{1}{3}$

Wenn Du meinst, daß hier ein Ergebnis falsch ist, schlage Seite 47 A auf.

$\frac{9}{2} = 4\frac{1}{2}$

$\frac{9}{4} = 2\frac{1}{4}$

$\frac{5}{3} = 1\frac{2}{3}$

$\frac{10}{9} = 1\frac{1}{10}$

Wenn Du meinst, daß hier ein Ergebnis falsch ist, schlage Seite 50 A auf.

$\frac{5}{2} = 2\frac{1}{2}$

$\frac{8}{3} = 2\frac{2}{3}$

$\frac{11}{4} = 2\frac{3}{4}$

$\frac{3}{2} = 1\frac{1}{2}$

Wenn Du meinst, daß hier ein Ergebnis falsch ist, schlage Seite 54 A auf.

Richtig. $\frac{5}{4}$, $\frac{8}{3}$ und $\frac{16}{15}$ sind unechte Brüche, denn jeder der Zähler ist größer als der dazugehörige Nenner; daher sind diese Brüche größer als 1.

$\frac{9}{9}$ ist ebenfalls ein unechter Bruch, denn der Zähler ist so groß wie der Nenner. Sind Zähler und Nenner gleich, so ist der Wert dieses unechten Bruches gleich 1.

Scheinbrüche

Gibt es auch unechte Brüche, die einer anderen ganzen Zahl als 1 gleich sind? O ja, die gibt es. Diese Zeichnungen bringen einige Beispiele:

1 Ganzes 1 Ganzes 1 Ganzes 1 Ganzes 1 Ganzes 1 Ganzes 1 Ganzes 1 Ganzes

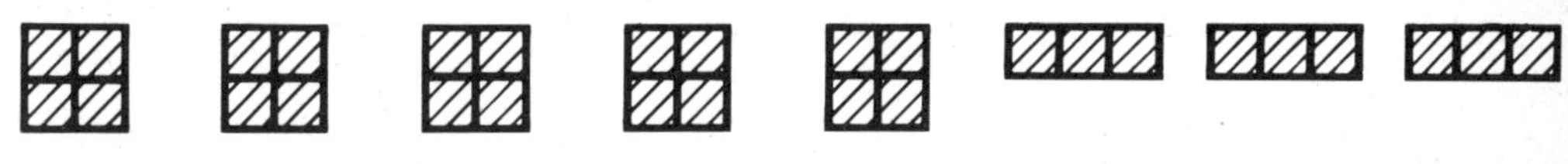

$\frac{8}{4}$ = 2 (Ganze) $\frac{12}{4}$ = 3 (Ganze) $\frac{9}{3}$ = 3 (Ganze)

Brüche, deren Zähler gleich dem Nenner oder ein Vielfaches des Nenners sind, nennt man Scheinbrüche.

$\frac{8}{4} = 2$ $\frac{12}{4} = 3$ $\frac{9}{3} = 3$ $\frac{5}{5} = 1$

Nun schreibe für diese Zeichnung die Gleichung in Dein Heft.

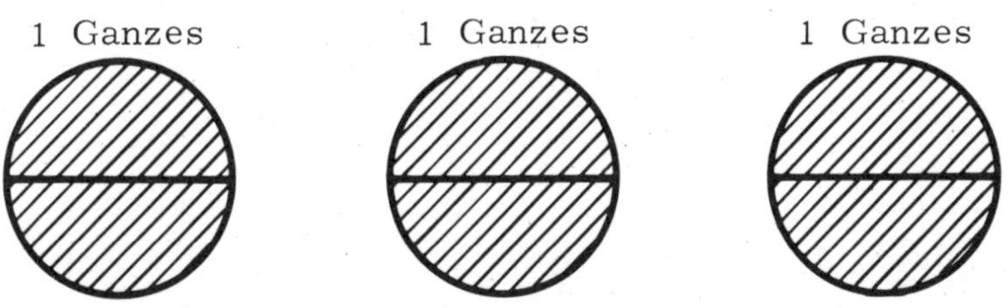

Vergleiche Deine Lösung mit den Ergebnissen auf Seite 44 B.

54 A

(von Seite 52 A)

Du meinst, einen Fehler entdeckt zu haben? Laß uns gemeinsam die Aufgaben überprüfen!

$$\frac{5}{2} = \frac{2}{2} + \frac{2}{2} + \frac{1}{2} = \frac{5}{2}$$

$$1 + 1 + \frac{1}{2} = 2\frac{1}{2} \qquad \text{Also: } \frac{5}{2} = 2\frac{1}{2}$$

$$\frac{8}{3} = \frac{3}{3} + \frac{3}{3} + \frac{2}{3} = \frac{8}{3}$$

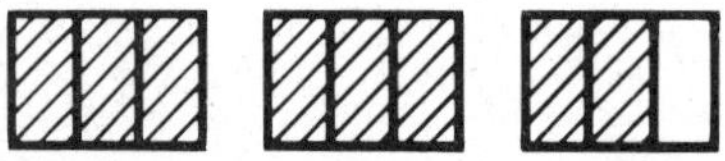

$$1 + 1 + \frac{2}{3} = 2\frac{2}{3} \qquad \text{Also: } \frac{8}{3} = 2\frac{2}{3}$$

$$\frac{11}{4} = \frac{4}{4} + \frac{4}{4} + \frac{3}{4} = \frac{11}{4}$$

$$1 + 1 + \frac{3}{4} = 2\frac{3}{4} \qquad \text{Also: } \frac{11}{4} = 2\frac{3}{4}$$

$$\frac{3}{2} = \frac{2}{2} + \frac{1}{2} = \frac{3}{2}$$

$$1 + \frac{1}{2} = 1\frac{1}{2} \qquad \text{Also: } \frac{3}{2} = 1\frac{1}{2}$$

Hier war also kein Fehler versteckt. Überprüfe Deine Ergebnisse und suche auf Seite 52 A die Aufgabengruppe, die einen Fehler enthält.

(von Seite 44 B)

Laß uns gemeinsam überlegen. Hier ist noch einmal die Zeichnung:

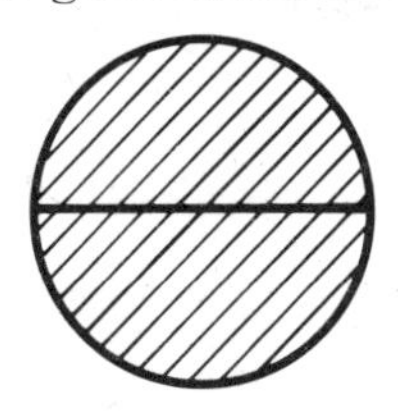
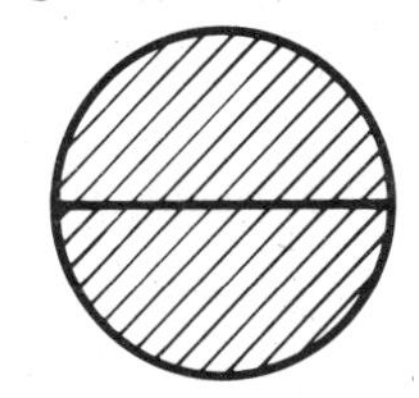
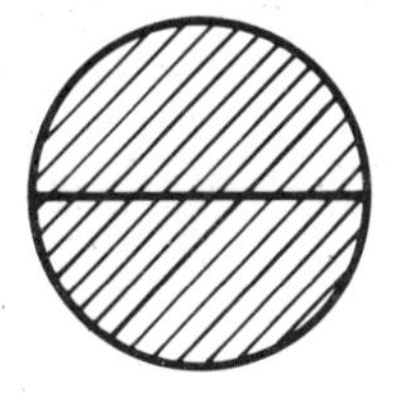

2

Denke Dir statt der Kreise Äpfel. Wie viele Äpfel sind es dann? 3

Halbiere sie. Wie viele Hälften hat jeder Apfel? 2

Zwei Hälften gehören also zu einem Apfel.

Dazu heißt die Gleichung: $\frac{2}{2} = 1$

Wie viele Hälften gehören zu drei Äpfeln?

Nun wirst Du sicher die richtige Gleichung für die Zeichnung finden. Schreibe sie in Dein Heft und vergleiche mit den Ergebnissen auf Seite 44 B.

3 Was ist ggT und kgV ?

In diesem Kapitel wirst Du zwei wichtige Begriffe kennenlernen, die Du in der Bruchrechnung ständig benötigst. Aber zuerst sollst Du Dich noch mit einigen Eigenschaften der Zahlen vertraut machen.

Die Teiler einer Zahl

Die Zahlenfolge 1, 2, 3, 4, 5, 6, ... enthält Zahlen, die zu der Menge der ganzen Zahlen gehören. Diese Zahlenfolge entsteht, wenn man von 1 aus immer wieder um 1 weiterzählt.

Diese Zahlen sind nun sehr unterschiedlich teilbar. Dazu mußt Du wissen, daß eine Zahl dann durch eine andere Zahl teilbar ist, wenn beim Teilen (bei der Division) kein Rest bleibt.

Wir erläutern Dir dies an einem Beispiel: 24 ist durch 6 (ohne Rest) teilbar. Man sagt auch: 6 ist ein Teiler von 24. Wenn Du 24 durch 6 teilst, erhältst Du

$$24 : \underline{6} = 4.$$

24 hat aber noch weitere Teiler:

$$24 : \underline{2} = 12; \quad 24 : \underline{3} = 8; \quad 24 : \underline{4} = 6;$$

$$24 : \underline{8} = 3; \quad 24 : \underline{12} = 2$$

Du hast bisher folgende Teiler von 24 kennengelernt:

2, 3, 4, 6, 8 und 12

Arbeite jetzt bitte gegenüber auf Seite 57 A weiter.

57 A

(von Seite 56 A)

Das sind noch nicht alle Teiler von 24. Es gibt noch zwei weitere:

$$24 : \underline{1} = 24 \quad \text{und} \quad 24 : \underline{24} = 1$$

Die 1 und die Zahl 24 selbst sind also ebenfalls Teiler von 24.

Bestimme jetzt alle Teiler von 14. Schreibe sie in Dein Heft (der Größe nach geordnet) und vergleiche mit Seite 61 B.

3

---

57 B

(von Seite 60 A)

Du hast Dich geirrt. 21 ist zwar ein Vielfaches von 7, aber nicht von 14. Wenn Du das 1 mal 7 und das 1 mal 14 untereinanderschreibst, kannst Du die gemeinsamen Vielfachen der beiden Zahlen leicht finden:

Vielfache von 7:	7,	14,	21,	28,	35,	42,	49,	56,	...
Vielfache von 14:		14,		28,		42,		56,	...

Hieraus kannst Du entnehmen, daß 14, 28, 42, 56, ... gemeinsame Vielfache von 7 und 14 sind. 21 ist dagegen kein gemeinsames Vielfaches.

Arbeite Seite 60 A noch einmal sorgfältig durch und finde dann die richtige Aussage heraus.

58 A
(von Seite 60 A)

15 ist ein Vielfaches von 5, richtig. Kann 15 aber ein Vielfaches einer Zahl sein, die größer als sie selbst ist? Natürlich nicht. Das kleinste Vielfache von 30, das möglich ist, ist 30; denn $1 \cdot 30 = 30$.

30 ist dagegen ein Vielfaches von 15 (und wahrscheinlich war das Dein Gedanke), aber umgekehrt stimmt es nicht.

Arbeite Seite 60 A noch einmal gründlich durch und finde dann die richtige Aussage heraus.

---

58 B
(von Seite 77 B)

Du hast nur zum Teil recht. 15 ist das k g V von 3 und 5, aber 15 ist kein Vielfaches von 10:

10, 20, 30, 40, 50 usw.

Das gesuchte k g V muß in dieser Zahlenfolge vorkommen. Welche dieser Zahlen ist gleichzeitig ein Vielfaches von 3 und von 5?

Berichtige Dein Ergebnis und schlage wieder Seite 77 B auf.

59 A

(von Seite 61 B)

Du hast das Teilen mit dem Zusammenzählen verwechselt. Es ist

$$4 + 10 = 14;$$

aber

$$14 : 10 \quad \text{und} \quad 14 : 4$$

lassen sich nicht ohne Rest ausrechnen.

Sieh Dir diese drei Beispiele genau an:

15 hat als Teiler 1, 3, 5 und 15.

9 hat als Teiler 1, 3 und 9.

6 hat als Teiler 1, 2, 3 und 6.

Geh zurück nach Seite 56 A und arbeite diese Seite noch einmal sorgfältig durch.

---

59 B

(von Seite 69 B)

Aufgabe 1 ist richtig. Aber 40 und 90 hat noch einen größeren gemeinsamen Teiler als 5. Du hast übersehen, daß sich beide Zahlen auch noch durch 10 teilen lassen. Die gemeinsamen Teiler von 40 und 90 sind 1, 2, 5 und 10, der g g T ist also 10.

Überprüfe jetzt auf Seite 69 B die Aufgaben 3 bis 6.

3

60 A

(von Seite 67 A)

Das ist richtig. Die 3 mit irgendeiner ganzen Zahl malgenommen (multipliziert) ergibt ein Vielfaches von 3.

$$\text{ganze Zahl} \cdot 3 = \text{Vielfaches von } 3$$

$$4 \cdot 3 = \boxed{12}$$

12 ist aber auch ein Vielfaches von 2, 4 und 6.

$$\left.\begin{array}{l} 6 \cdot 2 = \\ 4 \cdot 3 = \\ 3 \cdot 4 = \\ 2 \cdot 6 = \end{array}\right\} 12$$

Deshalb sagt man: 12 ist ein gemeinsames Vielfaches von 2, 3, 4 und 6. Natürlich ist 12 auch ein Vielfaches von 12 und 1, weil jede Zahl das Vielfache von sich selbst und 1 ist.

Suche hier die richtige Aussage heraus:

21 ist ein gemeinsames Vielfaches von 14 und 7. Seite 57 B

15 ist ein gemeinsames Vielfaches von 5 und 30. Seite 58 A

10 ist ein gemeinsames Vielfaches von 5 und 2. Seite 64 A

---

60 B

(von Seite 80 A)

Dein Ergebnis ist unvollständig. Außer 1, 2 und 5 haben die drei Zahlen 20, 30 und 60 noch einen weiteren gemeinsamen Teiler. Schlage noch einmal Seite 78 B auf und suche ihn.

61 A
(von Seite 84 B)

Dein Ergebnis ist zu groß. 180 ist zwar ein gemeinsames Vielfaches von 30 und 45, aber nicht das kleinste. Sage wieder das 1 mal 45 auf und prüfe, welches Vielfache von 45 als erstes auch Vielfaches von 30 ist.

Berichtige Dein Ergebnis und vergleiche mit Seite 86 A.

3

---

61 B
(von Seite 57 A)

Was hast Du aufgeschrieben?

4 und 10 sind Teiler von 14. Siehe Seite 59 A.

2 und 7 sind Teiler von 14. Siehe Seite 63 B.

1, 2, 7 und 14 sind Teiler von 14. Siehe Seite 64 B.

62 A

(von Seite 67 A)

Du hast wahrscheinlich nicht richtig aufgepaßt und die Zahlen vertauscht. Das kleinste Vielfache von 20 ist 20 selbst. 10 ist kleiner als 20 und kann kein Vielfaches von 20 sein.

Erinnere Dich, wie Du das kleine Einmaleins gelernt hast. Sicher hast Du da zuerst so aufgezählt: 2, 4, 6, 8, 10, 12, 14 usw. Alle diese Zahlen sind Vielfache von 2. Oder 5, 10, 15, 20, 25, 30, 35 usw. Jede dieser Zahlen ist ein Vielfaches von 5. Wenn Du nun 20, 40, 60, 80, 100, 120 usw. zählst, erhältst Du die Zahlen, die Vielfache von 20 sind.

Schlage wieder Seite 67 A auf und finde die richtige Aussage heraus.

---

62 B

(von Seite 69 B)

Du hast nicht sorgfältig genug gearbeitet. 21 und 25 haben tatsächlich nur 1 als gemeinsamen Teiler, sie sind teilerfremd. Aber 45 und 75 haben noch einen größeren gemeinsamen Teiler als 5:

45:	1,	3,	5,	9,	15,		45
75:	1,	3,	5,		15,	25,	75

Gemeinsame Teiler sind 1, 3, 5 und 15, der g g T ist also 15.

Überprüfe noch einmal die übrigen Aufgaben von Seite 69 B.

63 A
(von Seite 68 B)

Falsch. Du verwechselst die Primzahlen mit den ungeraden Zahlen. Zwar sind 5, 7 und 11 Primzahlen, aber 9 ist eine zusammengesetzte Zahl:

$$9 : 3 = 3$$

Du siehst also, daß keineswegs alle ungeraden Zahlen Primzahlen sein müssen. Hier sind noch weitere Gegenbeispiele:

21	21 : 7 = 3	27	27 : 9 = 3
39	39 : 3 = 13	45	45 : 9 = 5

Merke: Eine Primzahl enthält nur sich selbst und die Zahl 1 als Teiler.

Überprüfe noch einmal die Angaben auf Seite 68 B.

---

63 B
(von Seite 61 B)

Das stimmt nur zum Teil. 2 und 7 sind Teiler von 14, denn:

$$14 : 2 = 7 \quad \text{und} \quad 14 : 7 = 2$$

Du hast aber zwei weitere Teiler von 14 übersehen. Wenn Du diese beiden fehlenden Teiler nicht finden kannst, lies bitte noch einmal Seite 57 A durch. Hast Du sie gefunden, schlage Seite 64 B auf.

64 A

(von Seite 60 A)

Richtig. Ein gemeinsames Vielfaches von 5 und 2 ist 10; denn

5, 10, 15, 20, 25, ... sind Vielfache von 5, und

2, 4, 6, 8, 10, ... sind Vielfache von 2.

Die 10 erscheint in beiden Reihen. 10 ist deshalb ein gemeinsames Vielfaches von 5 und 2.

Die gemeinsamen Vielfachen mehrerer Zahlen

Welche Zahl ist ein gemeinsames Vielfaches von 3, 4 und 6?

3:	3,		6,	9,	**12,**	15,		18,	21, ...
4:		4,		8,	**12,**		16,	20,	...
6:			6,		**12,**			18,	...

Ein gemeinsames Vielfaches von 3, 4 und 6 ist also die 12.

Welche der folgenden Aussagen stimmt?

15 ist ein gemeinsames Vielfaches von 3, 5 und 10. Seite 67 B

14 ist ein gemeinsames Vielfaches von 2, 7 und 14. Seite 70 B

10 ist ein gemeinsames Vielfaches von 2, 10 und 20. Seite 76 A

5 ist ein gemeinsames Vielfaches von 5, 15 und 25. Seite 78 A

---

64 B

(von Seite 61 B)

So ist es richtig, 14 hat vier Teiler:

14 : 1 = 14; 14 : 2 = 7; 14 : 7 = 2; 14 : 14 = 1

Arbeite bitte gegenüber auf Seite 65 A weiter.

(von Seite 64 B)

Primzahlen

Wahrscheinlich warst Du schon überrascht, daß wir bei dem Beispiel "24" auch die Zahlen 1 und 24 als Teiler von 24 bezeichneten. Diese Erkenntnis ist aber sehr nützlich, denn man kann nun zwei Arten von Zahlen unterscheiden:

> Es gibt Zahlen, die nur sich selbst und die Zahl 1 als Teiler haben. Solche Zahlen nennt man Primzahlen.
> Die anderen Zahlen, die außer 1 und sich selbst noch weitere Zahlen als Teiler enthalten, nennt man zusammengesetzte Zahlen.

Zusammengesetzte Zahlen haben also mindestens drei Teiler, während Primzahlen genau zwei Teiler haben: nämlich die Zahl selbst und die Zahl 1. Die Zahl 1 ist weder eine zusammengesetzte Zahl noch eine Primzahl, denn sie hat nur einen Teiler:

$$1 : 1 = 1$$

Suche aus den folgenden Zahlen

1, 4, 5, 7, 8, 9, 10, 11, 12

die Primzahlen heraus und vergleiche auf Seite 68 B.

(von Seite 68 B)

Dein Ergebnis ist leider falsch! 4, 8, 10 und 12 sind alles zusammengesetzte Zahlen, denn sie lassen sich alle durch sich selbst, durch 1 und durch 2 teilen. Sie haben also mehr als zwei Teiler.

Eine Primzahl hat stets zwei Teiler, nämlich sich selbst und die Zahl 1.

Überprüfe noch einmal die Zahlenfolge auf Seite 65 A.

(von Seite 69 B)

Du hast recht. Vergleiche aber sicherheitshalber noch einmal alle sechs Aufgaben.

1.

8:	1,	2,		4,		8	
12:	1,	2,	3,	4,	6,		12

Die gemeinsamen Teiler sind 1, 2 und 4, der g g T ist 4.

2.

40:	1,	2,		4,	5,		8,		10,			20,		40		
90:	1,	2,	3,		5,	6,		9,	10,	15,	18,		30,		45,	90

Die gemeinsamen Teiler sind 1, 2, 5 und 10, der g g T ist 10.

3.

21:	1,	3,		7,	21	
25:	1,		5,			25

Diese beiden Zahlen haben als gemeinsamen Teiler nur 1, sie sind also teilerfremd.

4.

45:	1,	3,	5,	9,	15,		45	
75:	1,	3,	5,		15,	25,		75

Die gemeinsamen Teiler sind 1, 3, 5 und 15, der g g T ist 15.

5.

12:	1,	2,	3,	4,				12		
15:	1,		3,		5,				15	
18:	1,	2,	3,			6,	9,			18

Die gemeinsamen Teiler sind 1 und 3, der g g T ist 3.

6.

21:	1,	3,	7,		21		
49:	1,		7,			49	
63:	1,	3,	7,	9,	21,		63

Die gemeinsamen Teiler sind 1 und 7, der g g T ist 7.

Wenn Du alle Ergebnisse auf Anhieb richtig hattest, kann man Dir zu Deiner Arbeit gratulieren.

P

Jetzt geht es gegenüber auf Seite 67 A weiter.

(von Seite 66 A)

Die Vielfachen einer Zahl

Du hast gelernt: 10 ist ein Teiler von 30. Man kann das auch anders ausdrücken und umgekehrt sagen: 30 ist ein Vielfaches von 10. Immer, wenn man 10 mit einer ganzen Zahl malnimmt (multipliziert), erhält man ein Vielfaches von 10.

$$1 \cdot 10 = \boxed{10} \qquad 4 \cdot 10 = \boxed{40}$$
$$2 \cdot 10 = \boxed{20} \qquad 5 \cdot 10 = \boxed{50}$$
$$3 \cdot 10 = \boxed{30} \qquad 6 \cdot 10 = \boxed{60}$$

Deshalb sind 10, 20, 30, 40, 50, 60, ... Vielfache von 10.

Vielfache von 4 sind 4, 8, 12, 16, 20, 24, ...

Vielfache von 7 sind 7, 35, 49, 70, 77, 700, ...

Welche Aussage ist richtig?

12 ist ein Vielfaches von 3. Seite 60 A

10 ist ein Vielfaches von 20. Seite 62 A

9 ist ein Vielfaches von 6. Seite 68 A

(von Seite 64 A)

Nicht ganz. 15 ist ein gemeinsames Vielfaches von 3 und 5; denn

$$5 \cdot 3 = 15 \quad \text{und} \quad 3 \cdot 5 = 15.$$

Aber die Vielfachen von 10 sind:

10, 20, 30, 40, 50 usw.

Du siehst, daß unter den Vielfachen von 10 die Zahl 15 nicht vorkommen kann.

Schlage noch einmal Seite 64 A auf und finde die fehlerfreie Aussage heraus.

3

68 A
(von Seite 67 A)

Nein, das stimmt nicht. Kannst Du noch das 1 mal 6 aufsagen? 6, 12, 18, 24, 30, 36 usw. Die 9 erscheint in dieser Folge nicht. In einer anderen Folge kannst Du sie finden, nämlich im 1 mal 3: 3, 6, 9, 12, 15 usw. Die 9 ist ein Vielfaches von 3 sowie von 1 und von 9.

Ein Vielfaches einer Zahl erhältst Du, wenn Du diese Zahl mit einer ganzen Zahl malnimmst, z. B.:

8 ist ein Vielfaches von 8; denn $1 \cdot 8 = 8$.
18 ist ein Vielfaches von 9; denn $2 \cdot 9 = 18$.
21 ist ein Vielfaches von 7; denn $3 \cdot 7 = 21$.
50 ist ein Vielfaches von 10; denn $5 \cdot 10 = 50$.

Wenn Du diese Beispiele durchdacht hast, schlage wieder Seite 67 A auf und finde die richtige Aussage heraus.

---

68 B
(von Seite 65 A)

Was hast Du aufgeschrieben?

Hast Du "5, 7, 9 und 11 sind Primzahlen", schlage Seite 63 A auf.
Hast Du "4, 8, 10 und 12 sind Primzahlen", schlage Seite 65 B auf.
Hast Du "5, 7 und 11 sind Primzahlen", schlage Seite 70 A auf.
Wenn Du ein anderes Ergebnis hast, schlage Seite 72 A auf.

69 A
(von Seite 73 A)

Da hast Du einen Fehler übersehen: 15 ist keine Primzahl, denn:

$$15 : \underline{5} = 3 \quad \text{und} \quad 15 : \underline{3} = 5$$

15 hat vier Teiler, nämlich 1, 3, 5 und 15. 15 ist deswegen eine zusammengesetzte Zahl.

Die anderen drei Angaben sind richtig:

13 ist eine Primzahl; sie enthält nur die beiden Teiler 1 und 13.

14 ist eine zusammengesetzte Zahl; ihre Teiler sind 1, 2, 7 und 14.

16 ist eine zusammengesetzte Zahl; ihre Teiler sind 1, 2, 4, 8 und 16.

Überprüfe jetzt bitte noch einmal die Zahlen

17, 18, 19, 20, 21, 22, 23, 24.

Welche von diesen Zahlen sind Primzahlen, welche sind zusammengesetzte Zahlen? Vergleiche erneut mit Seite 73 A.

---

69 B
(von Seite 87 A)

Was hast Du herausbekommen? Der g g T von

1.	8 und 12 ist 4.	Hast Du diese beiden Ergebnisse?
2.	40 und 90 ist 5.	Schlage Seite 59 B auf.
3.	21 und 25 ist 1.	Hast Du diese beiden Ergebnisse?
4.	45 und 75 ist 5.	Schlage Seite 62 B auf.
5.	12, 15 und 18 ist 3.	Hast Du diese beiden Ergebnisse?
6.	21, 49 und 63 ist 7.	Schlage Seite 66 A auf.

70 A

(von Seite 68 B)

Ganz richtig. 5, 7 und 11 sind die einzigen Primzahlen in Deiner Zahlenfolge. Die anderen Zahlen haben mehr als zwei Teiler:

4 hat die Teiler 1, 2 und 4.

8 hat die Teiler 1, 2, 4 und 8.

9 hat die Teiler 1, 3 und 9.

10 hat die Teiler 1, 2, 5 und 10.

12 hat die Teiler 1, 2, 3, 4, 6 und 12.

Du erinnerst Dich sicherlich noch, daß 1 weder eine Primzahl noch eine zusammengesetzte Zahl ist.

Schreibe die folgenden Zahlen

13, 14, 15, 16, 17, 18, 19, 20, 21, 22, 23, 24

in Deinem Heft untereinander. Vermerke dann hinter jeder Zahl, ob sie eine Primzahl oder eine zusammengesetzte Zahl ist. Wenn Du fertig bist, schlage Seite 73 A auf.

---

70 B

(von Seite 64 A)

Jawohl, das ist richtig.

14 ist ein Vielfaches von 2; denn $7 \cdot 2 = 14$.

14 ist ein Vielfaches von 7; denn $2 \cdot 7 = 14$.

14 ist ein Vielfaches von 14; denn $1 \cdot 14 = 14$.

14 ist ein Vielfaches jeder der Zahlen 2, 7 und 14; 14 ist ein gemeinsames Vielfaches von 2, 7 und 14.

Arbeite bitte gegenüber auf Seite 71 A weiter.

(von Seite 70 B)

Das kleinste gemeinsame Vielfache

Als nächstes Beispiel suchen wir ein gemeinsames Vielfaches der Zahlen 2, 3 und 4. Ein solches gemeinsames Vielfaches ist z. B. die Zahl 60:

$30 \cdot \underline{2} = 60 \qquad 20 \cdot \underline{3} = 60 \qquad 15 \cdot \underline{4} = 60$

Aber auch 24 ist ein gemeinsames Vielfaches von 2, 3 und 4:

$12 \cdot \underline{2} = 24 \qquad 8 \cdot \underline{3} = 24 \qquad 6 \cdot \underline{4} = 24$

Weitere gemeinsame Vielfache von 2, 3 und 4 sind zum Beispiel 48, 120, 180 usw.

In der Bruchrechnung ist es sehr oft wichtig, das kleinste gemeinsame Vielfache von mehreren Zahlen zu finden. In den nächsten Kapiteln wirst Du es häufig benötigen. Wir wollen für das kleinste gemeinsame Vielfache die Abkürzung

k g V

einführen.

Wie heißt nun das kleinste gemeinsame Vielfache (k g V) von 2, 3 und 6? Wir zeigen es Dir in einer Übersicht:

2:	2,	4,	6,	8,	10,	12,	14,		16,	18,	20,	...
3:		3,	6,		9,	12,		15,		18,	21,	...
6:			6,			12,				18,		...
			k g V			gemeinsames Vielfaches				gemeinsames Vielfaches		

Zeige, daß Du dies bereits verstanden hast. Wie heißt das k g V von 3, 5 und 10? Du wirst die Lösung leicht finden können, wenn Du die Vielfachen von 3, die Vielfachen von 5 und die Vielfachen von 10 aufschreibst. Das erste gemeinsame Vielfache in diesen drei Zahlenfolgen ist das gesuchte k g V.

Schreibe das Ergebnis in Dein Heft und vergleiche es auf Seite 77 B.

(von Seite 68 B)

Du mußt irgend etwas falsch gemacht haben. Es wird wohl am besten sein, wenn wir Dir die Worte "Primzahl" und "zusammengesetzte Zahl" noch an einigen Beispielen erläutern.

Du hast gelernt, daß 1 weder eine Primzahl noch eine zusammengesetzte Zahl ist, weil die Zahl 1 nur einen Teiler hat.

2 ist eine Primzahl, sie hat als Teiler nur 1 und 2.
Auch 3 ist eine Primzahl, weil 3 nur die beiden Teiler 1 und 3 hat.
4 ist dagegen eine zusammengesetzte Zahl, denn:

$4 : \underline{1} = 4 \qquad 4 : \underline{2} = 2 \qquad 4 : \underline{4} = 1$

Du siehst also, daß die Zahl 4 die drei Teiler 1, 2 und 4 hat.

5 ist wieder eine Primzahl, sie hat nur zwei Teiler, nämlich 1 und 5.
6 ist eine zusammengesetzte Zahl:

$6 : \underline{1} = 6 \qquad 6 : \underline{2} = 3 \qquad 6 : \underline{3} = 2 \qquad 6 : \underline{6} = 1$

Die Zahl 6 hat also vier Teiler, nämlich 1, 2, 3 und 6.

7 ist eine Primzahl, aber wie steht es mit 8?

$8 : \underline{1} = 8 \qquad 8 : \underline{2} = 4 \qquad 8 : \underline{4} = 2 \qquad 8 : \underline{8} = 1$

8 ist eine zusammengesetzte Zahl mit den vier Teilern 1, 2, 4 und 8.

Beantworte jetzt noch einmal die Frage von Seite 65 A.

(von Seite 70 A)

Vergleiche Deine Aufstellung mit der folgenden.

13 Primzahl 14 zusammengesetzte Zahl 15 Primzahl 16 zusammengesetzte Zahl	Wenn Du meinst, daß diese Angaben richtig sind, schlage Seite 69 A auf.
17 Primzahl 18 zusammengesetzte Zahl 19 Primzahl 20 zusammengesetzte Zahl	Wenn Du meinst, daß diese Angaben richtig sind, schlage Seite 74 A auf.
21 zusammengesetzte Zahl 22 zusammengesetzte Zahl 23 zusammengesetzte Zahl 24 zusammengesetzte Zahl	Wenn Du meinst, daß diese Angaben richtig sind, schlage Seite 77 A auf.

3

---

73 B
(von Seite 75 A)

Du hast nicht aufgepaßt. Schau Dir noch einmal die drei Zahlen an:

14 hat als Teiler | 1, | 2, 7 und 14.
27 hat als Teiler | 1, | 3, 9 und 27.
70 hat als Teiler | 1, | 2, 5, 7, 10, 14, 35 und 70.

Diese drei Zahlen haben als einzigen gemeinsamen Teiler 1. Durch 7 sind nur 14 und 70 teilbar, aber nicht 27.

Gehe zurück auf Seite 75 A und untersuche die beiden anderen Aussagen.

(von Seite 73 A)

Das ist richtig.

17 und 19 sind Primzahlen; denn sie enthalten nur sich selbst und die 1 als Teiler.

18 ist eine zusammengesetzte Zahl; ihre Teiler sind 1, 2, 3, 6, 9 und 18.

20 ist eine zusammengesetzte Zahl; ihre Teiler sind 1, 2, 4, 5, 10 und 20.

Vergleiche zur Sicherheit auch die übrigen acht Aufgaben:

13 ist eine Primzahl, denn sie enthält nur die Teiler 1 und 13.

14 ist eine zusammengesetzte Zahl; denn sie enthält die Teiler 1, 2, 7 und 14.

15 ist eine zusammengesetzte Zahl; denn sie enthält die Teiler 1, 3, 5 und 15.

16 ist eine zusammengesetzte Zahl; denn sie enthält die Teiler 1, 2, 4, 8 und 16.

21 ist eine zusammengesetzte Zahl; denn sie enthält die Teiler 1, 3, 7 und 21.

22 ist eine zusammengesetzte Zahl; denn sie enthält die Teiler 1, 2, 11 und 22.

23 ist eine Primzahl; denn sie enthält nur die Teiler 1 und 23.

24 ist eine zusammengesetzte Zahl; denn sie enthält die Teiler 1, 2, 3, 4, 6, 8, 12 und 24.

Arbeite jetzt bitte gegenüber auf Seite 75 A weiter.

(von Seite 74 A)

Gemeinsame Teiler

Wir wollen jetzt die Zahlen

6, 8 und 10

betrachten. Diese drei Zahlen sind zusammengesetzte Zahlen:

6 hat als Teiler 1, 2, 3 und 6.
8 hat als Teiler 1, 2, 4 und 8.
10 hat als Teiler 1, 2, 5 und 10.

Alle drei Zahlen haben vier Teiler. Dir ist bestimmt gleich aufgefallen, daß jede dieser drei Zahlen 1 und 2 als Teiler hat. Man sagt: 1 und 2 sind die gemeinsamen Teiler von 6, 8 und 10.

6, 8 und 10 gehören zu den geraden Zahlen. Man erkennt die geraden Zahlen daran, daß sie sich durch 2 teilen lassen. Alle geraden Zahlen haben als gemeinsamen Teiler 2.

Wir wollen jetzt die Zahlen 22, 55 und 77 untersuchen:

22 hat als Teiler 1, 2, 11 und 22.
55 hat als Teiler 1, 5, 11 und 55.
77 hat als Teiler 1, 7, 11 und 77.

Du siehst, daß diese drei Zahlen die gemeinsamen Teiler 1 und 11 haben. Nun zeige, ob Du schon gemeinsame Teiler erkennen kannst.

Welche der folgenden Aussagen ist richtig?

1 und 7 sind gemeinsame Teiler von 14, 27 und 70. Seite 73 B
1 und 3 sind gemeinsame Teiler von 3, 13 und 30. Seite 76 B
1 und 5 sind gemeinsame Teiler von 20, 30 und 60. Seite 78 B

76 A

(von Seite 64 A)

Nicht ganz. 10 ist ein gemeinsames Vielfaches von 2 und 10; denn:

$$5 \cdot 2 = 10 \quad \text{und} \quad 1 \cdot 10 = 10$$

Aber die Vielfachen von 20 sind:

20, 40, 60, 80, 100 usw.

Du siehst, daß in dieser Zahlenfolge die Zahl 10 nicht vorkommen kann. Denn 20 ist das kleinste Vielfache von 20.

Schlage wieder <u>Seite 64 A</u> auf und überlege sorgfältig, damit Du die fehlerfreie Aussage herausfindest.

---

76 B

(von Seite 75 A)

Jetzt hast Du nicht aufgepaßt. Du hattest gelernt, daß 13 eine Primzahl ist, die nur die beiden Teiler 1 und 13 hat. Deswegen ist 13 nicht durch 3 teilbar.

Du solltest überprüfen, ob 1 und 3 gemeinsame Teiler von 3, 13 und 30 sind. 1 ist gemeinsamer Teiler dieser drei Zahlen, aber die 3 ist nur Teiler von 3 und 30, nicht von 13. Deswegen ist 3 nicht <u>gemeinsamer</u> Teiler dieser drei Zahlen, und die Aussage ist falsch.

Suche jetzt noch einmal die richtige Aussage auf <u>Seite 75 A</u>.

77 A

(von Seite 73 A)

Leider hast Du einen Fehler übersehen: 23 ist keine zusammengesetzte Zahl. 23 enthält nur die Teiler 1 und 23. Deshalb ist sie eine Primzahl.

Die drei anderen Angaben sind richtig:

21 ist eine zusammengesetzte Zahl; ihre Teiler sind 1, 3, 7 und 21.

22 ist eine zusammengesetzte Zahl; ihre Teiler sind 1, 2, 11 und 22.

24 ist eine zusammengesetzte Zahl; ihre Teiler sind 1, 2, 3, 4, 6, 8, 12 und 24.

Überprüfe bitte noch einmal Deine übrigen Zahlen und vergleiche dann erneut mit Seite 73 A.

---

77 B

(von Seite 71 A)

Was hast Du aufgeschrieben?

Hast Du 15 als k g V, schlage Seite 58 B auf.

Hast Du 30 als k g V, schlage Seite 79 A auf.

Hast Du 60 als k g V, schlage Seite 85 A auf.

Hast Du ein anderes Ergebnis, schlage Seite 87 B auf.

78 A

(von Seite 64 A)

Das ist ja gar nicht möglich. Du hast hier offensichtlich den gemeinsamen Teiler mit dem gemeinsamen Vielfachen verwechselt. Sieh Dir einmal die Vielfachen der drei Zahlen an:

5:	5,	10,	15,	20,	25,	30,	35,	40,	45,	50,	55	usw.
15:			15,			30,			45			usw.
25:					25,					50		usw.

Wenn man diese drei Zahlenfolgen fortsetzt, findet man, daß das gemeinsame Vielfache von 5, 15 und 25 die Zahl 75 ist.

Du hast jetzt sicher Deinen Fehler eingesehen. Schlage wieder Seite 64 A auf und suche die richtige Aussage heraus.

---

78 B

(von Seite 75 A)

Richtig. Jede dieser drei Zahlen ist durch 5 teilbar:

20 hat als Teiler 1, 2, 4, 5, 10 und 20.

30 hat als Teiler 1, 2, 3, 5, 6, 10, 15 und 30.

60 hat als Teiler 1, 2, 3, 4, 5, 6, 10, 12, 15, 20, 30 und 60.

1 und 5 sind tatsächlich gemeinsame Teiler dieser drei Zahlen.

Findest Du außer 1 und 5 noch weitere gemeinsame Teiler von 20, 30 und 60? Schreibe sie in Dein Heft und vergleiche auf Seite 80 A.

(von Seite 77 B)

Gut so. 30 ist das k g V von 3, 5 und 10. Vergleiche mit diesen Zahlenfolgen:

3:	3,		6,	9,		12,	15,	18,		21,	24,		27,	30,	33,		...
5:		5,			10,		15,		20,			25,		30,		35,	...
10:					10,				20,					30,			...

Außerdem sind noch die Zahlen 60, 90, 120 usw. gemeinsame Vielfache. Das kleinste gemeinsame Vielfache (k g V) von 3, 5 und 10 ist aber 30.

Ein einfacher Weg zum k g V

Wir wollen Dir jetzt einen Weg zeigen, wie man rascher das k g V von mehreren Zahlen finden kann. Wir erläutern Dir dieses Verfahren an einem Beispiel. Gesucht ist das k g V von 4, 6 und 10. Wähle die größte dieser Zahlen - also 10 - und schreibe Dir die Vielfachen auf:

10, 20, 30, 40, 50, 60, 70 usw.

Prüfe jetzt diese Zahlen der Reihe nach:

10 ist nur ein Vielfaches von 10.

20 ist ein Vielfaches von 4 und 10, aber nicht von 6.

30 ist ein Vielfaches von 6 und 10, aber nicht von 4.

40 ist ein Vielfaches von 4 und 10, aber nicht von 6.

50 ist nur ein Vielfaches von 10.

60 ist ein Vielfaches von 4, von 6 und von 10.

In der Zahl 60 hast Du das k g V von 4, 6 und 10 gefunden.

Suche ebenso das k g V von 30 und 45. Welches ist die größere dieser beiden Zahlen? Bilde davon die Vielfachen. Schreibe das kleinste gemeinsame Vielfache von 30 und 45 in Dein Heft und vergleiche auf Seite 84 B.

80 A
(von Seite 78 B)

Außer 1 und 5 haben 20, 30 und 60 folgende gemeinsame Teiler:

2 Seite 60 B

2 und 10 Seite 82 A

Ich habe es noch nicht verstanden. Seite 88 B

---

80 B
(von Seite 89 B)

So ist es richtig. 120 ist das k g V von 6, 8 und 20. Vergleiche:

20 ist nur ein Vielfaches von 20.

40 ist ein Vielfaches von 20 und von 8.

60 ist ein Vielfaches von 20 und von 6.

80 ist ein Vielfaches von 20 und von 8.

100 ist nur ein Vielfaches von 20.

120 ist ein Vielfaches von 20, von 6 und von 8.

Weitere Vielfache von 6, 8 und 20 sind 240, 360, 480, 600 usw.
Das kleinste gemeinsame Vielfache (k g V) ist aber 120.

Gegenüber auf Seite 81 A findest Du einige Übungsaufgaben zum kgV.

81 A

(von Seite 80 B)

Übungsaufgaben

Bilde das k g V von:

1.	7 und 9	2.	6 und 8	3.	6 und 12
4.	3 und 11	5.	2, 3 und 4	6.	2, 3 und 8
7.	2, 6 und 8	8.	3, 10 und 12	9.	3, 4 und 5

Viele von diesen Aufgaben kannst Du im Kopf lösen. Schreibe Deine Ergebnisse auf und vergleiche mit Seite 84 A.

---

81 B

(von Seite 83 A)

Das ist nicht ganz richtig. Laß uns die Teiler der drei Zahlen untersuchen:

36:	1,	2,	3,	4,		6,		9,		12,		18,			36			
54:	1,	2,	3,			6,		9,				18,		27,			54	
80:	1,	2,		4,	5,		8,		10,		16,		20,			40,		80

18 ist also kein Teiler von 80, sondern nur Teiler von 36 und 54. Die drei Zahlen haben als gemeinsame Teiler nur 1 und 2, der g g T ist also 2.

Sieh Dir bitte noch einmal dieses Beispiel an. Dann kannst Du auch auf Seite 83 A die richtige Aussage herausfinden.

(von Seite 80 A)

Die gemeinsamen Teiler von 20, 30 und 60 sind 1, 2, 5 und 10. Dies sind alle gemeinsamen Teiler dieser drei Zahlen, wie Du aus folgender Übersicht ersehen kannst:

20:	1,	2,		4,	5,		10,			20		
30:	1,	2,	3,		5,	6,	10,		15,		30	
60:	1,	2,	3,	4,	5,	6,	10,	12,	15,	20,	30,	60

Eingerahmt sind die Teiler 1, 2, 5 und 10, weil sie gemeinsame Teiler von 20, 30 und 60 sind. Der größte gemeinsame Teiler ist 10 (doppelt eingerahmt).

Du wirst in den folgenden Kapiteln häufig den größten gemeinsamen Teiler benötigen. Wir wollen dafür die Abkürzung

g g T

einführen.

Merke:

1. Jede Zahl, durch die man mehrere Zahlen (ohne Rest) teilen kann, heißt ein gemeinsamer Teiler dieser Zahlen. (In unserem Beispiel sind dies 1, 2, 5 und 10.)
2. Die größte Zahl, die in mehreren Zahlen als Teiler enthalten ist, heißt der größte gemeinsame Teiler (g g T) der Zahlen. (In unserem Beispiel ist es die Zahl 10.)
3. Zahlen, die nur 1 als gemeinsamen Teiler haben, heißen teilerfremd.

Jetzt geht es gegenüber auf Seite 83 A weiter.

P

Der größte gemeinsame Teiler

Du sollst zwei Wege kennenlernen, wie man den größten gemeinsamen Teiler (g g T) finden kann:

1. Bei kleinen Zahlen kannst Du häufig den g g T schnell erkennen. Beispiel: Suche den g g T von 18, 24 und 30. Da es gerade Zahlen sind, ist 2 ein gemeinsamer Teiler. Aber auch 3 und 6 sind gemeinsame Teiler. Von den gemeinsamen Teilern 1, 2, 3 und 6 ist 6 der größte.

2. Bei größeren Zahlen schreibt man am besten alle Teiler auf und sucht die gemeinsamen Teiler heraus:

32:	1,	2,		4,			8,			16,		32		
48:	1,	2,	3,	4,		6,	8,		12,	16,		24,		48
80:	1,	2,		4,	5,		8,	10,		16,	20,		40,	80

Die gemeinsamen Teiler sind 1, 2, 4, 8 und 16, der g g T ist 16.

Welche der folgenden Aussagen ist richtig?

18 ist der g g T von 36, 54 und 80. Seite 81 B

24 ist der g g T von 72 und 124. Seite 85 B

12 ist der g g T von 36, 48 und 60. Seite 86 B

12, 21 und 39 sind teilerfremd. Seite 96 B

Es wird am besten sein, wenn Du noch einmal ab Seite 71 A wiederholst. Beim nächsten Mal wirst Du dann sicherlich diese Aufgabe lösen können.

84 A

(von Seite 81 A)

Eine von diesen drei Aufgabengruppen ist fehlerfrei. Welche ist es?

Aufgaben	
1. Das k g V von 7 und 9 ist 63. 2. Das k g V von 6 und 8 ist 48. 3. Das k g V von 6 und 12 ist 12.	Wenn Du meinst, daß hier kein Fehler enthalten ist, schlage Seite 88 A auf.
4. Das k g V von 3 und 11 ist 33. 5. Das k g V von 2, 3 und 4 ist 12. 6. Das k g V von 2, 3 und 8 ist 24.	Wenn Du meinst, daß hier kein Fehler enthalten ist, schlage Seite 90 A auf.
7. Das k g V von 2, 6 und 8 ist 24. 8. Das k g V von 3, 10 und 12 ist 60. 9. Das k g V von 3, 4 und 5 ist 30.	Wenn Du meinst, daß hier kein Fehler enthalten ist, schlage Seite 94 A auf.

---

84 B

(von Seite 79 A)

Welches ist Dein Ergebnis?

Ergebnis	
180	Siehe Seite 61 A.
90	Siehe Seite 86 A.
Ich finde das k g V nicht.	Siehe Seite 89 A.

85 A

(von Seite 77 B)

60 ist zwar ein gemeinsames Vielfaches von 3, 5 und 10, aber es ist nicht das <u>kleinste</u> gemeinsame Vielfache (k g V). Sieh Dir noch einmal die Vielfachen von 10 an:

10, 20, 30, 40, 50, 60, 70 usw.

Suche die kleinste Zahl dieser Zahlenfolge, die zugleich ein Vielfaches von 3 und von 5 ist.

Berichtige Dein Ergebnis und schlage wieder **Seite 77 B** auf.

---

85 B

(von Seite 83 A)

Du hast nicht sorgfältig genug nachgedacht. Hier sind alle Teiler von 72 und 124 zusammengestellt:

72:	1,	2,	3,	4,	6, 8, 9, 12, 18, 24,		36,		72	
124:	1,	2,		4,		31,		62,		124

Gemeinsame Teiler sind nur 1, 2 und 4, der g g T ist 4.

Schlage wieder **Seite 83 A** auf und überprüfe die anderen Aussagen.

86 A

(von Seite 84 B)

90 war die Lösung der Aufgabe, denn 90 ist ein Vielfaches von 30 und 45. Es ist sogar das kleinste gemeinsame Vielfache.

Übe noch einmal: Wie heißt das k g V von 6, 8 und 20? Traust Du es Dir schon zu, diese Aufgabe im Kopf zu lösen? Rechne und vergleiche dann mit Seite 89 B.

---

86 B

(von Seite 83 A)

Das hast Du gut gemacht. Hier sind noch einmal alle Teiler der drei Zahlen:

36:	1,	2,	3,	4,		6,		9,		12,			18,				36		
48:	1,	2,	3,	4,		6,	8,			12,		16,			24,			48	
60:	1,	2,	3,	4,	5,	6,			10,	12,	15,			20,		30,			6

1, 2, 3, 4, 6 und 12 sind gemeinsame Teiler von 36, 48 und 60. 12 ist der g g T.

Die richtigen Ergebnisse der übrigen Beispiele heißen:

2 ist der g g T von 36, 54 und 80.

4 ist der g g T von 72 und 124.

3 ist der g g T von 12, 21 und 39.

Arbeite jetzt bitte gegenüber auf Seite 87 A weiter.

(von Seite 86 B)

Übungsaufgaben

Suche den größten gemeinsamen Teiler (g g T) von:

1. 8 und 12
2. 40 und 90
3. 21 und 25
4. 45 und 75
5. 12, 15 und 18
6. 21, 49 und 63

Schreibe Deine Ergebnisse auf und schlage dann Seite 69 B auf.

(von Seite 77 B)

Für die Arbeit mit diesem Buch ist es gut, wenn Du immer ehrlich vor Dir selbst bist. Deshalb freuen wir uns, daß Du diese Seite aufgeschlagen hast. Laß uns gemeinsam überlegen, was zu tun ist.

Wie findet man das kleinste gemeinsame Vielfache (k g V)? Nehmen wir als Beispiel die Zahlen 4, 6 und 8. Wir schreiben die Vielfachen auf:

4:	4,		8,	12,	16,		20,	**24,**	28,		32,	...
6:		6,		12,		18,		**24,**		30,		...
8:			8,		16,			**24,**			32,	...

Die Zahl 24 findest Du in allen drei Zeilen. Weitere gemeinsame Vielfache sind 48, 72, 96, 120 usw. Gesucht ist aber das kleinste gemeinsame Vielfache, also 24.

Verfahre ebenso mit den Zahlen 3, 5 und 10. Rechne und vergleiche erneut mit Seite 77 B.

88 A

(von Seite 84 A)

Das stimmt leider nicht. Ein Fehler ist dabei. Laß uns die drei Aufgaben gemeinsam erarbeiten:

1. Das k g V von 7 und 9?

   7: 7, 14, 21, 28, 35, 42, 49, 56, **63,** 70, ...

   9: 9, 18, 27, 36, 45, 54, **63,** 72, ...

   Das k g V von 7 und 9 ist 63. Diese Aufgabe war richtig.

2. Das k g V von 6 und 8?

   6: 6, 12, 18, **24,** 30, 36, 42, 48, 54, ...

   8: 8, 16, **24,** 32, 40, 48, 56, ...

   48 ist ein Vielfaches von 6 und 8, aber nicht das kleinste. Das k g V von 6 und 8 ist 24.

3. Das k g V von 6 und 12?

   6: 6, **12,** 18, 24, 30, 36, 42, ...

   12: **12,** 24, 36, ...

   Das k g V von 6 und 12 ist 12. Diese Aufgabe war richtig.

Schlage wieder Seite 84 A auf und überprüfe die anderen sechs Aufgaben noch einmal.

---

88 B

(von Seite 80 A)

Am besten ist es, wenn Du Dir noch einmal die Übersicht auf Seite 78 B ansiehst. Suche in den drei Zahlenfolgen nach weiteren gemeinsamen Teilern. Wenn Du keine mehr finden kannst, schlage Seite 82 A auf. Dort wird Dir dann die Aufgabe ausführlich erklärt werden.

89 A
(von Seite 84 B)

Die Aufgabe ist gar nicht so schwer wie Du denkst. Versuchen wir es noch einmal mit einem anderen Beispiel. Wie heißt das kgV von 20 und 35? Die größere dieser beiden Zahlen ist 35. Du mußt also das 1 mal 35 aufsagen:

35 ist nur ein Vielfaches von 35.
70 ist nur ein Vielfaches von 35.
105 ist nur ein Vielfaches von 35.
140 ist ein Vielfaches von 35 und von 20.

In der Zahl 140 hast Du das k g V von 20 und 35 gefunden.

Verfahre ebenso mit den Zahlen 30 und 45. Sage das 1 mal 45 auf. Du wirst dabei sehr rasch auf ein Vielfaches von 45 stoßen, das auch ein Vielfaches von 30 ist. Berichtige Dein Ergebnis und vergleiche erneut mit Seite 84 B.

---

89 B
(von Seite 86 A)

Was hast Du aufgeschrieben?

Das k g V ist 60. Schlage Seite 92 B auf.

Das k g V ist 120. Schlage Seite 80 B auf.

Mein Ergebnis ist nicht dabei. Schlage Seite 83 B auf.

3

(von Seite 84 A)

Das ist richtig. Überprüfe noch einmal alle Aufgaben, denn wir geben Dir dabei einige wichtige Hinweise.

1. Das k g V von 7 und 9?

 9 ist ein Vielfaches von 9, nicht von 7.

 18 ist ein Vielfaches von 9, nicht von 7.

 27 ist ein Vielfaches von 9, nicht von 7.

 36 ist ein Vielfaches von 9, nicht von 7.

 45 ist ein Vielfaches von 9, nicht von 7.

 54 ist ein Vielfaches von 9, nicht von 7.

 63 ist ein Vielfaches von 7 und von 9, 63 ist auch das k g V von 7 und 9.

 7 und 9 haben als gemeinsamen Teiler nur 1, sind also teilerfremd. In diesen Fällen kann man das k g V leicht finden:

Merke:

Das k g V von teilerfremden Zahlen erhält man, wenn man die Zahlen miteinander malnimmt (multipliziert).

2. Das k g V von 6 und 8?

 8 ist ein Vielfaches von 8, nicht von 6.

 16 ist ein Vielfaches von 8, nicht von 6.

 24 ist ein Vielfaches von 6 und von 8, 24 ist auch das k g V von 6 und 8. 48 ist zu groß.

3. Das k g V von 6 und 12?

 12 ist ein Vielfaches von 6 und 12,

 12 ist auch das k g V von 6 und 12.

Lies bitte gegenüber auf Seite 91 A weiter.

(von Seite 90 A)

4. Das k g V von 3 und 11?

 11 ist ein Vielfaches von 11, nicht von 3.

 22 ist ein Vielfaches von 11, nicht von 3.

 33 ist ein Vielfaches von 3 und 11, 33 ist auch das k g V von 3 und 11. 3 und 11 sind Primzahlen.

 Primzahlen sind stets teilerfremd. Man findet daher auch hier das k g V schnell:

3

Merke:

> Das k g V von verschiedenen Primzahlen erhält man, wenn man die Zahlen miteinander malnimmt (multipliziert).

5. Das k g V von 2, 3 und 4?

 4 ist ein Vielfaches von 2 und 4, nicht von 3.

 8 ist ein Vielfaches von 2 und 4, nicht von 3.

 12 ist ein Vielfaches von 2, 3 und 4. 12 ist auch das k g V von 2, 3 und 4.

6. Das k g V von 2, 3 und 8?

 Am schnellsten findest Du es, wenn Du das 1 mal 1 der größten Zahl aufsagst:

 8, 16, 24, 32, 40, ...

 24 ist als erste Zahl dieser Folge ein Vielfaches von 2 und von 3.

7. Das k g V von 2, 6 und 8?

 Im 1 mal 8 ist 24 die kleinste Zahl, die auch ein Vielfaches von 2 und 6 ist.

Arbeite jetzt bitte auf Seite 92 A weiter.

92 A

(von Seite 91 A)

8. Das k g V von 3, 10 und 12?

   Das 1 mal 12 beginnt so:

   12, 24, 36, 48, 60, 72, ...

   60 ist als erste Zahl gleichzeitig ein Vielfaches von 3 und 10.

9. Das k g V von 3, 4 und 5?

   Die Zahlen sind alle teilerfremd. Du hast vorhin gelernt, daß man diese Zahlen miteinander malnehmen (multiplizieren) muß, um das k g V zu finden:

   $$3 \cdot 4 \cdot 5 = 60$$

   30 ist zu klein, denn 30 ist kein Vielfaches von 4.

Arbeite jetzt bitte gegenüber auf Seite 93 A weiter.

---

92 B

(von Seite 89 B)

Nicht so schnell. 60 ist ein Vielfaches von 6 und von 20, aber ist es auch ein Vielfaches von 8? Vielleicht ist es doch besser, wenn Du schriftlich rechnest. Schreibe die Vielfachen von 20 auf. Welche Zahl dieser Folge ist gleichzeitig Vielfaches von 6 und von 8?

Berichtige Dein Ergebnis und vergleiche mit Seite 89 B.

(von Seite 92 A)

Wir vergleichen den g g T und das k g V

Wir wollen noch einmal zusammenfassen:

> Die 1 ist die einzige Zahl, die nur einen Teiler besitzt.
> Primzahlen haben stets zwei Teiler: 1 und die Zahl selbst.
> Zusammengesetzte Zahlen haben mindestens drei Teiler.

Zwischen den Teilern und den Vielfachen besteht ein Zusammenhang, den wir Dir an drei Beispielen erläutern wollen:

1. 21 ist ein Vielfaches von 7, und
   7 ist ein Teiler von 21.
2. 60 ist ein Vielfaches von 12, und
   12 ist ein Teiler von 60.
3. 105 ist ein Vielfaches von 15, und
   15 ist ein Teiler von 105.

Du siehst aus diesen Beispielen, daß Teiler und Vielfache entgegengesetzte Begriffe sind, die Du sorgfältig auseinanderhalten mußt. Ebenso vorsichtig mußt Du mit den Begriffen g g T und k g V umgehen.

Arbeite jetzt bitte auf Seite 95 B weiter.

(von Seite 84 A)

Nein, ein Fehler ist dabei. Laß uns die drei Aufgaben gemeinsam durcharbeiten.

7. Das k g V von 2, 6 und 8?

2: 2, 4, 6, 8, 10, 12, 14, 16, 18, 20, 22, **24,** 26, 28, 30, ...
6: 6, 12, 18, **24,** 30, ...
8: 8, 16, **24,** ...

Diese Aufgabe war richtig, das k g V von 2, 6 und 8 ist 24.

8. Das k g V von 3, 10 und 12?

3: 3, 6, 9, 12, 15, 18, 21, 24, 27, 30, 33, 36, 39,
10: 10, 20, 30, 40,
12: 12, 24, 36,

3: 42, 45, 48, 51, 54, 57, **60,** 63, 66, 69, ...
10: 50, **60,** 70, ...
12: 48, **60,** ...

Diese Aufgabe war richtig, das k g V von 3, 10 und 12 ist 60.

9. Das k g V von 3, 4 und 5?

3: 3, 6, 9, 12, 15, 18, 21, 24, 27, 30, 33
4: 4, 8, 12, 16, 20, 24, 28, 32,
5: 5, 10, 15, 20, 25, 30,

3: 36, 39, 42, 45, 48, 51, 54, 57, **60,** ...
4: 36, 40, 44, 48, 52, 56, **60,** ...
5: 35, 40, 45, 50, 55, **60,** ...

Hier war der Fehler: Das k g V von 3, 4 und 5 ist 60, denn 30 ist kein Vielfaches von 4.

Lies bitte gegenüber auf Seite 95 A weiter.

95 A
(von Seite 94 A)

Die Aufgaben 8 und 9 lassen sich leichter lösen, wenn man nur die Vielfachen der größten Zahl überprüft, ob sie auch Vielfache der anderen beiden Zahlen sind.

Schlage wieder Seite 84 A auf und überprüfe die anderen Aufgaben.

3

---

95 B
(von Seite 93 A)

Wir erläutern Dir das an den Zahlen 8 und 12:

Die gemeinsamen Teiler von 8 und 12 sind

1, 2 und 4,

der größte gemeinsame Teiler (g g T) ist 4.

Die gemeinsamen Vielfachen von 8 und 12 sind

24, 48, 72, 96, ...,

das kleinste gemeinsame Vielfache (k g V) ist 24.

Von 10 und 15 ist

der g g T 5 und das k g V 30.

Von 8 und 10 ist

der g g T 2 und das k g V 40.

Ob Du diese Aufgabe schon lösen kannst? Wie heißt der g g T und das k g V von 12 und 18? Schreibe beide Ergebnisse in Dein Heft und vergleiche mit Seite 96 A.

96 A
(von Seite 95 B)

Die gemeinsamen Teiler von 12 und 18 sind

1, 2, 3 und 6.

Der größte gemeinsame Teiler (g g T) ist 6.

Die gemeinsamen Vielfachen von 12 und 18 sind

36, 72, 108, ...

Das kleinste gemeinsame Vielfache (k g V) ist 36.

Hattest Du auch diese Ergebnisse? Dann löse gegenüber auf Seite 97 A die Prüfungsaufgaben. Wenn Dir der Unterschied von g g T und k g V noch nicht völlig klar ist, schlage wieder Seite 83 A auf. Nach dem zweiten Durcharbeiten wirst Du bestimmt keine Schwierigkeiten mehr haben.

P

---

96 B
(von Seite 83 A)

Vermutlich hast Du gedacht, daß 39 eine Primzahl ist. Aber das stimmt nicht. Laß uns die Teiler der drei Zahlen ansehen:

12:	1,	2,	3,	4,	6,		12,			
21:	1,		3,			7,			21	
39:	1,		3,					13,		39

Du siehst: 1 und 3 sind gemeinsame Teiler der Zahlen 12, 21 und 39. Sie sind also nicht teilerfremd.

Überprüfe noch einmal die übrigen Aussagen auf Seite 83 A.

(von Seite 96 A)

Prüfungsaufgaben

1. Nenne alle Teiler von:

   a) 27

   b) 28

   c) 29

2. Nenne den größten gemeinsamen Teiler (g g T) von:

   a) 54 und 90

   b) 52, 78 und 91

   c) 18 und 35

3. Bestimme das kleinste gemeinsame Vielfache (k g V) von:

   a) 9 und 12

   b) 7 und 11

   c) 6, 14 und 21

4. Bestimme g g T und k g V von:

   a) 16 und 24

   b) 8, 16 und 36

Bevor Du mit dem nächsten Kapitel beginnst, laß bitte Deine Ergebnisse überprüfen. Die eigentliche Bruchrechnung beginnt dann auf der folgenden Seite 98 A.

P

4 Das Zusammenzählen (die Addition) von Brüchen

Es ist nicht schwer, Brüche zusammenzuzählen (zu addieren), wenn sie den gleichen Nenner haben:

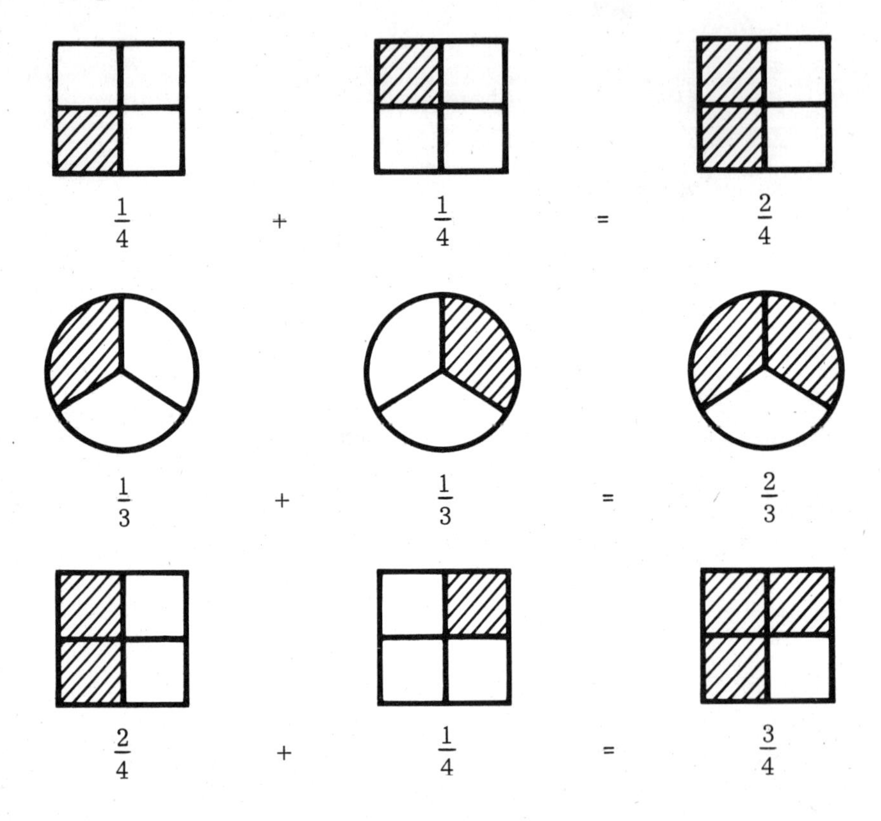

Betrachte die Zeichnungen und die darunterstehenden Rechenaufgaben genau.

Rechne jetzt selbst die Aufgabe

$$\frac{3}{5} + \frac{1}{5} = \ldots$$

und schreibe das Ergebnis in Dein Heft. Schlage dann Seite 101 B auf und vergleiche.

99 A

(von Seite 100 B)

Das ist richtig, $\frac{3}{7} = \frac{6}{14}$. Du hast den Zähler und den Nenner mit derselben Zahl, nämlich mit 2, malgenommen (multipliziert). Wir wollen es noch einmal üben (Du müßtest jetzt in der Lage sein, solche Aufgaben im Kopf zu rechnen):

$$\frac{5}{8} = \frac{\dots}{24}$$

Überlege: Mit welcher Zahl muß ich den Nenner 8 malnehmen, um den Nenner 24 zu erhalten? Die Zahl heißt 3; denn $3 \cdot 8 = 24$. Bei dem Bruch $\frac{5}{8}$ muß ich aber auch den Zähler 5 mit 3 malnehmen (multiplizieren). Dann erhalte ich den Zähler 15; denn $3 \cdot 5 = 15$. Es muß also heißen:

$$\frac{5}{8} = \frac{15}{24}$$

Löse jetzt ebenso folgende Aufgaben:

1. $\frac{3}{5} = \frac{\dots}{15}$ 2. $\frac{2}{3} = \frac{\dots}{9}$ 3. $\frac{1}{4} = \frac{\dots}{12}$

4. $\frac{2}{5} = \frac{\dots}{15}$ 5. $\frac{1}{2} = \frac{\dots}{8}$ 6. $\frac{3}{4} = \frac{\dots}{8}$

7. $\frac{1}{3} = \frac{\dots}{18}$ 8. $\frac{1}{5} = \frac{\dots}{20}$ 9. $\frac{5}{6} = \frac{\dots}{12}$

Wenn Du fertig bist, vergleiche Deine Ergebnisse mit denen auf Seite 102 B.

---

99 B

(von Seite 105 A)

Welches war Deine Lösung?

Der Hauptnenner der Brüche $\frac{1}{2}$, $\frac{1}{3}$ und $\frac{1}{6}$ ist 6. Sieh nach auf Seite 101 A.

Der Hauptnenner der Brüche $\frac{1}{2}$, $\frac{1}{3}$ und $\frac{1}{6}$ ist 36. Sieh nach auf Seite 107 B.

Der Hauptnenner der Brüche $\frac{1}{2}$, $\frac{1}{3}$ und $\frac{1}{6}$ ist 12. Sieh nach auf Seite 117 A.

100 A

(von Seite 102 B)

Nein, das stimmt nicht! Alle drei Ergebnisse sind richtig. Das kannst Du feststellen, wenn Du noch einmal nachrechnest:

1. $\frac{3}{5} = \frac{3 \cdot 3}{5 \cdot 3} = \underline{\underline{\frac{9}{15}}}$

2. $\frac{2}{3} = \frac{2 \cdot 3}{3 \cdot 3} = \underline{\underline{\frac{6}{9}}}$

3. $\frac{1}{4} = \frac{1 \cdot 3}{4 \cdot 3} = \underline{\underline{\frac{3}{12}}}$

Nun schlage wieder Seite 102 B auf und versuche, den Fehler in den Aufgaben 4 bis 9 zu finden.

---

100 B

(von Seite 113 A)

Was hast Du herausbekommen?

Hast Du $\frac{3}{7} = \frac{6}{14}$, so schlage Seite 99 A auf.

Hast Du $\frac{3}{7} = \frac{10}{14}$, so schlage Seite 104 B auf.

Hast Du $\frac{3}{7} = \frac{9}{14}$, so schlage Seite 109 B auf.

Wenn Dein Ergebnis nicht dabei ist, mußt Du noch einmal sorgfältig Seite 113 A durcharbeiten.

101 A

(von Seite 99 B)

Du hast recht. 6 ist die kleinste Zahl, in der 2, 3 und 6 als Teiler enthalten sind. Ein solches k g V (kleinstes gemeinsames Vielfaches) der Einzelnenner nennen wir den Hauptnenner.

Bevor wir die drei Brüche zusammenzählen können, müssen wir jeden dieser Brüche in einen gleichwertigen Bruch mit dem Nenner 6 umwandeln. Oder anders ausgedrückt: Wir müssen alle Brüche auf den Hauptnenner bringen.

$$\frac{1}{2} = \frac{3}{6} \qquad \frac{1}{3} = \frac{2}{6} \qquad \frac{1}{6} = \frac{1}{6}$$

4

Jetzt können wir zusammenzählen (addieren):

$$\frac{1}{2} + \frac{1}{3} + \frac{1}{6} = \frac{3}{6} + \frac{2}{6} + \frac{1}{6} = \underline{\underline{\frac{6}{6}}}$$

Nun versuche es selbst einmal mit dieser Aufgabe:

$$\frac{3}{5} + \frac{1}{6} = \ldots$$

Suche zuerst den Hauptnenner. Verwandle die Brüche in gleichwertige Brüche. Dann zähle sie zusammen.

Schreibe diese Aufgabe vollständig in Dein Heft und vergleiche dann mit Seite 103 B.

---

101 B

(von Seite 98 A)

Welches ist Dein Ergebnis?

$\frac{3}{5} + \frac{1}{5} = \frac{4}{5}$ Lies weiter auf Seite 103 A.

$\frac{3}{5} + \frac{1}{5} = \frac{4}{10}$ Lies weiter auf Seite 109 A.

Ich finde die Lösung nicht. Schlage Seite 114 B auf.

102 A
(von Seite 115 B)

Deine Antwort ist falsch. $\frac{2}{3}$ ist nicht dasselbe wie $\frac{2}{15}$. Hier steht noch einmal die Regel:

> Einen Bruch erweitern heißt: Zähler und Nenner mit derselben Zahl malnehmen.

Du hast zwar den Nenner mit 5 malgenommen, aber den Zähler hast Du vergessen. Die beiden Brüche sind deshalb nicht gleichwertig.

Lies noch einmal die ganze Seite 111 A durch.

---

102 B
(von Seite 99 A)

Vergleiche Deine Lösungen. Irgendwo ist hier ein Fehler hineingeraten.

1. $\frac{3}{5} = \frac{9}{15}$
2. $\frac{2}{3} = \frac{6}{9}$
3. $\frac{1}{4} = \frac{3}{12}$

Wenn Du meinst, daß hier ein Ergebnis falsch ist, schlage Seite 100 A auf.

4. $\frac{2}{5} = \frac{6}{15}$
5. $\frac{1}{2} = \frac{4}{8}$
6. $\frac{3}{4} = \frac{5}{8}$

Wenn Du meinst, daß hier ein Ergebnis falsch ist, schlage Seite 104 A auf.

7. $\frac{1}{3} = \frac{6}{18}$
8. $\frac{1}{5} = \frac{4}{20}$
9. $\frac{5}{6} = \frac{10}{12}$

Wenn Du meinst, daß hier ein Ergebnis falsch ist, schlage Seite 118 B auf.

103 A

(von Seite 101 B)

Das ist richtig. Wir können diesen Rechenvorgang mit folgenden Worten beschreiben:

Um Brüche mit gleichen Nennern zu addieren,	$\frac{3}{5} + \frac{1}{5} = \ldots$
zählt man die Zähler zusammen	$3 + 1 = 4$
und setzt die Summe der Zähler über den Nenner, den diese Brüche gemeinsam haben.	$\frac{4}{5}$

Wir wollen diese Regel noch mit drei weiteren Beispielen einüben:

$$\frac{2}{7} + \frac{2}{7} + \frac{2}{7} = \frac{2+2+2}{7} = \underline{\underline{\frac{6}{7}}}$$

$$\frac{3}{10} + \frac{4}{10} + \frac{2}{10} = \frac{3+4+2}{10} = \underline{\underline{\frac{9}{10}}}$$

$$\frac{4}{25} + \frac{3}{25} + \frac{7}{25} = \frac{4+3+7}{25} = \underline{\underline{\frac{14}{25}}}$$

Hast Du das verstanden? Dann suche unter den drei folgenden Aufgaben die mit dem richtigen Ergebnis heraus:

$\frac{1}{3} + \frac{1}{3} + \frac{1}{3} = \frac{1}{9}$ Seite 106 A

$\frac{5}{12} + \frac{1}{12} + \frac{1}{12} = \frac{7}{12}$ Seite 110 A

$\frac{3}{8} + \frac{3}{8} + \frac{1}{8} = \frac{4}{8}$ Seite 113 B

---

103 B

(von Seite 101 A)

Welches ist das richtige Ergebnis?

Hast Du $\frac{3}{5} + \frac{1}{6} = \frac{4}{30}$, lies auf Seite 114 A weiter.

Hast Du $\frac{3}{5} + \frac{1}{6} = \frac{23}{30}$, lies auf Seite 118 A weiter.

Hast Du $\frac{3}{5} + \frac{1}{6} = \frac{4}{11}$, lies auf Seite 123 B weiter.

„Ich kann die Aufgabe nicht rechnen." Lies auf Seite 121 B weiter.

4

104 A

(von Seite 102 B)

Du hast sicherlich gleich gemerkt, daß die 6. Gleichung fehlerhaft war. Richtig muß es so heißen:

$$6. \quad \frac{3}{4} = \frac{3 \cdot 2}{4 \cdot 2} = \underline{\underline{\frac{6}{8}}}$$

Vergleiche zur Sicherheit noch die übrigen acht Lösungen:

$$1. \quad \frac{3}{5} = \frac{3 \cdot 3}{5 \cdot 3} = \underline{\underline{\frac{9}{15}}} \qquad 2. \quad \frac{2}{3} = \frac{2 \cdot 3}{3 \cdot 3} = \underline{\underline{\frac{6}{9}}}$$

$$3. \quad \frac{1}{4} = \frac{1 \cdot 3}{4 \cdot 3} = \underline{\underline{\frac{3}{12}}} \qquad 4. \quad \frac{2}{5} = \frac{2 \cdot 3}{5 \cdot 3} = \underline{\underline{\frac{6}{15}}}$$

$$5. \quad \frac{1}{2} = \frac{1 \cdot 4}{2 \cdot 4} = \underline{\underline{\frac{4}{8}}} \qquad 7. \quad \frac{1}{3} = \frac{1 \cdot 6}{3 \cdot 6} = \underline{\underline{\frac{6}{18}}}$$

$$8. \quad \frac{1}{5} = \frac{1 \cdot 4}{5 \cdot 4} = \underline{\underline{\frac{4}{20}}} \qquad 9. \quad \frac{5}{6} = \frac{5 \cdot 2}{6 \cdot 2} = \underline{\underline{\frac{10}{12}}}$$

Hattest Du diese Aufgaben alle richtig? Wenn nicht, empfehlen wir Dir, noch einmal ab Seite 111 A zu wiederholen, denn sonst werden Dir die Prüfungsaufgaben am Schluß des Kapitels Schwierigkeiten machen. Wenn Du alles verstanden hast, kannst Du gegenüber auf Seite 105 A weiterarbeiten.

P

---

104 B

(von Seite 100 B)

Hast Du die Regel vergessen? Hier ist sie noch einmal:

> Einen Bruch erweitern heißt: Zähler und Nenner mit derselben Zahl malnehmen.

Hast Du vielleicht den Zähler und den Nenner zusammengezählt?

Mit welcher Zahl mußt Du den Nenner malnehmen, wenn Du Siebtel in Vierzehntel verwandeln willst? Diese Zahl ist 2. Mit dieser Zahl mußt Du auch den Zähler malnehmen. Rechne noch einmal:

$$\frac{3}{7} = \frac{\cdots}{14}$$

Schreibe die Gleichung in Dein Heft und vergleiche wieder mit Seite 100 B.

(von Seite 104 A)

Wir bestimmen den Hauptnenner

Wiederholen wir noch einmal, was wir über gleichwertige Brüche und den Hauptnenner gelernt haben. Aufgabe:

$$\frac{1}{2} + \frac{1}{3} + \frac{1}{6} = \ldots$$

Diese Brüche können wir nicht so, wie sie da stehen, zusammenzählen (addieren), weil sie verschiedene Nenner haben. Wir müssen alle drei in gleichnamige Brüche verwandeln und dazu den Hauptnenner bestimmen. Welches ist der Hauptnenner? Überlege einmal: Wie heißt die kleinste Zahl, in der 2, 3 und 6 enthalten sind?

Schreibe Deine Lösung in Dein Heft und lies auf Seite 99 B weiter.

4

---

105 B
(von Seite 119 B)

Der Hauptnenner ist nicht 8. Du hast offenbar vergessen, was ein Hauptnenner ist. Er ist die kleinste Zahl, in der alle Einzelnenner als Teiler enthalten sind. In der 8 sind aber weder die 6 noch die 3 als Teiler enthalten.

72 ist zum Beispiel ein gemeinsames Vielfaches von 8, 6 und 3. 48 ist ebenfalls ein gemeinsames Vielfaches von 8, 6 und 3. Aber warum wollen wir so große Zahlen nehmen und uns die Arbeit unnötig schwer machen, wenn wir geradesogut das kleinste gemeinsame Vielfache (k g V) gebrauchen können?

Suche das k g V von 8, 6 und 3. Dies ist der Hauptnenner von $\frac{1}{8}$, $\frac{1}{6}$ und $\frac{1}{3}$.

Schlage wieder Seite 119 B auf und suche die richtige Aussage.

106 A

(von Seite 103 A)

O nein. Du hast die Regel nicht beachtet, wir wollen sie noch einmal wiederholen:

> Wenn man Brüche mit gleichen Nennern zusammenzählen will, zählt man die Zähler zusammen und setzt diese Summe über den Nenner, den diese Brüche gemeinsam haben.

$$\frac{1}{3} + \frac{1}{3} + \frac{1}{3} = \frac{1 + 1 + 1}{3} = \underline{\underline{\frac{3}{3}}}$$

Merke Dir diese Regel gut. Schlage wieder Seite 103 A auf und finde die Aufgabe mit dem richtigen Ergebnis.

---

106 B

(von Seite 115 B)

Du bist ja ganz durcheinander. Hier steht noch einmal die Regel:

> Einen Bruch erweitern heißt: Zähler und Nenner mit derselben Zahl malnehmen.

Du hast zwar Zähler und Nenner malgenommen, aber nicht mit derselben Zahl.

Will man Drittel zu Fünfzehntel erweitern, muß man mit 5 malnehmen. Dies bedeutet, daß auch der Zähler 2 mit 5 malgenommen werden muß, also:

$$\frac{2}{3} = \frac{\ldots}{15}$$

Rechne und schlage wieder Seite 115 B auf.

107 A

(von Seite 120 B)

Das ist falsch. $\frac{2}{3}$ sind nicht gleich $\frac{2}{6}$. Schau Dir noch einmal die Zeichnung an:

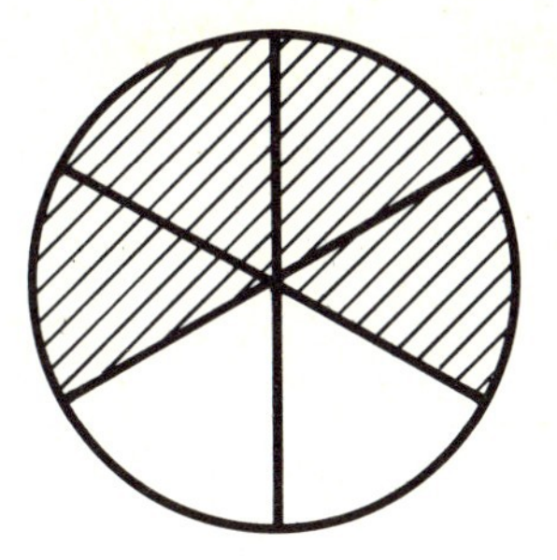

Wieviel Sechstel des rechten Kreises sind schraffiert? Also ist

$$\frac{2}{3} = \ldots$$

Vergleiche Deine Lösung mit Seite 120 B.

---

107 B

(von Seite 99 B)

36 ist zwar ein gemeinsames Vielfaches von 2, 3 und 6, aber nicht der Hauptnenner. Du hast vermutlich die drei Nenner einfach miteinander malgenommen: $2 \cdot 3 \cdot 6 = 36$. Der Hauptnenner ist aber das kleinste gemeinsame Vielfache der Einzelnenner, 36 ist viel zu groß.

Wir wollen Dir helfen: Einer von den drei Einzelnennern ist in diesem Beispiel zugleich auch der Hauptnenner. Welcher ist es?

Schlage wieder Seite 99 B auf.

108 A
(von Seite 116 A)

Nein, das stimmt nicht. Wir können zwar $\frac{2}{3}$ in gleichwertige Brüche mit dem Nenner 6, 9, 12, 15, 18 usw. umwandeln, weil alle diese Zahlen Vielfache von 3 sind. Aber die Zahl 8 ist kein Vielfaches von 3. Darum kann man $\frac{2}{3}$ nicht in Achtel umwandeln.

Lies jetzt auf Seite 112 A weiter.

---

108 B
(von Seite 119 B)

Das stimmt nicht. Du hast nicht daran gedacht, daß man 16 weder durch 6 noch durch 3 teilen kann. Darum kann 16 kein gemeinsames Vielfaches für 3 und 6 sein.

Wir wollen erst noch einmal ein anderes Beispiel rechnen: Welchen Hauptnenner haben die Brüche

$$\frac{1}{2},\quad \frac{1}{3} \text{ und } \frac{1}{5}?$$

Nimm jetzt 5 (es ist die größte Zahl) und suche im 1 mal 5 die Zahl, in der auch 2 und 3 enthalten sind. Sprich leise mit:

5, 10, 15, 20, 25, 30, 35, 40, ...

In dieser Zahlenfolge ist 30 die erste Zahl, in der die Einzelnenner 2, 3 und 5 als Teiler enthalten sind:

$30 : \underline{2} = 15$ $\qquad$ $30 : \underline{3} = 10$ $\qquad$ $30 : \underline{5} = 6$

Der Hauptnenner für $\frac{1}{2}$, $\frac{1}{3}$ und $\frac{1}{5}$ ist also 30.

Suche jetzt genauso den Hauptnenner für $\frac{1}{8}$, $\frac{1}{6}$ und $\frac{1}{3}$. Sage das 1 mal 8 auf, bis Du zu der Zahl kommst, die als erste durch 6 und 3 teilbar ist.

Schlage Seite 119 B auf und vergleiche Dein Ergebnis.

109 A

(von Seite 101 B)

Das ist falsch. Sieh Dir diese Zeichnung genau an und überlege, was geschieht, wenn $\frac{1}{5}$ und $\frac{3}{5}$ zusammengezählt werden.

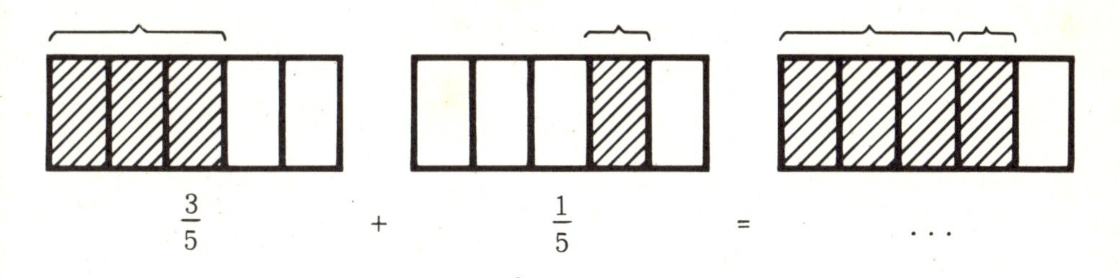

Vergleiche die Zeichnung mit denen auf Seite 98 A. Sieh Dir dort auch die Rechnungen genau an. Rechne dann noch einmal

$$\frac{3}{5} + \frac{1}{5} = \ldots$$

Welchen Nenner muß das Ergebnis haben? Vergleiche Deine Lösung nun auf Seite 103 A.

---

109 B

(von Seite 100 B)

Nein, $\frac{3}{7}$ ist nicht gleich $\frac{9}{14}$. Du hast den Nenner mit 2, den Zähler aber mit 3 malgenommen.

Erweitern bedeutet: Zähler und Nenner mit derselben Zahl malnehmen. Mit welcher Zahl mußt Du den Nenner malnehmen, wenn Du Siebtel in Vierzehntel verwandeln willst? Mit dieser Zahl mußt Du dann auch den Zähler malnehmen.

Rechne noch einmal:

$$\frac{3}{7} = \frac{\ldots}{14}$$

Schreibe die Antwort in Dein Heft und vergleiche mit Seite 100 B.

(von Seite 103 A)

Das ist richtig. Du hast die Zähler zusammengezählt (addiert) und die Summe über den Nenner, den diese Brüche gemeinsam haben, gesetzt.

$$\frac{5}{12} + \frac{1}{12} + \frac{1}{12} = \frac{5+1+1}{12} = \underline{\underline{\frac{7}{12}}}$$

<u>Wie addiert man Brüche mit verschiedenen Nennern?</u>

Können wir die soeben gelernte Regel auch bei der Aufgabe $\frac{1}{4} + \frac{1}{8} = \ldots$ anwenden? Nein, das geht nicht ohne weiteres. Zwar kann man $\frac{1}{4}$ Pfund Zucker und $\frac{1}{8}$ Pfund Zucker zusammenschütten. Beim Rechnen muß man diese Brüche aber "gleichnamig" machen, bevor man sie zusammenzählen kann. "Gleichnamig" machen heißt: Beide Brüche müssen denselben Nenner haben. Sieh Dir diese Zeichnungen an, damit Du merkst, worauf es ankommt:

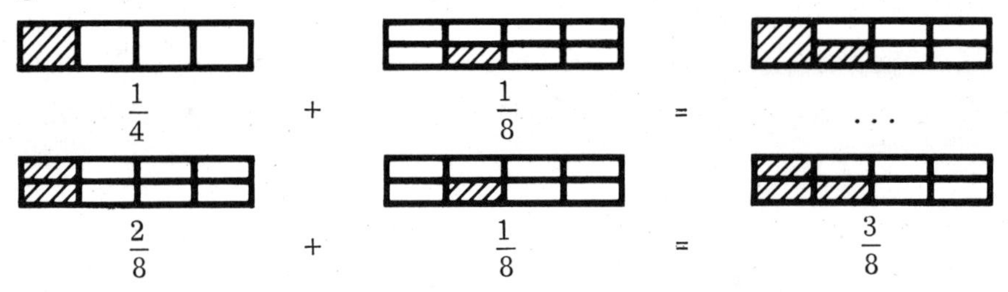

Du siehst, daß $\frac{2}{8}$ nur eine andere Bezeichnung für $\frac{1}{4}$ ist; $\frac{2}{8}$ und $\frac{1}{4}$ stellen dieselbe Zahl dar, sie haben beide denselben Wert. Wir haben $\frac{1}{4}$ in zwei Teile geteilt. (Denke an ein Viertelpfund Butter!) $\frac{2}{8}$ und $\frac{1}{4}$ sind <u>gleichwertige</u> Brüche. Darum können wir jetzt in unserer Aufgabe $\frac{2}{8}$ für $\frac{1}{4}$ setzen:

$$\frac{1}{4} + \frac{1}{8} = \frac{2}{8} + \frac{1}{8} = \underline{\underline{\frac{3}{8}}}$$

Du kannst nun die beiden Brüche zusammenzählen, weil sie beide denselben Nenner 8 haben.

Rechne jetzt $\frac{1}{4} + \frac{3}{8} = \ldots$

und schlage dann <u>Seite 112 B</u> auf.

111 A

(von Seite 120 B)

Das ist richtig. Die Zeichnungen zeigen, daß $\frac{2}{3}$ und $\frac{4}{6}$ gleichwertige Brüche sind, aus $\frac{2}{3}$ wurde der gleichwertige Bruch $\frac{4}{6}$. Man nennt diese Umwandlung, die den Wert des Bruches nicht verändert, Erweitern. Damit Du in Zukunft ohne Zeichnungen arbeiten kannst, merke Dir die Regel:

> Einen Bruch erweitern heißt: Zähler und Nenner mit derselben Zahl malnehmen (multiplizieren).

Lies Dir diese Regel sehr sorgfältig durch. Wende sie jetzt bei dieser Aufgabe an:

$$\frac{2}{3} = \frac{\dots}{15}$$

Überlege: Mit welcher Zahl muß ich den Nenner 3 malnehmen, um den Nenner 15 zu erhalten? $15 = 5 \cdot 3$. Ich habe den Nenner mit 5 malgenommen. Was muß ich nun mit dem Zähler tun?

Schreibe das Ergebnis in Dein Heft und schlage dann Seite 115 B auf.

---

111 B

(von Seite 119 B)

Du sollst den Hauptnenner für die Brüche $\frac{1}{8}$, $\frac{1}{6}$ und $\frac{1}{3}$ suchen. Dazu wählst Du den größten Einzelnenner (nämlich 8) aus und sagst das 1 mal 8 auf, bis Du zu der Zahl kommst, die als erste durch 6 und 3 teilbar ist.

Rechne, schlage dann wieder Seite 119 B auf und vergleiche Dein Ergebnis.

112 A
(von Seite 116 A)

Du hast recht, denn 8 ist kein Vielfaches von 3. Wenn man $\frac{2}{3}$ in einen gleichwertigen Bruch umwandeln will, kann man für den neuen Nenner nur eine Zahl aus dem 1 mal 3 nehmen, z. B. 6, 9, 12, 15, 27, 36.

Bei manchen Aufgaben müssen beide Nenner umgewandelt werden, z.B.:

$$\frac{2}{3} + \frac{1}{4} = \ldots$$

Hier müssen wir für beide Brüche einen neuen Nenner finden. Der Nenner, den wir suchen, muß durch 3 und 4 teilbar sein. Wir nehmen dazu das kleinste gemeinsame Vielfache (k g V) von 3 und 4. Das ist 12. Für die Nenner 3 und 4 ist also der Hauptnenner 12.

Der Hauptnenner von $\frac{1}{3}$ und $\frac{4}{5}$ ist 15, weil 15 die kleinste Zahl ist, die man durch 3 und 5 teilen kann.

Der Hauptnenner von $\frac{2}{5}$ und $\frac{3}{10}$ ist 10, weil 10 das kleinste gemeinsame Vielfache von 5 und 10 ist.

Wie heißt der Hauptnenner von $\frac{1}{8}$, $\frac{1}{6}$ und $\frac{1}{3}$? Schreibe Deine Lösung auf und vergleiche mit Seite 119 B.

---

112 B
(von Seite 110 A)

Wie heißt Dein Ergebnis?

$\frac{1}{4} + \frac{3}{8} = \frac{5}{8}$ Schlage Seite 116 A auf.

$\frac{1}{4} + \frac{3}{8} = \frac{4}{8}$ Schlage Seite 121 A auf.

Mein Ergebnis ist nicht dabei. Schlage Seite 126 A auf.

113 A
(von Seite 115 B)

Das ist richtig. Der Nenner 3 muß mit 5 malgenommen (multipliziert) werden, wenn man 15 erhalten will. Darum muß der Zähler 2 ebenfalls mit 5 malgenommen werden. So wird es geschrieben:

$$\frac{2}{3} = \frac{2 \cdot 5}{3 \cdot 5} = \underline{\underline{\frac{10}{15}}}$$

Wir wollen noch einmal Schritt für Schritt eine andere Aufgabe durchgehen:

$$\frac{1}{4} = \frac{\dots}{24}$$

Überlege: Mit welcher Zahl muß ich den Nenner 4 malnehmen, um den Nenner 24 zu erhalten? Mit 6, denn $6 \cdot 4 = 24$. Wenn der Nenner mit 6 malgenommen wird, dann muß auch der Zähler mit 6 malgenommen werden.

Wir rechnen jetzt schriftlich:

$$\frac{1}{4} = \frac{1 \cdot 6}{4 \cdot 6} = \frac{6}{24}, \qquad \text{also:} \qquad \frac{1}{4} = \underline{\underline{\frac{6}{24}}}$$

Jetzt versuche es allein:

$$\frac{3}{7} = \frac{\dots}{14}, \qquad \text{also:} \qquad \frac{3}{7} = \frac{3 \cdot \dots}{7 \cdot \dots} = \frac{\dots}{14}$$

Schreibe die Aufgabe in Dein Heft und vergleiche Deine Lösung mit den Gleichungen auf Seite 100 B.

---

113 B
(von Seite 103 A)

Das Ergebnis ist falsch. Du hast einen Zähler nicht mitgezählt. Die richtige Rechnung sieht so aus:

$$\frac{3}{8} + \frac{3}{8} + \frac{1}{8} = \frac{3 + 3 + 1}{8} = \underline{\underline{\frac{7}{8}}}$$

Rechne in Zukunft sorgfältiger. Schlage Seite 103 A auf und finde die Aufgabe mit dem richtigen Ergebnis.

114 A
(von Seite 103 B)

Du hast zwar richtig angefangen, dann aber nicht so weitergerechnet, wie Du es gelernt hast: Du hast den richtigen Hauptnenner gefunden, aber dann vergessen, auch die Zähler mit derselben Zahl malzunehmen. Dies muß man machen, wenn man gleichwertige Brüche erhalten will.

Sieh Dir noch einmal dieses Beispiel an:

$\frac{3}{5} = \frac{\dots}{30}$ $\qquad \frac{3}{5} = \frac{3 \cdot \dots}{5 \cdot 6} = \frac{\dots}{30}$ $\qquad \frac{3}{5} = \frac{3 \cdot 6}{5 \cdot 6} = \underline{\underline{\frac{18}{30}}}$

Nun verwandle ebenfalls $\frac{1}{6}$ in einen gleichwertigen Bruch mit dem Nenner 30. Dann zähle $\frac{18}{30}$ und $\frac{\dots}{30}$ zusammen.

Vergleiche Deine Lösung mit den Ergebnissen auf Seite 103 B.

---

114 B
(von Seite 101 B)

Es ist ganz einfach! Sieh Dir die Zeichnung an:

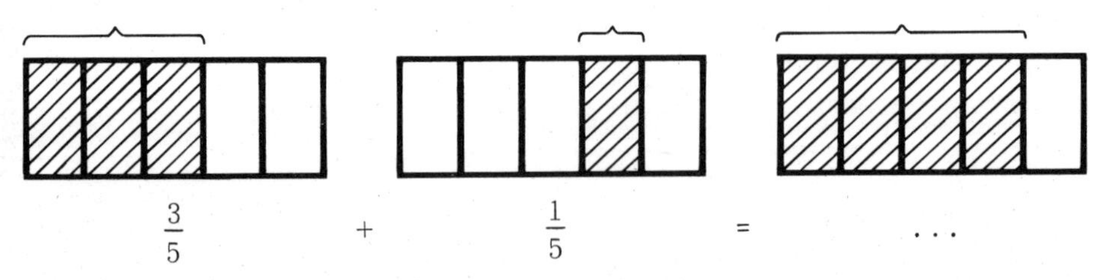

$\frac{3}{5} \quad + \quad \frac{1}{5} \quad = \quad \dots$

Wie viele Fünftel sind im Ergebnis schraffiert? Schreibe die Gleichung

$$\frac{3}{5} + \frac{1}{5} = \dots$$

zu Ende und vergleiche dann mit Seite 101 B.

115 A

(von Seite 122 A)

O nein! Die Aufgaben 1 bis 3 sind völlig richtig. Sieh Dir noch einmal die folgenden Rechnungen an:

1. $\frac{2}{7} + \frac{3}{7} = \frac{2+3}{7} = \underline{\underline{\frac{5}{7}}}$

2. $\frac{1}{2} + \frac{1}{3} = \frac{3}{6} + \frac{2}{6} = \frac{3+2}{6} = \underline{\underline{\frac{5}{6}}}$

3. $\frac{2}{5} + \frac{1}{2} = \frac{4}{10} + \frac{5}{10} = \frac{4+5}{10} = \underline{\underline{\frac{9}{10}}}$

4

Vergleiche jetzt die Aufgaben 4 bis 9 von Seite 122 A und suche den Fehler.

---

115 B

(von Seite 111 A)

Was hast Du aufgeschrieben?

Hast Du $\frac{2}{3} = \frac{2}{15}$, schlage Seite 102 A auf.

Hast Du $\frac{2}{3} = \frac{6}{15}$, schlage Seite 106 B auf.

Hast Du $\frac{2}{3} = \frac{10}{15}$, schlage Seite 113 A auf.

116 A
(von Seite 112 B)

Ja, das ist richtig. Wir haben gelernt, daß man Brüche mit verschiedenen Nennern zusammenzählen kann, wenn man sie gleichnamig macht oder, anders gesagt, wenn man sie "auf den Hauptnenner bringt". Dann braucht man nur die Zähler zu addieren und diese Summe über den Hauptnenner zu setzen.

> Der Hauptnenner ist das kleinste gemeinsame Vielfache (abgekürzt: k g V) der Einzelnenner, also die kleinste Zahl, die alle Einzelnenner als Teiler enthält.

Wie Du dieses k g V findest, hast Du im 3. Kapitel gelernt. Dort hast Du mit ganzen Zahlen gearbeitet. In diesem Kapitel sollst Du lernen, diese Kenntnisse auf die Bruchrechnung anzuwenden.

Man kann $\frac{1}{4}$ in $\frac{2}{8}$ umwandeln, ebenso $\frac{3}{4}$ in $\frac{6}{8}$; in beiden Beispielen handelt es sich um gleichwertige Brüche. Wir können aber Viertel nicht in Sechstel umwandeln, weil 6 kein Vielfaches von 4 ist.

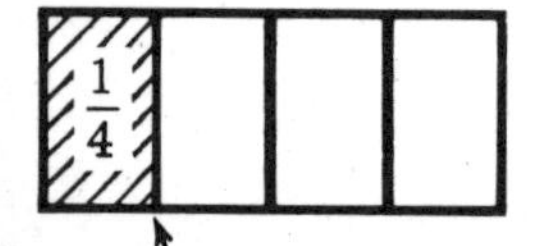

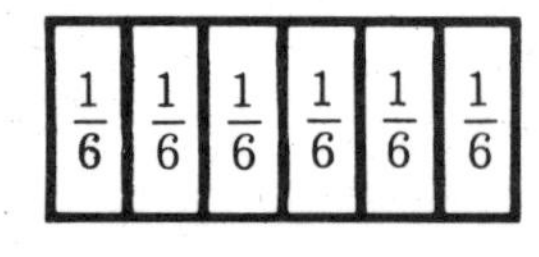

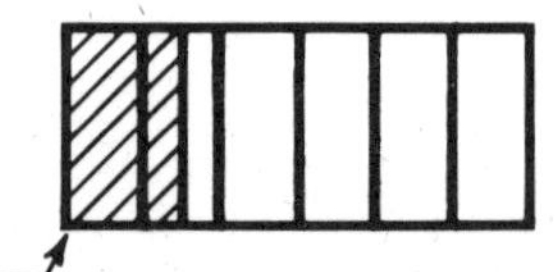

Wir haben die Zeichnung mit den Vierteln über die Zeichnung mit den Sechsteln gelegt. Du siehst, das paßt nicht zusammen. Man kann also einen Bruch mit dem Nenner 4 nicht in einen gleichwertigen Bruch mit dem Nenner 6 umwandeln.

Kann man $\frac{2}{3}$ in einen gleichwertigen Bruch mit dem Nenner 8 umwandeln?

Ja. Arbeite auf Seite 108 A weiter.

Nein. Arbeite auf Seite 112 A weiter.

117 A

(von Seite 99 B)

Falsch. 12 ist zwar ein gemeinsames Vielfaches der Einzelnenner, aber nicht der Hauptnenner (das kleinste gemeinsame Vielfache!). Es stimmt: 12 = 6 · 2, 12 = 4 · 3, 12 = 2 · 6; aber es gibt noch ein kleineres gemeinsames Vielfaches für 2, 3 und 6. Das ist dann der Hauptnenner. Wir wollen Dir helfen: Einer der drei Nenner (2, 3 und 6) ist in unserem Beispiel auch gleichzeitig der Hauptnenner. Welcher ist es?

Geh zurück nach Seite 99 B und suche die richtige Aussage.

---

117 B

(von Seite 120 B)

Sieh Dir beide Zeichnungen noch einmal an:

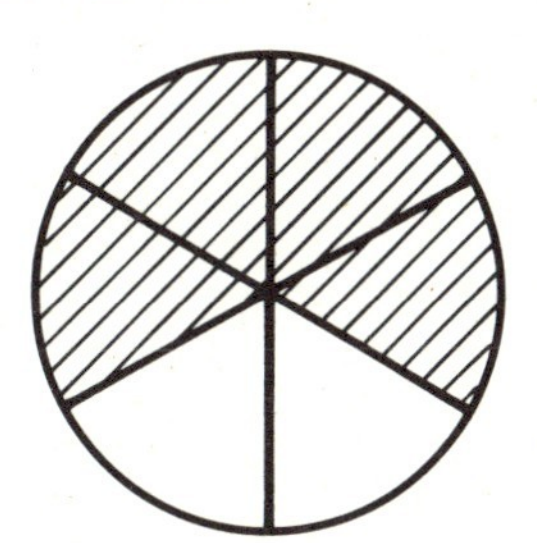

$\frac{2}{3}$ sind niemals gleich $\frac{4}{3}$! Du hast richtig erkannt, daß in der rechten Zeichnung vier Teile schraffiert sind; Dein Zähler ist also in Ordnung. Aber der Nenner? In wie viele gleiche Teile ist der rechte Kreis geteilt? Hast Du etwas gemerkt? Es ist also:

$$\frac{2}{3} = \frac{4}{\ldots}$$

Gehe wieder auf Seite 120 B zurück.

118 A
(von Seite 103 B)

Das ist richtig.

$$\frac{3}{5} + \frac{1}{6} = \frac{18}{30} + \frac{5}{30} = \underline{\underline{\frac{23}{30}}}$$

Wir wollen noch einmal wiederholen, woran man beim Zusammenzählen (Addieren) von Brüchen denken muß:

1. Brüche mit gleichen Nennern
   a) Addiere die Zähler.
   b) Setze die Summe der Zähler über den Nenner, den diese Brüche gemeinsam haben.
2. Brüche mit verschiedenen Nennern
   a) Suche den Hauptnenner.
   b) Verwandle die Brüche in gleichwertige Brüche mit dem Hauptnenner.
   c) Addiere die Zähler.
   d) Setze die Summe der Zähler über den Hauptnenner.

Gegenüber auf Seite 119 A geht es weiter.

---

118 B
(von Seite 102 B)

Nein, hier ist alles richtig. Vergleiche bitte:

7. $\frac{1}{3} = \frac{1 \cdot 6}{3 \cdot 6} = \underline{\underline{\frac{6}{18}}}$

8. $\frac{1}{5} = \frac{1 \cdot 4}{5 \cdot 4} = \underline{\underline{\frac{4}{20}}}$

9. $\frac{5}{6} = \frac{5 \cdot 2}{6 \cdot 2} = \underline{\underline{\frac{10}{12}}}$

Schlage wieder Seite 102 B auf und überprüfe noch einmal die übrigen Aufgaben.

119 A

(von Seite 118 A)

Was nützen die besten Regeln, wenn man sie nicht anwenden kann? Du hast zwar schon einige Aufgaben gerechnet, aber es ist vielleicht besser, wenn Du die Regeln über das Zusammenzählen von Brüchen noch übst. Denn am Schluß des Kapitels folgen wieder einige Prüfungsaufgaben, und die willst Du doch alle ohne Fehler lösen, nicht wahr? Rechne also jetzt folgende Aufgaben:

1. $\frac{2}{7} + \frac{3}{7} = \ldots$
2. $\frac{1}{2} + \frac{1}{3} = \ldots$
3. $\frac{2}{5} + \frac{1}{2} = \ldots$
4. $\frac{3}{10} + \frac{3}{5} = \ldots$
5. $\frac{2}{5} + \frac{1}{3} = \ldots$
6. $\frac{3}{8} + \frac{1}{6} = \ldots$
7. $\frac{1}{3} + \frac{1}{3} + \frac{1}{6} = \ldots$
8. $\frac{5}{10} + \frac{1}{10} + \frac{3}{10} = \ldots$
9. $\frac{1}{9} + \frac{1}{3} + \frac{1}{6} = \ldots$

4

Schreibe die Aufgaben in Dein Heft, und wenn Du fertig bist, vergleiche Deine Lösungen mit den Ergebnissen auf Seite 122 A.

---

119 B

(von Seite 112 A)

Was hast Du aufgeschrieben? Hast Du:

Der Hauptnenner der Brüche $\frac{1}{8}$, $\frac{1}{6}$ und $\frac{1}{3}$ ist

8, dann schlage Seite 105 B auf.
16, dann schlage Seite 108 B auf.
24, dann schlage Seite 122 B auf.
Ich weiß nicht, wie man das rechnet: Seite 111 B

120 A
(von Seite 122 A)

Nein, alle Aufgaben sind völlig richtig. Hier sind die Rechnungen:

4. $\frac{3}{10} + \frac{3}{5} = \frac{3}{10} + \frac{6}{10} = \underline{\underline{\frac{9}{10}}}$

5. $\frac{2}{5} + \frac{1}{3} = \frac{6}{15} + \frac{5}{15} = \underline{\underline{\frac{11}{15}}}$

6. $\frac{3}{8} + \frac{1}{6} = \frac{9}{24} + \frac{4}{24} = \underline{\underline{\frac{13}{24}}}$

Der Fehler muß also an einer anderen Stelle stecken; suche ihn auf Seite 122 A.

---

120 B
(von Seite 123 A)

Welche Gleichung hast Du aufgeschrieben?

Hast Du $\frac{2}{3} = \frac{2}{6}$ aufgeschrieben, schlage Seite 107 A auf.

Hast Du $\frac{2}{3} = \frac{4}{6}$ aufgeschrieben, schlage Seite 111 A auf.

Hast Du $\frac{2}{3} = \frac{4}{3}$ aufgeschrieben, schlage Seite 117 B auf.

"Ich kann die Lösung nicht finden." Schlage Seite 126 B auf.

121 A

(von Seite 112 B)

Nein, das ist nicht richtig. Du hast vergessen, daß man vor dem Zusammenzählen die Brüche gleichnamig machen muß, wenn ihre Nenner nicht gleich sind. Die Zeichnung auf Seite 110 A hat Dir gezeigt, daß $\frac{2}{8}$ das gleiche wie $\frac{1}{4}$ ist. Wenn Du das bedenkst, ist es ganz einfach, $\frac{1}{4}$ und $\frac{3}{8}$ zusammenzuzählen.

Nun schlage wieder Seite 110 A auf. Sieh Dir die Zeichnung an und rechne die Aufgabe sorgfältig noch einmal.

4

121 B

(von Seite 103 B)

Wo bist Du steckengeblieben? Gehen wir doch noch einmal alles der Reihe nach durch: $\frac{3}{5} + \frac{1}{6}$ kann man nicht ohne weiteres zusammenzählen, weil die Nenner verschieden sind. Wir müssen deswegen zuerst das k g V (das kleinste gemeinsame Vielfache) der Einzelnenner (das ist der Hauptnenner) suchen. Es heißt 30, weil 30 die kleinste Zahl ist, die durch 5 und durch 6 teilbar ist.

Jetzt müssen beide Brüche so verwandelt werden, daß wir Dreißigstel erhalten. Dazu ist es notwendig, beim ersten Bruch Zähler und Nenner mit 6 malzunehmen, denn 5 ist in 30 sechsmal enthalten:

$$\frac{3}{5} = \frac{3 \cdot 6}{5 \cdot 6} = \frac{18}{30}$$

Beim zweiten Bruch müssen wir Zähler und Nenner mit 5 malnehmen, denn 6 ist in 30 fünfmal enthalten:

$$\frac{1}{6} = \frac{1 \cdot 5}{6 \cdot 5} = \frac{5}{30}$$

Jetzt können wir zusammenzählen:

$$\frac{3}{5} + \frac{1}{6} = \frac{18}{30} + \frac{5}{30} = \ldots$$

Rechne die Aufgabe zu Ende und schlage dann Seite 118 A auf.

122 A
(von Seite 119 A)

Vergleiche Deine Lösungen mit diesen Ergebnissen:

1. $\frac{2}{7} + \frac{3}{7} = \frac{5}{7}$
2. $\frac{1}{2} + \frac{1}{3} = \frac{5}{6}$
3. $\frac{2}{5} + \frac{1}{2} = \frac{9}{10}$

Wenn Du meinst, daß hier ein Fehler ist, schlage Seite 115 A auf.

4. $\frac{3}{10} + \frac{3}{5} = \frac{9}{10}$
5. $\frac{2}{5} + \frac{1}{3} = \frac{11}{15}$
6. $\frac{3}{8} + \frac{1}{6} = \frac{13}{24}$

Wenn Du meinst, daß hier ein Fehler ist, schlage Seite 120 A auf.

7. $\frac{1}{3} + \frac{1}{3} + \frac{1}{6} = \frac{7}{9}$
8. $\frac{5}{10} + \frac{1}{10} + \frac{3}{10} = \frac{9}{10}$
9. $\frac{1}{9} + \frac{1}{3} + \frac{1}{6} = \frac{11}{18}$

Wenn Du meinst, daß hier ein Fehler ist, schlage Seite 124 A auf.

---

122 B
(von Seite 119 B)

Ja, das ist richtig. Das k g V von 8, 6 und 3 ist 24. Also ist 24 der Hauptnenner der Brüche $\frac{1}{8}$, $\frac{1}{6}$ und $\frac{1}{3}$.

Du weißt nun, was ein Hauptnenner ist. Er ist das k g V der Einzelnenner, also die kleinste Zahl, die alle Einzelnenner als Teiler enthält.

Arbeite jetzt bitte gegenüber auf Seite 123 A weiter.

P

123 A
(von Seite 122 B)

Wir machen Brüche gleichnamig

Nun sollst Du einen einfachen Weg kennenlernen, wie man Brüche gleichnamig machen kann. Dazu sehen wir uns noch einmal zwei Zeichnungen an:

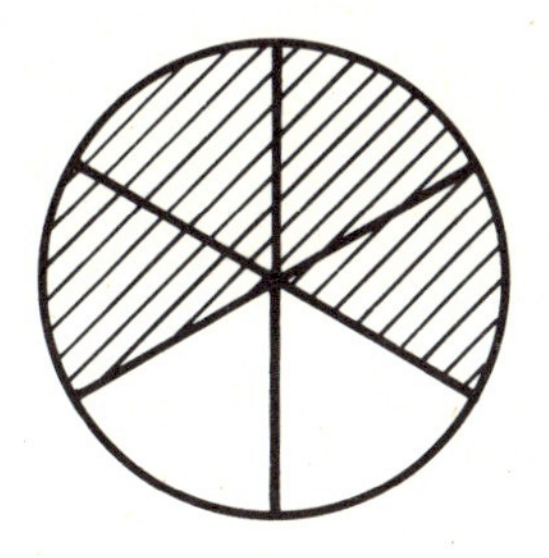

4

Die schraffierten Flächen sind gleich groß. Deswegen sind auch die Brüche, die dadurch veranschaulicht werden, gleich, obwohl sie verschiedene Namen haben. Deswegen können wir zwischen diese beiden Brüche ein Gleichheitszeichen setzen. Du kannst für diese Zeichnung eine Gleichung zwischen zwei Brüchen schreiben. Schreibe sie in Dein Heft und vergleiche dann mit Seite 120 B.

---

123 B
(von Seite 103 B)

Nein, das ist nicht richtig. Du hast etwas Wichtiges vergessen. Das Beste ist, Du wiederholst schnell noch einmal den letzten kleinen Abschnitt von Seite 105 A an. Du wirst merken, daß sich diese Wiederholung lohnt und Du diese Aufgabe dann leicht lösen kannst.

(von Seite 122 A)

Ja, das ist richtig. Die Aufgabe 7 war falsch. Wir wollen sie zusammen verbessern:

7. $\frac{1}{3} + \frac{1}{3} + \frac{1}{6} = \ldots$

Das k g V von 3, 3 und 6 ist 6 und nicht 9. Also:

$$\frac{1}{3} + \frac{1}{3} + \frac{1}{6} = \frac{2}{6} + \frac{2}{6} + \frac{1}{6} = \frac{2+2+1}{6} = \underline{\underline{\frac{5}{6}}}$$

Die anderen Ergebnisse waren richtig, nämlich:

8. $\frac{5}{10} + \frac{1}{10} + \frac{3}{10} = \frac{5+1+3}{10} = \underline{\underline{\frac{9}{10}}}$

Das k g V von 9, 3 und 6 ist 18. Also heißt die Rechnung:

9. $\frac{1}{9} + \frac{1}{3} + \frac{1}{6} = \frac{2}{18} + \frac{6}{18} + \frac{3}{18} = \frac{2+6+3}{18} = \underline{\underline{\frac{11}{18}}}$

Vergleiche sicherheitshalber auch noch die Lösungswege für die ersten sechs Aufgaben:

1. $\frac{2}{7} + \frac{3}{7} = \frac{2+3}{7} = \underline{\underline{\frac{5}{7}}}$

2. $\frac{1}{2} + \frac{1}{3} = \frac{3}{6} + \frac{2}{6} = \frac{3+2}{6} = \underline{\underline{\frac{5}{6}}}$

3. $\frac{2}{5} + \frac{1}{2} = \frac{4}{10} + \frac{5}{10} = \frac{4+5}{10} = \underline{\underline{\frac{9}{10}}}$

4. $\frac{3}{10} + \frac{3}{5} = \frac{3}{10} + \frac{6}{10} = \frac{3+6}{10} = \underline{\underline{\frac{9}{10}}}$

5. $\frac{2}{5} + \frac{1}{3} = \frac{6}{15} + \frac{5}{15} = \frac{6+5}{15} = \underline{\underline{\frac{11}{15}}}$

6. $\frac{3}{8} + \frac{1}{6} = \frac{9}{24} + \frac{4}{24} = \frac{9+4}{24} = \underline{\underline{\frac{13}{24}}}$

Nun wollen wir Kapitel 4 mit einigen Prüfungsaufgaben abschließen. Du findest sie gegenüber auf Seite 125 A.

(von Seite 124 A)

Prüfungsaufgaben

Schreibe diese Aufgaben und die vollständige Rechnung in Dein Heft.

1. $\frac{1}{3} + \frac{1}{3} = \ldots$ 2. $\frac{3}{4} + \frac{1}{8} = \ldots$

3. $\frac{1}{9} + \frac{1}{3} = \ldots$ 4. $\frac{2}{5} + \frac{3}{10} = \ldots$

5. $\frac{1}{6} + \frac{2}{3} = \ldots$ 6. $\frac{2}{7} + \frac{3}{7} = \ldots$

7. $\frac{1}{5} + \frac{1}{10} = \ldots$ 8. $\frac{3}{8} + \frac{1}{4} = \ldots$

9. $\frac{2}{9} + \frac{1}{2} = \ldots$ 10. $\frac{1}{5} + \frac{1}{20} = \ldots$

11. $\frac{1}{12} + \frac{2}{3} = \ldots$ 12. $\frac{2}{3} + \frac{1}{5} = \ldots$

13. $\frac{1}{6} + \frac{4}{6} = \ldots$ 14. $\frac{5}{12} + \frac{1}{4} = \ldots$

15. $\frac{1}{10} + \frac{1}{2} = \ldots$ 16. $\frac{2}{7} + \frac{1}{6} = \ldots$

Laß die Ergebnisse der Prüfungsaufgaben am Schluß der einzelnen Kapitel immer überprüfen, damit Du sicher bist, daß Du alles verstanden hast. Berichtige Deine Fehler. Danach entscheide Dich:

Ich fühle mich unsicher und möchte wiederholen: Seite 98 A
Ich möchte mit dem nächsten Kapitel beginnen: Seite 127 A

126 A

(von Seite 112 B)

Eine Zeichnung wird Dir sicherlich weiterhelfen:

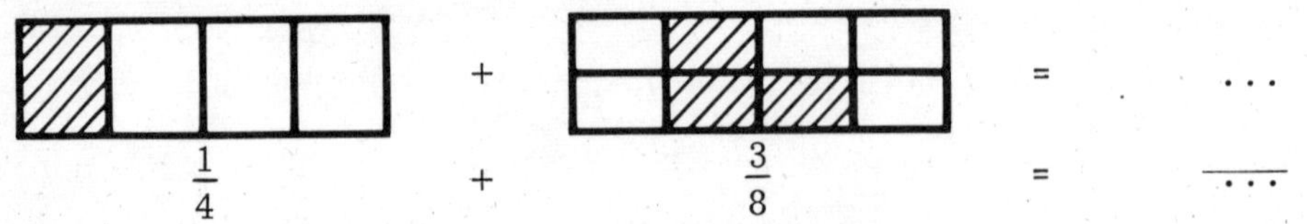

$\frac{1}{4} + \frac{3}{8} = \frac{...}{...}$

Ob Du nun die Brüche $\frac{1}{4}$ und $\frac{3}{8}$ gleichnamig machen kannst? Dann kannst Du sie auch zusammenzählen. Vergleiche Dein Ergebnis mit Seite 112 B.

126 B

(von Seite 120 B)

Du kannst die Lösung nicht finden? Laß uns noch einmal die beiden Zeichnungen ansehen:

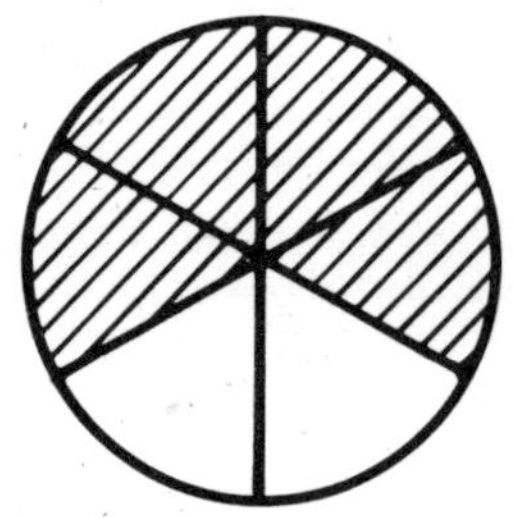

In wie viele gleiche Teile ist der linke Kreis geteilt? Wie viele sind davon schraffiert? Mit welchem Bruch bezeichnet man diese schraffierten Teile?

In wie viele gleiche Teile ist der rechte Kreis geteilt? Wie viele sind davon schraffiert? Der wievielte Teil der Zeichnung ist also schraffiert?

Sind die schraffierten Flächen beider Kreise gleich groß? Darfst Du also zwischen die beiden Brüche ein Gleichheitszeichen setzen?

Schreibe Dein Ergebnis in Dein Heft und vergleiche mit den Angaben von Seite 120 B. Wenn Du die Lösung nicht finden kannst, wiederhole bitte ab Seite 110 A.

5 Das Zusammenzählen (die Addition) von Brüchen (Fortsetzung)

Wir wandeln unechte Brüche in gemischte Zahlen um

Im letzten Kapitel haben wir die Grundregeln für das Zusammenzählen von Brüchen gelernt. Es waren einfache Aufgaben. Du solltest ja erst einmal lernen, wie man es macht. In diesem Kapitel wollen wir nun lernen, schwierigere Aufgaben zu lösen.

Bis jetzt haben wir nur mit echten Brüchen gerechnet, z. B.:

$$\frac{1}{10} + \frac{3}{10} + \frac{5}{10} = \underline{\underline{\frac{9}{10}}}$$

$$\frac{2}{3} + \frac{1}{6} = \frac{4}{6} + \frac{1}{6} = \underline{\underline{\frac{5}{6}}}$$

Gib an, bei welcher Aufgabe das Ergebnis ein unechter Bruch ist.

1. $\frac{3}{5} + \frac{4}{5} + \frac{1}{5} = \ldots$ Seite 129 B

2. $\frac{1}{8} + \frac{4}{8} + \frac{2}{8} = \ldots$ Seite 137 A

(von Seite 134 A)

Das ist falsch. 8 ist ein Teiler von 48, aber nicht von 36. 9 ist ein Teiler von 36, aber nicht von 48. Weder 8 noch 9 ist ein gemeinsamer Teiler von 48 und 36; denn 8 und 9 sind nicht in beiden Zahlen enthalten. Ein gemeinsamer Teiler muß in allen Zahlen enthalten sein, erinnerst Du Dich wieder?

Lies jetzt auf Seite 130 A weiter.

128 A

(von Seite 142 B)

Nein! Alle Aufgaben sind richtig. Sieh Dir noch einmal die Rechnungen an.

$$\frac{3}{2} = 3 : 2 = 1 \text{ Rest } 1 = \underline{\underline{1\frac{1}{2}}}$$

$$\frac{7}{4} = 7 : 4 = 1 \text{ Rest } 3 = \underline{\underline{1\frac{3}{4}}}$$

$$\frac{10}{5} = 10 : 5 = 2 \text{ Rest } 0 = \underline{\underline{2}}$$

Rechne die übrigen Aufgaben noch einmal durch und suche dann auf Seite 142 B die Aufgabe, die nicht zu Ende gerechnet ist.

---

128 B

(von Seite 151 B)

Du mußt einen Fehler gemacht haben, den Du sicher rasch finden wirst. Die Aufgabe hieß:

$$\frac{1}{3} + \frac{3}{4} + \frac{1}{2} = \ldots$$

Die Brüche haben verschiedene Nenner; wir müssen zuerst den Hauptnenner suchen. Der größte Nenner ist 4, und wir sagen daher das Einmalvier auf: 4, 8, 12, 16, 20, 24, 28, ...

Welche Zahl ist als erste durch 3 und 2 teilbar? Das ist 12. Damit haben wir den Hauptnenner von 3, 4 und 2.

Jetzt werden die Brüche durch Erweitern gleichnamig gemacht:

$$\frac{1}{3} = \frac{4}{12}, \qquad \frac{3}{4} = \frac{9}{12} \qquad \text{und} \qquad \frac{1}{2} = \frac{6}{12}$$

Zähle zusammen:

$$\frac{4}{12} + \frac{9}{12} + \frac{6}{12} = \frac{4 + 9 + 6}{12} = \underline{\underline{\frac{19}{12}}}$$

Kannst Du $\frac{19}{12}$ kürzen? Kannst Du $\frac{19}{12}$ in eine gemischte Zahl verwandeln? Schreibe das Ergebnis in Dein Heft und lies auf Seite 153 A weiter.

129 A

(von Seite 143 B)

Nicht ganz! $\frac{24}{16}$ ist zwar $1\frac{4}{8}$ gleichwertig, aber es ist nicht die einfachste Form. 4 und 8 haben noch einen größten gemeinsamen Teiler, nämlich 4. Der Bruch $\frac{4}{8}$ kann also noch weiter gekürzt werden.

Vereinfache $1\frac{4}{8}$ durch Kürzen und schreibe das Ergebnis in Dein Heft. Schlage dann Seite 152 A auf. Dort wird Dir erklärt, wie Du noch schneller zu diesem Ergebnis kommen kannst.

---

129 B

(von Seite 127 A)

Ist dies Dein Ergebnis?

$$\frac{3}{5} + \frac{4}{5} + \frac{1}{5} = \underline{\underline{\frac{8}{5}}}$$

Hast Du erkannt, daß $\frac{8}{5}$ ein unechter Bruch ist? Dann hast Du es verstanden.

$\frac{8}{5}$ kann aber auch noch anders geschrieben werden, nämlich als gemischte Zahl. Denn der Bruch $\frac{8}{5}$ enthält ein Ganzes, das sind $\frac{5}{5}$. Als Rest bleiben noch $\frac{3}{5}$. Es ist also:

$$\frac{8}{5} = \underline{\underline{1\frac{3}{5}}}$$

Hier folgen noch einige Beispiele für die Umwandlung von unechten Brüchen in gemischte oder ganze Zahlen:

$\frac{12}{5} = 2\frac{2}{5}$ $\frac{8}{4} = 2$ $\frac{9}{4} = 2\frac{1}{4}$

Verwandle jetzt $\frac{7}{3}$ in eine gemischte Zahl. Schreibe die Lösung in Dein Heft und vergleiche auf Seite 140 B.

130 A

(von Seite 134 A)

Ja, das ist richtig. Wenn man so viele gemeinsame Teiler hat, muß man überlegen, welchen man zum Kürzen nehmen soll. Versuchen wir es mit 2:

$$\frac{36}{48} = \frac{36 : 2}{48 : 2} = \underline{\underline{\frac{18}{24}}}$$

Aber wir können noch weiter kürzen; denn 18 und 24 sind ja gerade Zahlen. Wir teilen jetzt Zähler und Nenner noch einmal durch 2:

$$\frac{18}{24} = \frac{18 : 2}{24 : 2} = \underline{\underline{\frac{9}{12}}}$$

Ist $\frac{9}{12}$ bereits die Form des Bruches mit möglichst kleinen Zahlen? Nein, beide Zahlen kann man noch durch den gemeinsamen Teiler 3 teilen:

$$\frac{9}{12} = \frac{9 : 3}{12 : 3} = \underline{\underline{\frac{3}{4}}}$$

Ist $\frac{3}{4}$ nun derjenige Bruch, der aus den kleinstmöglichen Zahlen besteht? Ja, denn 3 und 4 haben keinen gemeinsamen Teiler mehr (außer 1). Zahlen, die nur 1 als gemeinsamen Teiler haben, nennt man teilerfremd. Es ist also:

$$\frac{36}{48} = \underline{\underline{\frac{3}{4}}}$$

Wir haben den Bruch $\frac{36}{48}$ in drei Schritten zu $\frac{3}{4}$ gekürzt. Hätte man es auch einfacher machen können?

Ja. Seite 133 A

Nein. Seite 139 A

---

130 B

(von Seite 145 B)

Du hast etwas übersehen. Du erinnerst Dich doch noch an die HERKUles-Regel? Was bedeutet das "U" in dieser Regel? Jetzt weißt Du sicherlich wieder, wie Du weiterrechnen mußt:

$$\frac{19}{8} = \ldots$$

Schreibe Dein Ergebnis auf und vergleiche dann mit Seite 151 A.

131 A
(von Seite 151 B)

$1\frac{14}{24}$ ist nicht ganz in Ordnung. Ist dies wirklich die einfachste Form? Sieh Dir den Bruch $\frac{14}{24}$ an. Beide Zahlen haben noch einen gemeinsamen Teiler (außer 1), nämlich 2. Man kann also $\frac{14}{24}$ noch weiter kürzen.

Du hast als Hauptnenner vermutlich 24 genommen. Der Hauptnenner von 2, 3, 4 ist aber 12. Rechne die Aufgabe noch einmal mit dem Hauptnenner 12.

Dann schlage wieder Seite 151 B auf. Das richtige Ergebnis wirst Du nun leicht finden.

5

---

131 B
(von Seite 142 B)

Nein, das stimmt nicht. Sieh Dir noch einmal die Rechnungen an:

$$\frac{17}{4} = 17 : 4 = 4 \text{ Rest } 1 = \underline{\underline{4\frac{1}{4}}}$$

$$\frac{15}{3} = 15 : 3 = 5 \text{ Rest } 0 = \underline{\underline{5}}$$

$$\frac{19}{4} = 19 : 4 = 4 \text{ Rest } 3 = \underline{\underline{4\frac{3}{4}}}$$

Rechne die übrigen Aufgaben noch einmal durch und suche dann auf Seite 142 B die Aufgabe, die nicht zu Ende gerechnet ist.

132 A
(von Seite 134 A)

Wir wollen noch einmal wiederholen:

1. Jede (positive) ganze Zahl hat zumindest den Teiler 1 (Du kannst jede ganze Zahl durch 1 teilen), den wir hier aber nicht berücksichtigen.

2. Jede gerade Zahl hat auf jeden Fall den Teiler 2 (Du kannst jede gerade Zahl, z. B. 2, 4, 6, 18, 46, 212, durch 2 teilen), d. h., ein gemeinsamer Teiler von geraden Zahlen ist in jedem Fall 2.

3. Die Zahlen 18, 24 und 60 kannst Du durch 6 teilen; ihr gemeinsamer Teiler ist 6. Die 6 enthält als Teiler außerdem die 2 und die 3, deshalb kannst Du 18, 24 und 60 auch noch durch 2 und 3 teilen: 2, 3 und 6 sind gemeinsame Teiler von 18, 24 und 60.

Wenn Dir dies noch nicht ganz klar ist, solltest Du Kapitel 3 von Seite 75 A an noch einmal durcharbeiten. Dort steht alles, was Du über den gemeinsamen Teiler wissen mußt.

Andernfalls schlage wieder Seite 134 A auf und finde die richtige Aussage.

---

132 B
(von Seite 135 A)

$\frac{2}{3} + \frac{1}{2} + \frac{7}{12} = 1\frac{3}{4}$ Seite 136 A

Ich habe ein anderes Ergebnis. Seite 145 A

133 A
(von Seite 130 A)

Du hast recht. Die gemeinsamen Teiler von 36 und 48 sind (außer 1 noch) 2, 3, 4, 6 und 12. Wenn wir durch den größten gemeinsamen Teiler (g g T) 12 kürzen, können wir $\frac{36}{48}$ sofort auf die einfachste Form bringen:

$$\frac{36}{48} = \frac{36 : 12}{48 : 12} = \underline{\underline{\frac{3}{4}}}$$

> Merke Dir: Will man einen Bruch soweit wie möglich kürzen, dann muß man Zähler und Nenner durch den größten gemeinsamen Teiler (g g T) teilen (dividieren).

Auf Seite 135 A geht es weiter.

5

---

133 B
(von Seite 142 B)

Du hast sicherlich bemerkt, daß die erste Aufgabe nicht ganz in Ordnung war. Es ist zwar $\frac{12}{4} = 2\frac{4}{4}$, aber wir hatten vereinbart, daß wir soweit wie möglich "aufräumen" wollten. Wir können noch weiterrechnen:

$$\frac{12}{4} = 2\frac{4}{4} = 2 + \frac{4}{4} = 2 + 1 = \underline{\underline{3}}$$

Brüche wie $\frac{12}{4}$, deren Zähler ein Vielfaches des Nenners sind, stellen in Wirklichkeit ganze Zahlen dar. Man nennt sie daher Scheinbrüche. (Wenn Du vergessen hast, was ein Scheinbruch ist, lies bitte im Kapitel 2 Seite 53 A durch.)

Die anderen acht Aufgaben stimmen. Schlage jetzt Seite 134 A auf.

134 A
(von Seite 133 B)

Wir üben noch einmal Erweitern und Kürzen

Wir können auch echte Brüche verwandeln, allerdings auf andere Art. Du kennst bereits das Erweitern, das wir häufig angewandt haben, wenn wir einen Bruch vor dem Zusammenzählen auf den Hauptnenner bringen mußten. Beispiel: Verwandle $\frac{3}{4}$ in einen Bruch mit dem Nenner 60. Wir müssen dann mit 15 erweitern:

$$\frac{3}{4} = \frac{3 \cdot 15}{4 \cdot 15} = \frac{45}{60}$$

Merke: Einen Bruch erweitern heißt: Zähler und Nenner mit derselben Zahl malnehmen (multiplizieren).

$\frac{45}{60}$ können wir aber auch wieder in $\frac{3}{4}$ zurückverwandeln, wenn wir durch den größten gemeinsamen Teiler 15 kürzen.

Merke: Einen Bruch kürzen heißt: Zähler und Nenner durch dieselbe Zahl teilen (dividieren).

Wenn wir z. B. $\frac{36}{48}$ kürzen wollen, müssen wir erst einen gemeinsamen Teiler finden. Suche die richtige Aussage heraus:

8 und 9 sind gemeinsame Teiler von 36 und 48. Seite 127 B

2, 3, 4, 6 und 12 sind gemeinsame Teiler von 36 und 48. Seite 130 A

Ich weiß nicht mehr, was ein gemeinsamer Teiler ist. Seite 132 A

---

134 B
(von Seite 148 A)

Bedauere, nein! Beide Aufgaben sind richtig. Hier sind die Lösungen:

1. $\frac{3}{4} + \frac{2}{7} + \frac{1}{2} = \frac{21 + 8 + 14}{28} = \frac{43}{28} = 1\frac{15}{28}$

2. $\frac{2}{5} + \frac{7}{10} + \frac{5}{12} = \frac{24 + 42 + 25}{60} = \frac{91}{60} = 1\frac{31}{60}$

Suche auf Seite 148 A noch einmal nach dem Fehler.

(von Seite 133 A)

Wir fassen jetzt zusammen:

1. Will man Brüche zusammenzählen (addieren), muß man sie auf den Hauptnenner bringen und die Zähler zusammenzählen.
2. Das Ergebnis muß (wenn möglich) durch den größten gemeinsamen Teiler (g g T) gekürzt werden.
3. Ist das Ergebnis ein unechter Bruch, soll dieser in eine ganze oder eine gemischte Zahl umgewandelt werden.

Wir wollen diese Regel an einer Aufgabe vorführen und in der eben beschriebenen Reihenfolge vorgehen:

$$\frac{5}{8} + \frac{1}{2} + \frac{3}{8} = \ldots$$

1. Bringe alle Brüche auf den Hauptnenner 8 und addiere:

$$\frac{5}{8} + \frac{4}{8} + \frac{3}{8} = \frac{5 + 4 + 3}{8} = \frac{12}{8}$$

2. Suche den größten gemeinsamen Teiler von 12 und 8. Er heißt 4.

Jetzt kürze: $\frac{12}{8} = \frac{12 : 4}{8 : 4} = \frac{3}{2}$

3. Der unechte Bruch soll in eine gemischte Zahl umgewandelt werden:

$$\frac{3}{2} = 3 : 2 = 1 \text{ Rest } 1 = 1\frac{1}{2}$$

So ist die Aufgabe richtig gelöst: $\frac{5}{8} + \frac{1}{2} + \frac{3}{8} = \underline{\underline{1\frac{1}{2}}}$

Nun rechne selbst: $\frac{2}{3} + \frac{1}{2} + \frac{7}{12} = \ldots$

Suche zuerst den Hauptnenner, wie heißt er? Bringe die drei Brüche auf den Hauptnenner und zähle zusammen. Kannst Du jetzt kürzen? Ist ein unechter Bruch in eine gemischte Zahl umzuwandeln?

Wenn Du fertig bist, schlage Seite 132 B auf.

136 A
(von Seite 132 B)

Du hast richtig gerechnet. Der Hauptnenner von 3, 2 und 12 ist 12. Dann geht es so weiter:

$$\frac{8}{12} + \frac{6}{12} + \frac{7}{12} = \frac{21}{12}$$

Jetzt kannst Du durch 3 kürzen:

$$\frac{21}{12} = \frac{21 : 3}{12 : 3} = \frac{7}{4} = \underline{\underline{1\frac{3}{4}}}$$

Wir wollen das Kürzen noch an weiteren Beispielen üben. Kürze:

$$\frac{24}{18}$$

Denke mit: Der größte gemeinsame Teiler von 24 und 18 ist 6. Kürze Zähler und Nenner durch 6. Schreibe:

$$\frac{24}{18} = \frac{24 : 6}{18 : 6} = \frac{4}{3}$$

Überlege: $\frac{4}{3}$ ist ein unechter Bruch. Man kann dafür auch 4 : 3 schreiben. Schreibe mit:

$$\frac{4}{3} = 4 : 3 = 1 \text{ Rest } 1 = 1 + \frac{1}{3} = 1\frac{1}{3}$$

Unser Ergebnis ist: $\frac{24}{18} = \underline{\underline{1\frac{1}{3}}}$

Nun kürze $\frac{24}{16}$ und wandle in eine gemischte Zahl um. Rechne ausführlich. Wenn Du fertig bist, schlage Seite 143 B auf.

---

136 B
(von Seite 145 B)

Du hast nicht zu Ende gerechnet. Die HERKUles-Regel sagt Dir, daß Du bereits beim vierten Rechenschritt kürzen sollst. Das Versäumte kannst Du aber noch nachholen:

$$2\frac{15}{40} = \dots$$

Schreibe Dein Ergebnis auf und vergleiche mit der Lösung auf Seite 151 A.

137 A

(von Seite 127 A)

Nein, das ist nicht richtig. Wahrscheinlich hast Du vergessen, was ein unechter Bruch ist. Bei einem unechten Bruch ist der Zähler entweder genauso groß oder größer als der Nenner. Sieh Dir noch einmal die Beispiele an, dann wird es Dir wieder einfallen.

Echte Brüche: $\frac{7}{8}$ $\frac{3}{10}$ $\frac{4}{5}$ $\frac{5}{9}$ $\frac{9}{10}$ $\frac{7}{12}$

Unechte Brüche: $\frac{8}{7}$ $\frac{10}{3}$ $\frac{5}{4}$ $\frac{7}{5}$ $\frac{11}{10}$ $\frac{12}{12}$

Unsere Aufgabe hieß: $\frac{1}{8} + \frac{4}{8} + \frac{2}{8} = \frac{7}{8}$

$\frac{7}{8}$ ist aber ein echter Bruch, nicht wahr?

Arbeite auf Seite 129 B weiter.

---

137 B

(von Seite 140 B)

Du bist auf dem richtigen Weg, aber die gemischte Zahl enthält noch einen unechten Bruch. Du solltest ihn daher so nicht stehenlassen: $\frac{7}{3} = 1\frac{4}{3}$ ist zwar richtig, aber $\frac{4}{3}$ enthält noch einmal ein Ganzes. Unser Ziel ist es, soviel Ganze wie möglich aus einem unechten Bruch auszugliedern. Schau Dir noch einmal diese Zerlegungen an:

$$\frac{9}{4} = \frac{4}{4} + \frac{4}{4} + \frac{1}{4} = 1 + 1 + \frac{1}{4} = \underline{\underline{2\frac{1}{4}}}$$

$$\frac{16}{9} = \frac{9}{9} + \frac{7}{9} = 1 + \frac{7}{9} = \underline{\underline{1\frac{7}{9}}}$$

$$\frac{13}{5} = \frac{5}{5} + \frac{5}{5} + \frac{3}{5} = 1 + 1 + \frac{3}{5} = \underline{\underline{2\frac{3}{5}}}$$

Rechne Deine Aufgabe jetzt ebenso. Schlage wieder Seite 140 B auf und finde die richtige Gleichung.

5

138 A

(von Seite 151 B)

Du mußt Dich verrechnet haben. Vergleiche Deine Ausrechnung:

$$\frac{1}{3} + \frac{3}{4} + \frac{1}{2} = \frac{4}{12} + \frac{9}{12} + \frac{6}{12} = \frac{19}{12} = \ldots$$

Rechne die Aufgabe zu Ende und finde auf Seite 151 B das richtige Ergebnis.

---

138 B

(von Seite 144 B)

Das ist richtig. Das Umwandeln eines unechten Bruches muß man sich so ähnlich vorstellen wie das Aufräumen einer Wohnung. So, wie man erst in einem aufgeräumten Zimmer die richtige Übersicht hat und sich wohl fühlt, so ist auch der "mathematische Haushalt" erst in Ordnung, wenn man ihn auf seine einfachste Form gebracht hat. Während man beim Aufräumen jedoch manchmal das eine oder andere wegwirft, wird beim Bruchrechnen nichts weggeworfen. Der Wert der Zahlen bleibt gleich, nur ihre Form ändert, nämlich vereinfacht sich.

Verwandle nun die folgenden unechten Brüche:

$$\frac{3}{2};\quad \frac{7}{4};\quad \frac{10}{5};\quad \frac{17}{4};\quad \frac{15}{3};\quad \frac{19}{4};\quad \frac{12}{4};\quad \frac{12}{7};\quad \frac{20}{3}$$

Du solltest die Aufgaben immer ausführlich in Deinem Heft rechnen, auch wenn Du meinst, sie wären sehr leicht. Beim schriftlichen Rechnen kann man das, was sonst nur in Gedanken geschieht, mit den Augen sehen. Dadurch prägt sich Dir alles viel besser ein.

Rechne also schriftlich und schlage dann Seite 142 B auf.

(von Seite 130 A)

Doch, wir können $\frac{36}{48}$ schneller zu $\frac{3}{4}$ kürzen. Das bedeutet eine wesentliche Vereinfachung unserer Rechnung. Auf Seite 130 A haben wir "in Raten" gekürzt: zuerst durch 2, dann noch einmal durch 2 und schließlich durch 3.

Wie geht es aber nun einfacher? Du weißt, daß die gemeinsamen Teiler von 36 und 48 (außer 1) die Zahlen 2, 3, 4, 6 und 12 sind. $\frac{36}{48}$ kann durch jede dieser Zahlen gekürzt werden. Am besten kürzen wir durch den größten gemeinsamen Teiler (g g T), also durch 12:

$$\frac{36}{48} = \frac{36 : 12}{48 : 12} = \underline{\underline{\frac{3}{4}}}$$

Du siehst, daß wir $\frac{36}{48}$ bereits durch einmaliges Kürzen zu $\frac{3}{4}$ vereinfachen können.

Lies jetzt auf Seite 135 A weiter.

(von Seite 140 B)

Wie kommst Du nur darauf? Hast Du den Rest einfach weggelassen? $\frac{7}{3}$ enthält zwar 2 Ganze, es bleibt aber ein Bruch als Rest! Sieh Dir einmal diese drei Beispiele an:

$$\frac{10}{5} = \frac{5}{5} + \frac{5}{5} = 1 + 1 = \underline{\underline{2}}$$

$$\frac{12}{5} = \frac{5}{5} + \frac{5}{5} + \frac{2}{5} = 1 + 1 + \frac{2}{5} = \underline{\underline{2\frac{2}{5}}}$$

$$\frac{16}{5} = \frac{5}{5} + \frac{5}{5} + \frac{5}{5} + \frac{1}{5} = 1 + 1 + 1 + \frac{1}{5} = \underline{\underline{3\frac{1}{5}}}$$

Zerlege ebenso $\frac{7}{3}$ und vergiß diesmal nicht den Rest! Vergleiche dann Dein Ergebnis mit Seite 140 B.

140 A

(von Seite 148 A)

Du hast sicherlich sofort gemerkt, daß die Aufgabe 3 falsch gerechnet war. Hier werden beide Aufgaben noch einmal vorgerechnet:

3. $\frac{4}{8} + \frac{5}{12} + \frac{2}{4} + \frac{1}{12} = \frac{12}{24} + \frac{10}{24} + \frac{12}{24} + \frac{2}{24} = \frac{36}{24} = \frac{3}{2} = \underline{\underline{1\frac{1}{2}}}$

4. $\frac{5}{60} + \frac{3}{12} + \frac{6}{20} = \frac{5}{60} + \frac{15}{60} + \frac{18}{60} = \frac{38}{60} = \underline{\underline{\frac{19}{30}}}$

Die vier anderen Aufgaben werden auf den Seiten 134 B und 153 B vorgerechnet. Vergleiche Deine Rechnungen vorsichtshalber mit diesen Seiten und stelle fest, ob Du alles richtig gerechnet hast. Das ist noch einmal eine gute Übung vor der letzten Prüfung in diesem Kapitel.

Dir ist bestimmt aufgefallen, daß die Aufgaben nicht mehr so ausführlich vorgerechnet werden wie zu Beginn. Wenn Du Dich jetzt sicher fühlst, darfst Du einfache Zwischenrechnungen im Kopf durchführen.

Wir beschließen jetzt diesen Abschnitt mit einer kleinen Prüfung. Arbeite gegenüber auf Seite 141 A weiter.

---

140 B

(von Seite 129 B)

Welches ist Deine Lösung?

$\frac{7}{3} = 1\frac{4}{3}$	Seite 137 B
$\frac{7}{3} = 2$	Seite 139 B
$\frac{7}{3} = 2\frac{1}{3}$	Seite 142 A
Ich kann es nicht.	Seite 154 A

(von Seite 140 A)

Prüfungsaufgaben

1. $\frac{4}{15} + \frac{7}{15} + \frac{8}{15} + \frac{2}{15} = \ldots$

2. $\frac{1}{2} + \frac{3}{4} + \frac{7}{8} =$

3. $\frac{5}{6} + \frac{10}{3} + \frac{11}{12} =$

4. $\frac{2}{3} + \frac{1}{2} + \frac{5}{9} =$

5. $\frac{4}{5} + \frac{3}{4} + \frac{1}{2} =$

6. $\frac{1}{3} + \frac{5}{6} + \frac{3}{8} =$

7. $\frac{1}{2} + \frac{1}{7} + \frac{1}{14} + \frac{1}{4} =$

8. $\frac{6}{3} + \frac{6}{5} + \frac{6}{10} =$

Prüfe zum Schluß alle Ergebnisse, ob Du noch kürzen kannst. Unechte Brüche mußt Du in gemischte Zahlen umwandeln.

Kapitel 6 beginnt auf Seite 155 A.

142 A
(von Seite 140 B)

Ja, das ist richtig:

$$\frac{7}{3} = \frac{3}{3} + \frac{3}{3} + \frac{1}{3} = 1 + 1 + \frac{1}{3} = \underline{\underline{2\frac{1}{3}}}$$

Arbeite jetzt bitte gegenüber auf Seite 143 A weiter.

P

---

142 B
(von Seite 138 B)

Vergleiche Deine Ergebnisse mit den folgenden Lösungen.

$\frac{3}{2} = 1\frac{1}{2}$

$\frac{7}{4} = 1\frac{3}{4}$

$\frac{10}{5} = 2$

Wenn Du meinst, daß hier eine Aufgabe nicht zu Ende gerechnet ist, schlage Seite 128 A auf.

$\frac{17}{4} = 4\frac{1}{4}$

$\frac{15}{3} = 5$

$\frac{19}{4} = 4\frac{3}{4}$

Wenn Du meinst, daß hier eine Aufgabe nicht zu Ende gerechnet ist, schlage Seite 131 B auf.

$\frac{12}{4} = 2\frac{4}{4}$

$\frac{12}{7} = 1\frac{5}{7}$

$\frac{20}{3} = 6\frac{2}{3}$

Wenn Du meinst, daß hier eine Aufgabe nicht zu Ende gerechnet ist, schlage Seite 133 B auf.

Ein zweiter Weg für das Umwandeln unechter Brüche

Wir können solche Umwandlungsaufgaben aber auch noch anders lösen. Dazu mußt Du wissen, daß ein Bruch als eine andere Schreibweise für eine Teilungsaufgabe ganzer Zahlen aufgefaßt werden kann, z.B. $\frac{3}{4} = 3 : 4$. Führst Du die Teilung (Division) durch, erhältst Du 0 Ganze, Rest 3. Dieser Rest muß auch noch durch 4 geteilt (dividiert) werden: $3 : 4 = \frac{3}{4}$.

Noch besser wirst Du diesen Vorgang bei einem unechten Bruch verstehen: $\frac{8}{4} = 8 : 4 = 2$. Oder $\frac{9}{4} = 9 : 4 = 2$ Rest 1; $1 : 4$ ist $\frac{1}{4}$; das Ergebnis heißt also $2\frac{1}{4}$.

Wir wollen dieses Verfahren noch weiterüben:

$$\frac{15}{4} = 15 : 4 = 3 \text{ Rest } 3 = \underline{\underline{3\frac{3}{4}}}$$

$$\frac{7}{3} = 7 : 3 = 2 \text{ Rest } 1 = \underline{\underline{2\frac{1}{3}}}$$

$$\frac{11}{8} = 11 : 8 = 1 \text{ Rest } 3 = \underline{\underline{1\frac{3}{8}}}$$

$$\frac{18}{3} = 18 : 3 = 6 \text{ Rest } 0 = \underline{\underline{6}}$$

Verwandle ebenso $\frac{14}{2}$ durch Teilen. Schreibe die Lösung in Dein Heft und vergleiche mit Seite 144 B.

Welches Ergebnis hast Du?

$\frac{24}{16} = 1\frac{4}{8}$ Seite 129 A

$\frac{24}{16} = 1\frac{1}{3}$ Seite 149 B

$\frac{24}{16} = 1\frac{1}{2}$ Seite 152 A

Mein Ergebnis ist nicht dabei. Seite 150 B

5

144 A

(von Seite 152 A)

Vergleiche Deine Ergebnisse mit den folgenden Lösungen und suche die Aufgabengruppe, in der Du noch etwas verbessern kannst.

1. $\frac{10}{12} = \frac{5}{6}$
2. $\frac{17}{20} = \frac{17}{20}$
3. $\frac{18}{6} = 3$
4. $\frac{23}{10} = 2\frac{3}{10}$

Wenn Du meinst, daß Du hier noch etwas verbessern kannst, schlage Seite 149 A auf.

5. $\frac{12}{18} = \frac{2}{3}$
6. $\frac{21}{15} = 1\frac{2}{5}$
7. $\frac{45}{30} = 1\frac{5}{10}$
8. $\frac{3}{14} = \frac{3}{14}$

Wenn Du meinst, daß Du hier noch etwas verbessern kannst, schlage Seite 146 A auf.

---

144 B

(von Seite 143 A)

Welches Ergebnis hast Du?

$\frac{14}{2} = 7$ Seite 138 B

$\frac{14}{2} = 7\frac{1}{2}$ Seite 148 B

$\frac{14}{2} = 6\frac{2}{2}$ Seite 150 A

(von Seite 132 B)

Du mußt Dich verrechnet haben. Wir wollen noch einmal alles gründlich durchsehen, damit Du Deinen Fehler findest.

Den Hauptnenner hast Du sicherlich richtig gefunden, er heißt 12. Nun mußt Du erweitern:

$$\frac{2}{3} = \frac{2 \cdot 4}{3 \cdot 4} = \frac{8}{12} \quad \text{und} \quad \frac{1}{2} = \frac{1 \cdot 6}{2 \cdot 6} = \frac{6}{12}$$

Der dritte Summand $\frac{7}{12}$ muß nicht erweitert werden, da sein Nenner mit dem Hauptnenner übereinstimmt. Jetzt kannst Du zusammenzählen:

$$\frac{2}{3} + \frac{1}{2} + \frac{7}{12} = \frac{8 + 6 + 7}{12} = \frac{21}{12}$$

Kürzen kannst Du, wenn Zähler und Nenner einen gemeinsamen Teiler haben. Der größte gemeinsame Teiler (g g T) von 21 und 12 ist 3, also:

$$\frac{21}{12} = \frac{21 : 3}{12 : 3} = \frac{7}{4}$$

Dies ist aber ein unechter Bruch, den wir in eine gemischte Zahl verwandeln:

$$\frac{7}{4} = 7 : 4 = 1 \text{ Rest } 3 = 1 + \frac{3}{4} = 1\frac{3}{4}$$

Hast Du Deinen Fehler gefunden? Wenn Du Dich noch sehr unsicher fühlst, solltest Du noch einmal auf Seite 127 A beginnen. Andernfalls lies auf Seite 136 A weiter.

---

145 B

(von Seite 153 A)

Wie heißt Dein Ergebnis?

$\frac{19}{8}$	Siehe Seite 130 B.
$2\frac{15}{40}$	Siehe Seite 136 B.
$2\frac{3}{8}$	Siehe Seite 151 A.
Mein Ergebnis ist nicht dabei.	Siehe Seite 147 B.

(von Seite 144 A)

Du hast sicherlich sofort gesehen, daß die Aufgabe 7 nicht zu Ende gekürzt war. Vergleiche noch einmal alle Rechnungen:

1. $\frac{10}{12} = \frac{10 : 2}{12 : 2} = \underline{\underline{\frac{5}{6}}}$

2. $\frac{17}{20} = \underline{\underline{\frac{17}{20}}}$

Diesen Bruch kann man nicht kürzen, denn 17 und 20 haben keinen gemeinsamen Teiler (außer 1), sind also teilerfremd.

3. $\frac{18}{6} = \frac{18 : 6}{6 : 6} = \frac{3}{1} = \underline{\underline{3}}$

4. $\frac{23}{10} = 23 : 10 = 2 \text{ Rest } 3 = \underline{\underline{2\frac{3}{10}}}$

Auch in Aufgabe 4 konnten wir nicht kürzen.

5. $\frac{12}{18} = \frac{12 : 6}{18 : 6} = \underline{\underline{\frac{2}{3}}}$

6. $\frac{21}{15} = \frac{21 : 3}{15 : 3} = \frac{7}{5} = 7 : 5 = \underline{\underline{1\frac{2}{5}}}$

7. $\frac{45}{30} = \frac{45 : 15}{30 : 15} = \frac{3}{2} = 3 : 2 = \underline{\underline{1\frac{1}{2}}}$ und nicht $1\frac{5}{10}$

8. $\frac{3}{14} = \underline{\underline{\frac{3}{14}}}$ (Auch hier konnten wir nicht kürzen.)

Es geht jetzt gegenüber auf Seite 147 A weiter.

147 A

(von Seite 146 A)

Was ist H E R K U ?

Nun löse die folgende Aufgabe:

$$\frac{1}{3} + \frac{3}{4} + \frac{1}{2} = \ldots$$

Du kennst sicherlich noch den Rechnungsgang:

1.	H	auptnenner:	Suche den Hauptnenner (hier von 3, 4 und 2).
2.	E	rweitern:	Bringe die Brüche (hier drei) durch Erweitern auf den Hauptnenner.
3.	R	echnen:	Führe die Rechnung durch.
4.	K	ürzen:	Wenn Du kürzen kannst, so kürze.
5.	U	mwandeln:	Wenn Du einen unechten Bruch in eine gemischte Zahl verwandeln kannst, so tue es.

HERKU - ist die Abkürzung für Herkules! Merke Dir dieses Wort und die Bedeutung der Buchstaben. Dann wirst Du auch stark - wenigstens im Bruchrechnen!

Schreibe die Rechnung ausführlich in Dein Heft und vergleiche Dein Ergebnis auf Seite 151 B.

---

147 B

(von Seite 145 B)

Du mußt irgend etwas falsch gemacht haben. Rechne bitte noch einmal:

H Suche den Hauptnenner.

E Bringe die vier Brüche durch Erweitern auf den Hauptnenner.

R Führe die Rechnung durch: Zähle die Zähler zusammen.

K Kannst Du kürzen?

U Kannst Du einen unechten Bruch umwandeln?

Hast Du jetzt ein anderes Ergebnis? Vergleiche auf Seite 151 A.

148 A
(von Seite 151 A)

Vergleiche Deine Ergebnisse mit den folgenden und finde die Gleichung, die falsch ist.

1. $\frac{3}{4} + \frac{2}{7} + \frac{1}{2} = 1\frac{15}{28}$
2. $\frac{2}{5} + \frac{7}{10} + \frac{5}{12} = 1\frac{31}{60}$

Wenn Du meinst, daß hier ein Fehler ist, schlage Seite 134 B auf.

3. $\frac{4}{8} + \frac{5}{12} + \frac{2}{4} + \frac{1}{12} = 6$
4. $\frac{5}{60} + \frac{3}{12} + \frac{6}{20} = \frac{19}{30}$

Wenn Du meinst, daß hier ein Fehler ist, schlage Seite 140 A auf.

5. $\frac{8}{3} + \frac{5}{6} + \frac{4}{5} = 4\frac{3}{10}$
6. $\frac{15}{8} + \frac{39}{8} + \frac{42}{8} = 12$

Wenn Du meinst, daß hier ein Fehler ist, schlage Seite 153 B auf.

---

148 B
(von Seite 144 B)

Du hast wohl geraten und nicht nachgedacht? Ein unechter Bruch ergibt bei der Verwandlung nicht immer eine gemischte Zahl. Es kann auch eine ganze Zahl herauskommen (wie im letzten Beispiel von Seite 143 A). Dies ist immer dann der Fall, wenn nach dem Teilen des Zählers durch den Nenner kein Rest mehr bleibt. Hier sind noch einige Beispiele:

$$\frac{6}{2} = 6 : 2 = 3 \qquad \frac{18}{9} = 18 : 9 = 2$$

$$\frac{15}{3} = 15 : 3 = 5 \qquad \frac{20}{5} = 20 : 5 = 4$$

Nun rechne Deine Aufgabe noch einmal und vergleiche auf Seite 144 B.

149 A

(von Seite 144 A)

Bedauere! Die Aufgaben 1 bis 4 sind in Ordnung. Rechne noch einmal mit:

$$1. \quad \frac{10}{12} = \frac{10 : 2}{12 : 2} = \underline{\underline{\frac{5}{6}}}$$

$$2. \quad \frac{17}{20} = \underline{\underline{\frac{17}{20}}}$$

Diesen Bruch kann man nicht kürzen, denn 17 und 20 haben keinen gemeinsamen Teiler (außer 1), sind also teilerfremd.

$$3. \quad \frac{18}{6} = \frac{18 : 6}{6 : 6} = \frac{3}{1} = \underline{\underline{3}}$$

$$4. \quad \frac{23}{10} = 23 : 10 = \underline{\underline{2\frac{3}{10}}}$$

Auch in Aufgabe 4 konnten wir nicht kürzen.

Nun schlage wieder Seite 144 A auf und prüfe, ob bei den Aufgaben 5 bis 8 noch etwas zu verbessern ist.

---

149 B

(von Seite 143 B)

Du arbeitest nicht sorgfältig genug. Wir wollen gemeinsam die Aufgabe durchrechnen. 24 und 16 haben als größten gemeinsamen Teiler 8, durch den wir kürzen:

$$\frac{24}{16} = \frac{24 : 8}{16 : 8} = \frac{3}{2}$$

$\frac{3}{2}$ ist ein unechter Bruch, den Du noch in eine gemischte Zahl verwandeln sollst. Schreibe diese in Dein Heft und lies auf Seite 152 A weiter.

5

150 A

(von Seite 144 B)

Du bist auf dem richtigen Weg, aber Du hast nicht zu Ende geteilt. Man muß immer prüfen, ob sich der Rest nochmals teilen läßt; es muß nicht immer ein Rest bleiben.

Hier sind noch einige Beispiele. Sieh sie Dir genau an.

$$\frac{6}{2} = 6 : 2 = \underline{\underline{3}} \qquad \frac{16}{4} = 16 : 4 = \underline{\underline{4}}$$

$$\frac{6}{3} = 6 : 3 = \underline{\underline{2}} \qquad \frac{24}{2} = 24 : 2 = \underline{\underline{12}}$$

$$\frac{39}{13} = 39 : 13 = \underline{\underline{3}} \qquad \frac{24}{12} = 24 : 12 = \underline{\underline{2}}$$

Nun rechne Deine Aufgabe noch einmal und vergleiche Dein Ergebnis mit denen auf Seite 144 B.

---

150 B

(von Seite 143 B)

Du mußt einen Fehler gemacht haben. Wir wollen ihn gemeinsam suchen. 24 und 16 haben (außer 1) mehrere gemeinsame Teiler, z. B. 2 und 4, wir suchen aber für das Kürzen immer den größten gemeinsamen Teiler, das ist in unserem Beispiel 8. Wir kürzen also:

$$\frac{24}{16} = \frac{24 : 8}{16 : 8} = \frac{3}{2}$$

Jetzt kannst Du allein zu Ende rechnen. Verwandle noch den unechten Bruch in eine gemischte Zahl. Schreibe das Ergebnis in Dein Heft und lies auf Seite 152 A weiter.

151 A

(von Seite 145 B)

$2\frac{3}{8}$ ist das richtige Ergebnis. Vergleiche:

H Der Hauptnenner der Einzelnenner 20, 5, 4 und 8 ist 40.

E Durch Erweitern erhältst Du:

$$\frac{9}{20} + \frac{4}{5} + \frac{1}{4} + \frac{7}{8} = \frac{18}{40} + \frac{32}{40} + \frac{10}{40} + \frac{35}{40}$$

R Die gleichnamigen Brüche werden zusammengezählt. Rechne so:

$$\frac{18 + 32 + 10 + 35}{40} = \frac{95}{40}$$

K Jetzt kannst Du kürzen. Der g g T von 95 und 40 ist 5.

$$\frac{95}{40} = \frac{95 : 5}{40 : 5} = \frac{19}{8}$$

U $\frac{19}{8}$ ist ein unechter Bruch, den Du zum Schluß umwandeln mußt.

$$\frac{19}{8} = 19 : 8 = 2 \text{ Rest } 3 = 2 + \frac{3}{8} = \underline{\underline{2\frac{3}{8}}}$$

Rechne jetzt folgende Aufgaben und vergiß nicht, die Ergebnisse zu kürzen:

1. $\frac{3}{4} + \frac{2}{7} + \frac{1}{2} = \ldots$
2. $\frac{2}{5} + \frac{7}{10} + \frac{5}{12} = \ldots$
3. $\frac{4}{8} + \frac{5}{12} + \frac{2}{4} + \frac{1}{12} = \ldots$
4. $\frac{5}{60} + \frac{3}{12} + \frac{6}{20} = \ldots$
5. $\frac{8}{3} + \frac{5}{6} + \frac{4}{5} = \ldots$
6. $\frac{15}{8} + \frac{39}{8} + \frac{42}{8} = \ldots$

Wenn Du fertig bist, schlage Seite 148 A auf.

---

151 B

(von Seite 147 A)

Was hast Du herausbekommen?

$1\frac{14}{24}$ — Seite 131 A

$1\frac{1}{2}$ — Seite 138 A

$1\frac{7}{12}$ — Seite 153 A

Ich habe ein anderes Ergebnis. — Seite 128 B

(von Seite 143 B)

$\frac{24}{16} = 1\frac{1}{2}$ ist richtig. Der größte gemeinsame Teiler von 24 und 16 ist 8. Also sind $\frac{24}{16} = \frac{3}{2}$. Das ist ein unechter Bruch, der in eine gemischte Zahl umgewandelt werden muß.

$$\frac{3}{2} = 3 : 2 = \underline{\underline{1\frac{1}{2}}}$$

Wenn man nicht sofort den größten gemeinsamen Teiler nimmt, muß man den Bruch mehrere Male kürzen. Man kommt auch so zu dem richtigen Ergebnis. Aber warum wollen wir einen Umweg machen, wenn der direkte Weg schneller zum Ziel führt?

Kürze jetzt $\frac{40}{32}$. Hier ist der Umweg:

$$\frac{40}{32} = \frac{20}{16} = \frac{10}{8} = \frac{5}{4} = \underline{\underline{1\frac{1}{4}}}$$

Hier haben wir dreimal durch 2 gekürzt $(2 \cdot 2 \cdot 2 = 8)$, aber wir können das Ergebnis auch mit einmaligem Kürzen erhalten. Zähler und Nenner werden durch den größten gemeinsamen Teiler (g g T), nämlich 8, geteilt (dividiert).

$$\frac{40}{32} = \frac{40 : 8}{32 : 8} = \frac{5}{4} = \underline{\underline{1\frac{1}{4}}}$$

Jetzt wollen wir noch ein bißchen üben. Kürze und wandle die unechten Brüche in gemischte Zahlen um:

1. $\frac{10}{12} = \ldots$
2. $\frac{17}{20} = \ldots$
3. $\frac{18}{6} = \ldots$
4. $\frac{23}{10} = \ldots$
5. $\frac{12}{18} = \ldots$
6. $\frac{21}{15} = \ldots$
7. $\frac{45}{30} = \ldots$
8. $\frac{3}{14} = \ldots$

Wenn Du fertig bist, prüfe Deine Ergebnisse auf Seite 144 A.

153 A
(von Seite 151 B)

$1\frac{7}{12}$ ist richtig. Vergleiche Deine Rechnung:

H	Der Hauptnenner ist 12.
E	Nun mußt Du durch Erweitern alle Brüche in solche mit dem Nenner 12 umwandeln: $\frac{1}{3} + \frac{3}{4} + \frac{1}{2} = \frac{4}{12} + \frac{9}{12} + \frac{6}{12}$
R	Rechne! Zähle die Zähler zusammen: $\frac{4 + 9 + 6}{12} = \frac{19}{12}$
K	Weil 19 und 12 (außer 1) keinen gemeinsamen Zähler haben, können wir nicht kürzen.
U	Kannst Du noch in eine gemischte Zahl umwandeln? Ja!

$$\frac{19}{12} = 1\frac{7}{12}$$

Rechne jetzt genauso die nächste Aufgabe:

$$\frac{9}{20} + \frac{4}{5} + \frac{1}{4} + \frac{7}{8} = \ldots$$

Wenn Du fertig bist, vergleiche vorsichtshalber noch mit dem obigen Beispiel für die HERKUles-Regel. Dann schlage Seite 145 B auf.

---

153 B
(von Seite 148 A)

Nein, hier ist alles richtig. Sieh Dir die Rechnungen einmal an.

5. $\frac{8}{3} + \frac{5}{6} + \frac{4}{5} = \frac{80}{30} + \frac{25}{30} + \frac{24}{30} = \frac{129}{30} = \frac{43}{10} = 4\frac{3}{10}$

6. $\frac{15}{8} + \frac{39}{8} + \frac{42}{8} = \frac{96}{8} = 12$

Schlage wieder Seite 148 A auf und suche die Aufgabe, die falsch gerechnet ist.

5

154 A

(von Seite 140 B)

Es ist gut, daß Du diese Seite aufgeschlagen hast. Dieses Buch will Dir gerade auch dann helfen, wenn Du nicht genau weißt, wie Du rechnen sollst. Wir wollen die Aufgabe noch einmal langsam und ausführlich durcharbeiten, am besten an einem anderen Beispiel.

Du weißt, daß

$$\frac{1}{8} + \frac{1}{8} + \frac{1}{8} = \frac{3}{8}$$

sind. Umgekehrt kannst Du auch zerlegen:

$$\frac{5}{4} = \frac{1}{4} + \frac{1}{4} + \frac{1}{4} + \frac{1}{4} + \frac{1}{4}$$

Wenn Du die ersten vier Summanden zusammenfaßt, siehst Du, daß diese $\frac{4}{4} = 1$ ergeben:

$$\underbrace{\frac{1}{4} + \frac{1}{4} + \frac{1}{4} + \frac{1}{4}}_{\frac{4}{4}} + \frac{1}{4} = \frac{4}{4} + \frac{1}{4} = 1 + \frac{1}{4} = \underline{\underline{1\frac{1}{4}}}$$

Du weißt sicherlich noch, daß $1\frac{1}{4}$ eine abgekürzte Schreibweise für $1 + \frac{1}{4}$ ist. In $\frac{5}{4}$ stecken also ein Ganzes und $\frac{1}{4}$. Und in $\frac{7}{3}$?

$$\frac{7}{3} = \frac{1}{3} + \frac{1}{3} + \frac{1}{3} + \frac{1}{3} + \frac{1}{3} + \frac{1}{3} + \frac{1}{3}$$

$\frac{3}{3}$ sind ein Ganzes. Hier kannst Du aber mehr als einmal $\frac{3}{3}$ zusammenfassen. Wieviel Ganze stecken in dieser Summe? Wieviel Drittel bleiben übrig?

Schreibe Deine Antwort auf und vergleiche mit Seite 140 B.

6 Das Zusammenzählen (die Addition) von gemischten Zahlen

Du wirst zwei Wege kennenlernen, wie man gemischte Zahlen zusammenzählt (addiert). Wir wollen Dir zunächst den ersten Weg zeigen:

Wir wandeln gemischte Zahlen in unechte Brüche um

Wie man Brüche zusammenzählt, hast Du ja bereits gelernt.

Wie verwandelt man nun eine gemischte Zahl in einen unechten Bruch? Wir haben dies bereits im Kapitel 2 geübt, wollen es aber lieber noch einmal kurz wiederholen. Beispiel:

$$4\frac{2}{3} = \ldots$$

Du erinnerst Dich, daß die Zahl $4\frac{2}{3}$ ausführlich geschrieben $4 + \frac{2}{3}$ bedeutet. Wir müssen zuerst die vier Ganzen in Drittel verwandeln und fügen anschließend noch zwei Drittel hinzu.

Du weißt doch noch: Ein Ganzes kann man in beliebig viele gleiche Teile zerlegen. Wenn ein Kuchen unter fünf Kindern aufgeteilt werden soll, erhält jedes Kind $\frac{1}{5}$ des Kuchens; wenn es zwölf sind, erhält jedes Kind $\frac{1}{12}$. In unserem Beispiel müssen wir nun jedes Ganze in drei gleiche Teile teilen, damit wir nachher noch zwei Drittel hinzuzählen können.

Ein Ganzes besteht aus drei Dritteln, also müssen vier Ganze vier mal drei Drittel $= \frac{12}{3}$ enthalten. Hinzu kommen noch die $\frac{2}{3}$, also:

$$4\frac{2}{3} = 4 + \frac{2}{3} = \frac{12}{3} + \frac{2}{3} = \underline{\underline{\frac{14}{3}}}$$

Nun versuche es selbst einmal mit einer ähnlichen Aufgabe: Verwandle die gemischte Zahl $3\frac{1}{5}$ in einen unechten Bruch.

Schreibe das Ergebnis in Dein Heft und vergleiche mit Seite 156 B.

6

156 A
(von Seite 164 B)

Du hast die falsche Aufgabe herausgesucht. Hoffentlich hast Du nicht einfach nur geraten! Das Ergebnis der ersten Aufgabe ist $107\frac{1}{6}$, nicht $105\frac{1}{6}$. Ob Du Deinen Fehler entdeckst? Vergleiche:

1. $$32\frac{2}{3} + 16\frac{1}{2} + 14\frac{4}{5} + 43\frac{1}{5} = 105 + \frac{2}{3} + \frac{1}{2} + \frac{4}{5} + \frac{1}{5}$$

$$= 105 + \frac{20 + 15 + 24 + 6}{30} = 105 + \frac{65}{30}$$

$$= 105 + 2\frac{5}{30} = 105 + 2\frac{1}{6} = \underline{\underline{107\frac{1}{6}}}$$

Schlage wieder Seite 164 B auf, rechne die beiden anderen Aufgaben noch einmal sorgfältig durch, dann wirst Du auch die richtige Antwort finden.

---

156 B
(von Seite 155 A)

Welches Ergebnis hast Du?

$3\frac{1}{5} = \frac{16}{3}$ Seite 158 B

$3\frac{1}{5} = \frac{4}{5}$ Seite 161 B

$3\frac{1}{5} = \frac{16}{5}$ Seite 164 A

Wenn Du ein anderes Ergebnis hast oder die Aufgabe nicht lösen konntest, sollst Du Seite 183 B aufschlagen.

157 A
(von Seite 162 B)

Du hast einen Flüchtigkeitsfehler gemacht. $3\frac{2}{3}$ ist nicht gleich $\frac{8}{3}$. Wie bist Du zum falschen Zähler 8 gekommen?

Vermutlich hast Du die drei Ganzen in $\frac{6}{2}$ verwandelt und dann $\frac{2}{3}$ hinzugezählt. Du kannst

$$\frac{6}{2} + \frac{2}{3}$$

nicht ohne weiteres zusammenzählen, weil die Nenner verschieden sind. Wenn Du noch $\frac{2}{3}$ dazuzählen sollst, mußt Du die drei Ganzen ebenfalls in Drittel verwandeln.

Wieviel Drittel sind drei Ganze? Ein Ganzes besteht aus drei Dritteln, drei Ganze also aus drei mal drei Dritteln $= \frac{9}{3}$. Hinzu kommen noch die $\frac{2}{3}$, also:

$$\text{a)} \quad \frac{9}{3} + \frac{2}{3} = \underline{\underline{\frac{11}{3}}}$$

Überprüfe jetzt bitte auch noch die Aufgaben b) und c). Schlage dazu wieder Seite 164 A auf.

---

157 B
(von Seite 178 B)

Du mußt Dich irgendwo verrechnet haben. Die Aufgaben 1 bis 3 sind nämlich richtig. Vergleiche!

$$1. \quad 2\frac{1}{3} + 5\frac{1}{4} = \frac{7}{3} + \frac{21}{4} = \frac{28}{12} + \frac{63}{12} = \frac{91}{12} = \underline{\underline{7\frac{7}{12}}}$$

$$2. \quad 3\frac{1}{2} + 6\frac{2}{3} = \frac{7}{2} + \frac{20}{3} = \frac{21}{6} + \frac{40}{6} = \frac{61}{6} = \underline{\underline{10\frac{1}{6}}}$$

$$3. \quad 4\frac{1}{5} + 1\frac{1}{2} = \frac{21}{5} + \frac{3}{2} = \frac{42}{10} + \frac{15}{10} = \frac{57}{10} = \underline{\underline{5\frac{7}{10}}}$$

Schlage wieder Seite 178 B auf.

6

158 A
(von Seite 171 B)

Du hast Dich geirrt. Die 1. Aufgabe enthält einen Fehler:

$$1.\quad 272\frac{1}{6} + 103\,\frac{1}{6} = 272 + 103 + \frac{1}{6} + \frac{1}{6} = 375 + \frac{2}{6} = 375\,\frac{2}{6} = \underline{\underline{375\frac{1}{3}}}$$

$\frac{1}{6}$ und $\frac{1}{6}$ ist nicht $\frac{1}{2}$! Mache Dir das an einer Torte klar.

Schlage wieder Seite 171 B auf und rechne noch einmal die 2. und 3. Aufgabe nach.

---

158 B
(von Seite 156 B)

Du hast einen Flüchtigkeitsfehler gemacht. Du solltest $3\frac{1}{5}$ in einen unechten Bruch umwandeln. Weil der Bruch in der gemischten Zahl $\frac{1}{5}$ heißt, mußt Du die 3 Ganzen auch in Fünftel umwandeln, nicht in Drittel.

$$3 = \frac{\dots}{5}$$

$$3 + \frac{1}{5} = \frac{\dots}{5} + \frac{1}{5} = \frac{\dots}{5}$$

Hier sind noch vier Beispiele ausführlich vorgerechnet:

a) $2\,\frac{1}{2} = 2 + \frac{1}{2} = \frac{4}{2} + \frac{1}{2} = \underline{\underline{\frac{5}{2}}}$ b) $2\,\frac{1}{10} = 2 + \frac{1}{10} = \frac{20}{10} + \frac{1}{10} = \underline{\underline{\frac{21}{10}}}$

c) $2\,\frac{1}{4} = 2 + \frac{1}{4} = \frac{8}{4} + \frac{1}{4} = \underline{\underline{\frac{9}{4}}}$ d) $2\,\frac{1}{8} = 2 + \frac{1}{8} = \frac{16}{8} + \frac{1}{8} = \underline{\underline{\frac{17}{8}}}$

Nun kannst Du sicher die gemischte Zahl $3\frac{1}{5}$ in einen unechten Bruch umwandeln. Schreibe das Ergebnis in Dein Heft und schlage danach wieder Seite 156 B auf.

159 A

(von Seite 164 B)

Du hast irgendwo in Deiner Rechnung einen kleinen Fehler gemacht. Diese Aufgabe sieht leichter aus, als sie ist. Man muß schon ganz genau sein in der Mathematik. Vergleiche die Rechnung und versuche, Deinen Fehler zu finden!

2. $$42\frac{2}{3} + 35\frac{1}{6} + 27\frac{1}{2} = 104 + \frac{2}{3} + \frac{1}{6} + \frac{1}{2} = 104 + \frac{4+1+3}{6}$$

$$= 104 + \frac{8}{6} = 104 + 1\frac{1}{3} = \underline{\underline{105\frac{1}{3}}}$$

Schlage wieder Seite 164 B auf und rechne die Aufgaben 1 und 3 noch einmal.

6

159 B

(von Seite 161 A)

Welches Ergebnis hast Du?

7	Wenn Du meinst, daß dies das richtige Ergebnis ist, schlage Seite 181 B auf.
8	Wenn Du meinst, daß dies das richtige Ergebnis ist, schlage Seite 165 A auf.
$8\frac{1}{8}$	Wenn Du meinst, daß dies das richtige Ergebnis ist, schlage Seite 177 A auf.

Mein Ergebnis ist nicht dabei. Seite 183 A

(von Seite 164 B)

Du hast die richtige Aufgabe herausgefunden. Vergleiche aber zur Sicherheit Deine Rechnung:

3. $12\frac{2}{5} + 34\frac{2}{3} + 22\frac{1}{2} + 35\frac{3}{5} = 103 + \frac{2}{5} + \frac{2}{3} + \frac{1}{2} + \frac{3}{5}$

$= 103 + \frac{12 + 20 + 15 + 18}{30} = 103 + \frac{65}{30} = 103 + 2\frac{1}{6} = \underline{\underline{105\frac{1}{6}}}$

Vergleiche ebenfalls die beiden anderen Aufgaben:

1. $32\frac{2}{3} + 16\frac{1}{2} + 14\frac{4}{5} + 43\frac{1}{5} = 105 + \frac{2}{3} + \frac{1}{2} + \frac{4}{5} + \frac{1}{5}$

$= 105 + \frac{20 + 15 + 24 + 6}{30} = 105 + \frac{65}{30} = 105 + 2\frac{1}{6} = \underline{\underline{107\frac{1}{6}}}$

2. $42\frac{2}{3} + 35\frac{1}{6} + 27\frac{1}{2} = 104 + \frac{2}{3} + \frac{1}{6} + \frac{1}{2}$

$= 104 + \frac{4 + 1 + 3}{6} = 104 + \frac{8}{6} = 104 + 1\frac{1}{3} = \underline{\underline{105\frac{1}{3}}}$

Wir vergleichen die beiden Lösungswege

Du hast jetzt die beiden Möglichkeiten kennengelernt, gemischte Zahlen zusammenzuzählen:

1. Die gemischten Zahlen werden in unechte Brüche verwandelt und dann zusammengezählt (addiert).
2. Man zählt erst die ganzen Zahlen für sich zusammen und dann die Brüche.

Beide Wege führen zum selben Ziel. Dies zeigt Dir die folgende Aufgabe, die auf beide Arten gerechnet ist:

a) $3\frac{1}{2} + 2\frac{1}{8} + 3\frac{3}{4} = \frac{7}{2} + \frac{17}{8} + \frac{15}{4} = \frac{28 + 17 + 30}{8} = \frac{75}{8} = \underline{\underline{9\frac{3}{8}}}$

b) $3\frac{1}{2} + 2\frac{1}{8} + 3\frac{3}{4} = 8 + \frac{4 + 1 + 6}{8} = 8 + \frac{11}{8} = 8 + 1\frac{3}{8} = \underline{\underline{9\frac{3}{8}}}$

Es geht gegenüber auf Seite 161 A weiter.

161 A

(von Seite 160 A)

Rechne diese Aufgabe ebenso auf beide Arten:

$$2\frac{3}{8} + 2\frac{7}{8} + 2\frac{3}{4} = \ldots$$

Die doppelte Rechnung hat den Vorteil, daß Du Dein Ergebnis gleich kontrollieren kannst und dann auf Seite 159 B auf Anhieb das richtige Ergebnis herausfindest.

---

161 B

(von Seite 156 B)

Jetzt hast Du nicht richtig überlegt. Eine gemischte Zahl wie $3\frac{1}{5}$ ist immer größer als 1, ein echter Bruch wie $\frac{4}{5}$ ist immer kleiner als 1. Daher kann $3\frac{1}{5}$ niemals dem echten Bruch $\frac{4}{5}$ gleich sein.

Dein Fehler entstand, weil Du 3 + 1 zusammengezählt hast, ohne zu bedenken, daß die Zahl 3 hier drei Ganze meint, die Zahl 1 aber nur der Zähler des Bruches $\frac{1}{5}$ ist.

Am besten wird es sein, wenn wir Dir noch vier Beispiele ausführlich vorrechnen:

a) $3\frac{1}{2} = 3 + \frac{1}{2} = \frac{6}{2} + \frac{1}{2} = \underline{\underline{\frac{7}{2}}}$

b) $3\frac{1}{4} = 3 + \frac{1}{4} = \frac{12}{4} + \frac{1}{4} = \underline{\underline{\frac{13}{4}}}$

c) $3\frac{1}{3} = 3 + \frac{1}{3} = \frac{9}{3} + \frac{1}{3} = \underline{\underline{\frac{10}{3}}}$

d) $3\frac{1}{8} = 3 + \frac{1}{8} = \frac{24}{8} + \frac{1}{8} = \underline{\underline{\frac{25}{8}}}$

Nun verwandle ebenso ausführlich $3\frac{1}{5}$. Denke daran, daß Du die 3 Ganzen in Fünftel umwandeln mußt.

Wenn Du fertig bist, schlage wieder Seite 156 B auf.

162 A

(von Seite 165 B)

Du hast einen Fehler beim Zusammenzählen oder beim Umwandeln der Brüche gemacht. Vergleiche die Rechnung:

$$75\frac{2}{3} + 28\frac{1}{6} = 103 + \frac{2}{3} + \frac{1}{6} = 103 + \frac{4 + 1}{6} = \ldots$$

Rechne die Aufgabe zu Ende und schlage dann Seite 172 A auf.

---

162 B

(von Seite 164 A)

Suche die Aufgabe heraus, die richtig gerechnet ist:

a) $3\frac{2}{3} = \frac{8}{3}$ Seite 157 A

b) $4\frac{7}{8} = \frac{11}{8}$ Seite 170 B

c) $5\frac{3}{4} = \frac{23}{4}$ Seite 173 A

Keines dieser Ergebnisse ist richtig. Seite 177 B

(von Seite 171 B)

Die 2. Aufgabe ist richtig gelöst. Die Summe der ganzen Zahlen ist 35 + 10 = 45, die Summe der Brüche ist $\frac{1}{4} + \frac{1}{4} = \frac{1}{2}$, also:

$$2. \qquad 35\frac{1}{4} + 10\frac{1}{4} = \underline{\underline{45\frac{1}{2}}}$$

Vergleiche bitte auch die beiden anderen Aufgaben:

$$1. \qquad 272\frac{1}{6} + 103\frac{1}{6} = 375\frac{2}{6} = \underline{\underline{375\frac{1}{3}}}$$

$$3. \qquad 208\frac{7}{10} + 102\frac{1}{10} = 310\frac{8}{10} = \underline{\underline{310\frac{4}{5}}}$$

Soweit ging es leicht, weil beide Brüche denselben Nenner hatten. Bei der nächsten Aufgabe haben die Brüche verschiedene Nenner. Du mußt also, wie Du es im ersten Teil dieses Kapitels gelernt hast, zunächst den Hauptnenner der Brüche finden und sie dann gleichnamig machen, bevor Du sie zusammenzählen (addieren) kannst.

$$46\frac{3}{8} + 17\frac{1}{2} = 63 + \frac{3}{8} + \frac{1}{2} = 63 + \frac{3 + 4}{8} = \underline{\underline{63\frac{7}{8}}}$$

Hier ist eine ähnliche Aufgabe, die Du allein lösen sollst:

$$75\frac{2}{3} + 28\frac{1}{6} = \ldots$$

Schreibe das Ergebnis in Dein Heft und vergleiche dann mit Seite 165 B.

6

164 A
(von Seite 156 B)

Du hast richtig gerechnet: $3\frac{1}{5} = \frac{16}{5}$. Du hast die ganze Zahl in Fünftel umgewandelt ($3 = \frac{15}{5}$) und dann $\frac{1}{5}$ hinzugefügt ($\frac{15}{5} + \frac{1}{5} = \frac{16}{5}$).

Folgende gemischte Zahlen sind schon in unechte Brüche umgewandelt. Sieh sie Dir gut an, dann decke die Ergebnisse zu und versuche, ob Du diese Aufgaben im Kopf rechnen kannst.

$4\frac{1}{3} = \frac{13}{3}$ $\qquad$ $10\frac{1}{2} = \frac{21}{2}$

$4\frac{1}{2} = \frac{9}{2}$ $\qquad$ $2\frac{1}{5} = \frac{11}{5}$

$4\frac{3}{4} = \frac{19}{4}$ $\qquad$ $8\frac{1}{4} = \frac{33}{4}$

$4\frac{5}{8} = \frac{37}{8}$ $\qquad$ $3\frac{9}{10} = \frac{39}{10}$

Verwandle jetzt

a) $3\frac{2}{3}$, $\qquad$ b) $4\frac{7}{8}$ $\qquad$ und $\qquad$ c) $5\frac{3}{4}$

in unechte Brüche. Vergleiche Deine Ergebnisse mit Seite 162 B.

---

164 B
(von Seite 167 A)

Welche der drei Aufgaben hat als Ergebnis $105\frac{1}{6}$?

1. $32\frac{2}{3} + 16\frac{1}{2} + 14\frac{4}{5} + 43\frac{1}{5} = \ldots$ Seite 156 A

2. $42\frac{2}{3} + 35\frac{1}{6} + 27\frac{1}{2} = \ldots$ Seite 159 A

3. $12\frac{2}{5} + 34\frac{2}{3} + 22\frac{1}{2} + 35\frac{3}{5} = \ldots$ Seite 160 A

Dein Ergebnis ist richtig. Überprüfe noch einmal beide Lösungswege:

a) $2\frac{3}{8} + 2\frac{7}{8} + 2\frac{3}{4} = \frac{19}{8} + \frac{23}{8} + \frac{11}{4} = \frac{19 + 23 + 22}{8} = \frac{64}{8} = \underline{\underline{8}}$

b) $2\frac{3}{8} + 2\frac{7}{8} + 2\frac{3}{4} = 6 + \frac{3}{8} + \frac{7}{8} + \frac{3}{4} = 6 + \frac{3 + 7 + 6}{8} = 6 + \frac{16}{8} = \underline{\underline{8}}$

Schlage jetzt Seite 181 A auf. Dort findest Du noch einige Übungsaufgaben, damit Dir der zweite Weg noch geläufiger wird.

6

Welches Ergebnis hast Du?

104	Seite 162 A
$103\frac{5}{6}$	Seite 172 A
$103\frac{1}{2}$	Seite 176 B

Wenn Du ein anderes Ergebnis hast oder die Aufgabe nicht lösen konntest, schlage Seite 180 A auf.

166 A
(von Seite 174 B)

Du hast einen Fehler gemacht. Es wäre gut, wenn Du Deine Ergebnisse immer durch eine kurze Überschlagsrechnung selbst überprüftest. Du solltest rechnen:

$$4\frac{1}{2} + 5\frac{3}{4} = \ldots$$

Beim Überschlag wäre Dir bestimmt aufgefallen, daß die Summe der beiden ganzen Zahlen $4 + 5 = 9$ ist und daher auch die Summe aus $4\frac{1}{2}$ und $5\frac{3}{4}$ größer als 9 sein muß und nicht 8 sein kann.

Wahrscheinlich hast Du an einer Stelle einen Augenblick nicht aufgepaßt - und das rächt sich immer. Vergleiche einmal mit Deiner Rechnung: Die gemischten Zahlen

$$4\frac{1}{2} = \frac{9}{2} \quad \text{und} \quad 5\frac{3}{4} = \frac{23}{4}$$

hast Du beide richtig umgewandelt, nicht wahr? Aber nun hast Du einfach $9 + 23$ zusammengezählt und durch den zweiten Nenner (4) geteilt. Dabei hast Du vergessen, daß diese Brüche noch gar nicht auf den Hauptnenner gebracht waren.

Jetzt haben wir Dir den Weg gewiesen, und Du kannst die Rechnung allein beenden. Schlage dann wieder Seite 174 B auf.

(von Seite 175 B)

Gut so. Die erste Aufgabe war richtig. Vergleiche noch einmal Deine Rechnung:

1. $$70\frac{4}{5} + 18\frac{1}{2} = 88 + \frac{4}{5} + \frac{1}{2} = 88 + \frac{8+5}{10} = 88 + \frac{13}{10}$$
$$= 88 + 1\frac{3}{10} = \underline{\underline{89\frac{3}{10}}}$$

Hier sind auch die richtigen Ergebnisse der beiden anderen Aufgaben von Seite 175 B:

2. $$25\frac{6}{7} + 43\frac{1}{2} = 68 + \frac{6}{7} + \frac{1}{2} = 68 + \frac{12+7}{14} = 68 + \frac{19}{14}$$
$$= 68 + 1\frac{5}{14} = \underline{\underline{69\frac{5}{14}}}$$

3. $$62\frac{2}{5} + 34\frac{3}{10} = 96 + \frac{2}{5} + \frac{3}{10} = 96 + \frac{4+3}{10} = \underline{\underline{96\frac{7}{10}}}$$

Die nächste Aufgabe ist etwas schwerer. Rechne sie zunächst in Deinem Heft und vergleiche dann erst den Lösungsweg:

$$345\frac{15}{16} + 28\frac{3}{4} + 106\frac{7}{8} = \dots$$

$$= 479 + \frac{15+12+14}{16} = 479 + \frac{41}{16} = 479 + 2\frac{9}{16} = \underline{\underline{481\frac{9}{16}}}$$

Nun rechne auch diese drei Aufgaben in Deinem Heft und vergleiche dann mit Seite 164 B.

1. $32\frac{2}{3} + 16\frac{1}{2} + 14\frac{4}{5} + 43\frac{1}{5} = \dots$

2. $42\frac{2}{3} + 35\frac{1}{6} + 27\frac{1}{2} = \dots$

3. $12\frac{2}{5} + 34\frac{2}{3} + 22\frac{1}{2} + 35\frac{3}{5} = \dots$

6

(von Seite 175 A)

Lösungen der Übungsaufgaben

1. $7\frac{3}{4} + 1\frac{1}{8} = \frac{31}{4} + \frac{9}{8} = \frac{62}{8} + \frac{9}{8} = \frac{71}{8} = 8\frac{7}{8}$

2. $2\frac{1}{2} + 8\frac{1}{5} = \frac{5}{2} + \frac{41}{5} = \frac{25}{10} + \frac{82}{10} = \frac{107}{10} = 10\frac{7}{10}$

3. $3\frac{1}{7} + 4\frac{1}{2} = \frac{22}{7} + \frac{9}{2} = \frac{44}{14} + \frac{63}{14} = \frac{107}{14} = 7\frac{9}{14}$

4. $4\frac{3}{4} + 1\frac{2}{3} = \frac{19}{4} + \frac{5}{3} = \frac{57}{12} + \frac{20}{12} = \frac{77}{12} = 6\frac{5}{12}$

5. $5\frac{1}{3} + 4\frac{4}{5} = \frac{16}{3} + \frac{24}{5} = \frac{80}{15} + \frac{72}{15} = \frac{152}{15} = 10\frac{2}{15}$

6. $4\frac{7}{8} + 7\frac{7}{8} = \frac{39}{8} + \frac{63}{8} = \frac{102}{8} = \frac{51}{4} = 12\frac{3}{4}$

7. $4\frac{8}{9} + 3\frac{1}{3} = \frac{44}{9} + \frac{10}{3} = \frac{44}{9} + \frac{30}{9} = \frac{74}{9} = 8\frac{2}{9}$

8. $3\frac{1}{16} + 1\frac{7}{8} = \frac{49}{16} + \frac{15}{8} = \frac{49}{16} + \frac{30}{16} = \frac{79}{16} = 4\frac{15}{16}$

9. $2\frac{4}{5} + 2\frac{3}{4} = \frac{14}{5} + \frac{11}{4} = \frac{56}{20} + \frac{55}{20} = \frac{111}{20} = 5\frac{11}{20}$

10. $5\frac{1}{2} + 2\frac{11}{16} = \frac{11}{2} + \frac{43}{16} = \frac{88}{16} + \frac{43}{16} = \frac{131}{16} = 8\frac{3}{16}$

Wenn Du mehr als zwei Fehler gemacht hast, solltest Du dieses Kapitel wiederholen. Schlage Seite 155 A auf.

Wenn Du zwei oder weniger Fehler gemacht hast, kann man Dir zu Deiner guten Arbeit gratulieren! Der nächste Teil dieses Kapitels beginnt gegenüber auf Seite 169 A.

P

(von Seite 168 A)

Der zweite Weg für das Zusammenzählen von gemischten Zahlen

Bisher haben wir gemischte Zahlen zusammengezählt, indem wir sie zunächst in unechte Brüche umwandelten und dann zusammenzählten (addierten). Es gibt noch einen anderen Weg: Man zählt erst die ganzen Zahlen für sich zusammen und dann die Brüche. Dieser Weg ist bei großen Zahlen viel bequemer; zum Beispiel:

$$365\frac{3}{8} + 129\frac{1}{8} = \ldots$$

Es wäre unpraktisch, diese großen Zahlen erst in unechte Brüche umzuwandeln. Darum zählen wir zunächst die ganzen Zahlen für sich zusammen, dann die Brüche.

$$365\frac{3}{8} + 129\frac{1}{8} = 365 + 129 + \frac{3}{8} + \frac{1}{8} = 494 + \frac{4}{8} = 494\frac{4}{8} = \underline{\underline{494\frac{1}{2}}}$$

Rechne ebenso die folgenden drei Aufgaben:

1. $272\frac{1}{6} + 103\frac{1}{6} = \ldots$

2. $35\frac{1}{4} + 10\frac{1}{4} = \ldots$

3. $208\frac{7}{10} + 102\frac{1}{10} = \ldots$

Schreibe die Ergebnisse in Dein Heft und vergleiche mit Seite 171 B.

6

170 A

(von Seite 175 B)

Du hast einen Fehler gemacht. Die 2. Aufgabe wird so gerechnet:

$$25\frac{6}{7} + 43\frac{1}{2} = 68 + \frac{6}{7} + \frac{1}{2} = 68 + \frac{12 + 7}{14}$$

$$= 68 + \frac{19}{14} = 68 + 1\frac{5}{14} = 69\frac{5}{14}$$

Du hast übersehen, daß von $1\frac{5}{14}$ die ganze Zahl 1 zu 68 hinzugefügt werden muß.

Prüfe jetzt noch einmal die Aufgaben 1 und 3 von Seite 175 B. Welche ist richtig gerechnet?

---

170 B

(von Seite 162 B)

Du hast falsch gerechnet. Die ganze Zahl 4 und der Zähler 7 können nicht einfach mir nichts - Dir nichts zusammengezählt werden. Du mußt zwischen beiden gut unterscheiden. Dann ist die Aufgabe ganz leicht:

Du solltest $4\frac{7}{8}$ in einen unechten Bruch umwandeln. Zunächst wandeln wir die Ganzen in Achtel um.

$$1 = \frac{8}{8}$$

Ein Ganzes besteht aus acht Achteln.

$$4 = \frac{4 \cdot 8}{8}$$

Vier Ganze bestehen aus vier mal acht Achteln, also aus 32 Achteln. Jetzt kommen noch $\frac{7}{8}$ hinzu:

$$4\frac{7}{8} = 4 + \frac{7}{8} = \frac{32}{8} + \frac{7}{8} = \ldots$$

Schreibe das Ergebnis in Dein Heft und schlage dann wieder Seite 162 B auf. Nun wirst Du sicher die richtige Gleichung herausfinden.

171 A
(von Seite 178 B)

Du mußt Dich irgendwo verrechnet haben. Vergleiche:

4. $1\frac{5}{6} + 3\frac{5}{6} = \frac{11}{6} + \frac{23}{6} = \frac{34}{6} = \frac{17}{3} = \underline{\underline{5\frac{2}{3}}}$

5. $4\frac{3}{4} + 2\frac{1}{8} = \frac{19}{4} + \frac{17}{8} = \frac{38}{8} + \frac{17}{8} = \frac{55}{8} = \underline{\underline{6\frac{7}{8}}}$

6. $2\frac{2}{5} + 5\frac{1}{2} = \frac{12}{5} + \frac{11}{2} = \frac{24}{10} + \frac{55}{10} = \frac{79}{10} = \underline{\underline{7\frac{9}{10}}}$

Schlage wieder Seite 178 B auf.

6

171 B
(von Seite 169 A)

Welche der folgenden drei Aufgaben ist richtig und völlig zu Ende gerechnet?

1. $272\frac{1}{6} + 103\frac{1}{6} = \underline{\underline{375\frac{1}{2}}}$ Seite 158 A

2. $35\frac{1}{4} + 10\frac{1}{4} = \underline{\underline{45\frac{1}{2}}}$ Seite 163 A

3. $208\frac{7}{10} + 102\frac{1}{10} = \underline{\underline{310\frac{8}{10}}}$ Seite 179 B

172 A

(von Seite 165 B)

Du hast richtig gerechnet:

$$75\frac{2}{3} + 28\frac{1}{6} = \underline{\underline{103\frac{5}{6}}}$$

Die Summe der ganzen Zahlen ist 103. Der Hauptnenner der beiden Brüche ist 6, und die Summe der beiden Brüche ist $\frac{5}{6}$. Also ist die ganze Summe $103\frac{5}{6}$.

In dem oben angeführten Beispiel ist die Summe der Brüche ein echter Bruch, d.h. kleiner als 1, und hat keinen Einfluß auf die ganze Zahl.

Besteht die Endsumme aber aus einer ganzen Zahl und einem unechten Bruch, dann muß dieser unechte Bruch noch in eine gemischte Zahl verwandelt und die ganzen Zahlen müssen noch einmal zusammengezählt (addiert) werden. Beispiel:

$$251\frac{3}{4} + 312\frac{5}{8} = 563 + \frac{3}{4} + \frac{5}{8} = 563 + \frac{6+5}{8}$$

$$= 563 + \frac{11}{8} = 563 + 1\frac{3}{8} = \underline{\underline{564\frac{3}{8}}}$$

Rechne ebenso die folgenden Aufgaben in Deinem Heft und vergleiche die Ergebnisse mit Seite 175 B.

1. $70\frac{4}{5} + 18\frac{1}{2}$ 2. $25\frac{6}{7} + 43\frac{1}{2}$ 3. $62\frac{2}{5} + 34\frac{3}{10}$

(von Seite 162 B)

Du hast richtig gerechnet: c) $5\frac{3}{4} = \frac{20}{4} + \frac{3}{4} = \underline{\underline{\frac{23}{4}}}$

Die richtigen Ergebnisse der beiden anderen Aufgaben sind:

a) $3\frac{2}{3} = \underline{\underline{\frac{11}{3}}}$ und b) $4\frac{7}{8} = \underline{\underline{\frac{39}{8}}}$

Für das Umwandeln von gemischten Zahlen in unechte Brüche merke Dir bitte folgende Regel:

1. Die ganze Zahl mit dem Nenner des Bruches malnehmen.
2. Den Zähler hinzufügen (addieren).
3. Die Summe als neuen Zähler über den Nenner setzen.

Beispiel: $8\frac{1}{4} = 8 + \frac{1}{4} = \frac{32}{4} + \frac{1}{4} = \underline{\underline{\frac{33}{4}}}$

Wenn Du diese drei Schritte behältst, wirst Du Dein Leben lang keine Schwierigkeiten mehr haben!

Der erste Weg für das Zusammenzählen von gemischten Zahlen

Nun aber weiter: Zwei echte Brüche zusammenzuzählen (zu addieren) hast Du ja bereits gelernt. Daher wird es Dir nun auch nicht schwerfallen, folgende Aufgabe zu lösen:

$$2\frac{1}{3} + 3\frac{1}{2} = \dots$$

1. Schritt: Umwandeln in unechte Brüche: $\frac{7}{3} + \frac{7}{2}$

2. Schritt: Hauptnenner suchen, gleichnamig machen und zusammenzählen: $\frac{14 + 21}{6} = \frac{35}{6}$

3. Schritt: In eine gemischte Zahl zurückverwandeln: $\frac{35}{6} = \underline{\underline{5\frac{5}{6}}}$

Kannst Du die folgende Aufgabe schon allein lösen?

$$4\frac{1}{2} + 5\frac{3}{4} = \dots$$

Rechne und vergleiche Dein Ergebnis mit Seite 174 B.

6

174 A

(von Seite 178 B)

Du hast sicherlich gemerkt, daß diese Aufgabe falsch war:

$$8.\quad 5\tfrac{3}{8} + 2\tfrac{1}{2} = \underline{\underline{7\tfrac{7}{8}}}, \quad \text{nicht} \quad 7\tfrac{7}{16}.$$

Hier sind noch einmal alle 9 Aufgaben vorgerechnet. Vergleiche sorgfältig mit Deinen Rechnungen:

$$1.\quad 2\tfrac{1}{3} + 5\tfrac{1}{4} = \frac{7}{3} + \frac{21}{4} = \frac{28}{12} + \frac{63}{12} = \frac{91}{12} = \underline{\underline{7\tfrac{7}{12}}}$$

$$2.\quad 3\tfrac{1}{2} + 6\tfrac{2}{3} = \frac{7}{2} + \frac{20}{3} = \frac{21}{6} + \frac{40}{6} = \frac{61}{6} = \underline{\underline{10\tfrac{1}{6}}}$$

$$3.\quad 4\tfrac{1}{5} + 1\tfrac{1}{2} = \frac{21}{5} + \frac{3}{2} = \frac{42}{10} + \frac{15}{10} = \frac{57}{10} = \underline{\underline{5\tfrac{7}{10}}}$$

$$4.\quad 1\tfrac{5}{6} + 3\tfrac{5}{6} = \frac{11}{6} + \frac{23}{6} = \frac{34}{6} = \frac{17}{3} = \underline{\underline{5\tfrac{2}{3}}}$$

$$5.\quad 4\tfrac{3}{4} + 2\tfrac{1}{8} = \frac{19}{4} + \frac{17}{8} = \frac{38}{8} + \frac{17}{8} = \frac{55}{8} = \underline{\underline{6\tfrac{7}{8}}}$$

$$6.\quad 2\tfrac{2}{5} + 5\tfrac{1}{2} = \frac{12}{5} + \frac{11}{2} = \frac{24}{10} + \frac{55}{10} = \frac{79}{10} = \underline{\underline{7\tfrac{9}{10}}}$$

$$7.\quad 3\tfrac{1}{3} + 3\tfrac{1}{6} = \frac{10}{3} + \frac{19}{6} = \frac{20}{6} + \frac{19}{6} = \frac{39}{6} = \frac{13}{2} = \underline{\underline{6\tfrac{1}{2}}}$$

$$8.\quad 5\tfrac{3}{8} + 2\tfrac{1}{2} = \frac{43}{8} + \frac{5}{2} = \frac{43}{8} + \frac{20}{8} = \frac{63}{8} = \underline{\underline{7\tfrac{7}{8}}}$$

$$9.\quad 3\tfrac{2}{3} + 1\tfrac{1}{5} = \frac{11}{3} + \frac{6}{5} = \frac{55}{15} + \frac{18}{15} = \frac{73}{15} = \underline{\underline{4\tfrac{13}{15}}}$$

Weiter geht es gegenüber auf Seite 175 A mit einigen Übungsaufgaben.

---

174 B

(von Seite 173 A)

$4\tfrac{1}{2} + 5\tfrac{3}{4} = \underline{\underline{8}}$ — Seite 166 A

$4\tfrac{1}{2} + 5\tfrac{3}{4} = \underline{\underline{10\tfrac{1}{4}}}$ — Seite 176 A

Ich habe ein anderes Ergebnis. — Seite 179 A

(von Seite 174 A)

Übungsaufgaben

Du hast nun den ersten Weg kennengelernt, gemischte Zahlen zusammenzuzählen. Prüfe Dich, ob Du das Erlernte wirklich sicher beherrschst, und rechne die folgenden zehn Aufgaben:

1. $7\frac{3}{4} + 1\frac{1}{8} = \ldots$
2. $2\frac{1}{2} + 8\frac{1}{5} = \ldots$
3. $3\frac{1}{7} + 4\frac{1}{2} = \ldots$
4. $4\frac{3}{4} + 1\frac{2}{3} = \ldots$
5. $5\frac{1}{3} + 4\frac{4}{5} = \ldots$
6. $4\frac{7}{8} + 7\frac{7}{8} = \ldots$
7. $4\frac{8}{9} + 3\frac{1}{3} = \ldots$
8. $3\frac{1}{16} + 1\frac{7}{8} = \ldots$
9. $2\frac{4}{5} + 2\frac{3}{4} = \ldots$
10. $5\frac{1}{2} + 2\frac{11}{16} = \ldots$

Wenn Du alle zehn Aufgaben gelöst hast, schlage Seite 168 A auf.

6

(von Seite 172 A)

Welches Ergebnis ist nach Deiner Meinung richtig?

1. $70\frac{4}{5} + 18\frac{1}{2} = 89\frac{3}{10}$ Seite 167 A
2. $25\frac{6}{7} + 43\frac{1}{2} = 68\frac{5}{14}$ Seite 170 A
3. $62\frac{2}{5} + 34\frac{3}{10} = 97\frac{7}{10}$ Seite 178 A

Kein Ergebnis ist richtig. Seite 180 B

176 A

(von Seite 174 B)

Du hast richtig gerechnet. Kontrolliere noch einmal den Lösungsweg:

$$4\frac{1}{2} + 5\frac{3}{4} = \frac{9}{2} + \frac{23}{4} = \frac{18 + 23}{4} = \frac{41}{4} = \underline{\underline{10\frac{1}{4}}}$$

Zur Übung rechne bitte folgende Aufgaben sorgfältig aus. Du wirst dann noch schneller und sicherer im Zusammenzählen gemischter Zahlen.

1. $2\frac{1}{3} + 5\frac{1}{4} = \ldots$
2. $3\frac{1}{2} + 6\frac{2}{3} = \ldots$
3. $4\frac{1}{5} + 1\frac{1}{2} = \ldots$
4. $1\frac{5}{6} + 3\frac{5}{6} = \ldots$
5. $4\frac{3}{4} + 2\frac{1}{8} = \ldots$
6. $2\frac{2}{5} + 5\frac{1}{2} = \ldots$
7. $3\frac{1}{3} + 3\frac{1}{6} = \ldots$
8. $5\frac{3}{8} + 2\frac{1}{2} = \ldots$
9. $3\frac{2}{3} + 1\frac{1}{5} = \ldots$

Wenn Du alle Aufgaben gerechnet hast, vergleiche bitte mit
Seite 178 B.

---

176 B

(von Seite 165 B)

Du hättest gleich bemerken müssen, daß bereits $\frac{2}{3}$ mehr als $\frac{1}{2}$ ist. Dann kann $\frac{2}{3} + \frac{1}{6}$ erst recht nicht $\frac{1}{2}$ sein!

Du hast nämlich einen Fehler beim Zusammenzählen oder beim Umwandeln der Brüche gemacht. Vergleiche:

$$75\frac{2}{3} + 28\frac{1}{6} = 103 + \frac{2}{3} + \frac{1}{6} = 103 + \frac{4 + 1}{6} = \ldots$$

Beende die Aufgabe und schlage dann Seite 172 A auf.

177 A

(von Seite 159 B)

Dein Ergebnis ist falsch. Es ist gut, wenn Du zur Selbstkontrolle auch den anderen Weg rechnest. Hier ist der Anfang der einen Rechnung:

$$2\frac{3}{8} + 2\frac{7}{8} + 2\frac{3}{4} = 6 + \frac{3}{8} + \frac{7}{8} + \frac{6}{8} = 6 + \frac{16}{8} = \ldots$$

Wenn das Ergebnis Deiner beiden Rechnungen übereinstimmt, schlage wieder Seite 159 B auf.

---

177 B

(von Seite 162 B)

6

Du mußt Dich geirrt haben, ein Ergebnis ist richtig. Rechne bitte sorgfältig alle drei Aufgaben nach und vergleiche noch einmal mit Seite 162 B.

Wenn Du sehr unsicher bist, wird es am besten sein, wenn Du Kapitel 2 wiederholst. Dort haben wir bereits die Umwandlung von unechten Brüchen in gemischte Zahlen geübt. Schlage also noch einmal Seite 53 A auf, bevor Du von neuem mit dem 6. Kapitel beginnst.

178 A

(von Seite 175 B)

Du hast die falsche Aufgabe herausgesucht. Hier ist das richtige Ergebnis von Aufgabe 3:

$$62\frac{2}{5} + 34\frac{3}{10} = 96 + \frac{2}{5} + \frac{3}{10} = 96 + \frac{4+3}{10} = \underline{\underline{96\frac{7}{10}}} \text{ und nicht } 97\frac{7}{10}.$$

Du siehst: Beim Zusammenzählen der beiden Brüche entsteht hier ein echter Bruch. Du hast in Gedanken wahrscheinlich nicht $\frac{7}{10}$, sondern $1\frac{7}{10}$ hinzugezählt, weil wir soeben von unechten Brüchen bzw. gemischten Zahlen gesprochen hatten. Aber laß Dich dadurch nicht verwirren!

Prüfe jetzt noch einmal die Aufgaben 1 und 2 auf Seite 175 B. Welche ist richtig gerechnet?

---

178 B

(von Seite 176 A)

Vergleiche Deine Ergebnisse. Wo steckt ein Fehler?

1. $2\frac{1}{3} + 5\frac{1}{4} = \underline{\underline{7\frac{7}{12}}}$ 2. $3\frac{1}{2} + 6\frac{2}{3} = \underline{\underline{10\frac{1}{6}}}$ 3. $4\frac{1}{5} + 1\frac{1}{2} = \underline{\underline{5\frac{7}{10}}}$

Wenn Du meinst, daß hier ein Ergebnis falsch ist, schlage Seite 157 B auf.

4. $1\frac{5}{6} + 3\frac{5}{6} = \underline{\underline{5\frac{2}{3}}}$ 5. $4\frac{3}{4} + 2\frac{1}{8} = \underline{\underline{6\frac{7}{8}}}$ 6. $2\frac{2}{5} + 5\frac{1}{2} = \underline{\underline{7\frac{9}{10}}}$

Wenn Du meinst, daß hier ein Ergebnis falsch ist, schlage Seite 171 A auf.

7. $3\frac{1}{3} + 3\frac{1}{6} = \underline{\underline{6\frac{1}{2}}}$ 8. $5\frac{3}{8} + 2\frac{1}{2} = \underline{\underline{7\frac{7}{16}}}$ 9. $3\frac{2}{3} + 1\frac{1}{5} = \underline{\underline{4\frac{13}{15}}}$

Wenn Du meinst, daß hier ein Ergebnis falsch ist, schlage Seite 174 A auf.

179 A
(von Seite 174 B)

Du hast irgendwo einen Fehler gemacht. Vergleiche Deine Rechnung:

$$4\frac{1}{2} + 5\frac{3}{4} = \frac{9}{2} + \frac{23}{4} = \frac{18 + 23}{4} = \frac{41}{4} = \ldots$$

Nun mußt Du 41 durch 4 teilen. Es geht 10 mal. Der Rest ist 1. Und 1 geteilt durch 4? Steckt hier vielleicht Dein Fehler?

Schlage wieder Seite 174 B auf und finde die richtige Gleichung heraus.

---

179 B
(von Seite 171 B)

6

Du hast Dich geirrt. In der Aufgabe, die Du herausgesucht hast, steckt zwar kein rechnerischer Fehler, aber das Ergebnis $310\frac{8}{10}$ kann noch vereinfacht werden. Kürze den Bruch $\frac{8}{10}$ durch 2:

$$310\frac{8}{10} = 310\frac{4}{5}$$

Schlage wieder Seite 171 B auf und suche die Aufgabe mit dem richtigen Ergebnis heraus.

180 A

(von Seite 165 B)

Solltest Du vergessen haben, wie man den Hauptnenner von zwei oder mehreren Brüchen findet, so ist es gut, wenn Du das Kapitel 4 noch einmal durcharbeitest, bevor Du wieder auf Seite 169 A beginnst. Schlage Seite 110 A auf.

Wenn Du ein anderes Ergebnis hast, vergleiche Deine Rechnung mit dieser hier:

$$75\frac{2}{3} + 28\frac{1}{6} = 75 + 28 + \frac{2}{3} + \frac{1}{6} = 103 + \frac{4}{6} + \frac{1}{6} = \ldots$$

Beende die Aufgabe und schlage dann Seite 172 A auf.

---

180 B

(von Seite 175 B)

Du mußt Dich verrechnet haben, denn eines der genannten Ergebnisse ist richtig. Rechne noch einmal alle drei Aufgaben durch und vergleiche dann erneut mit Seite 175 B.

(von Seite 165 A)

Übungsaufgaben

Das Zusammenzählen (Addieren) von gemischten Zahlen.

1. $13\frac{1}{2} + 25\frac{1}{5} + 16\frac{3}{5} = \ldots$

2. $24\frac{1}{2} + 30\frac{3}{4} + 12\frac{5}{8} = \ldots$

3. $8\frac{1}{4} + 7\frac{2}{3} + 4\frac{1}{2} + 2\frac{1}{6} = \ldots$

4. $322\frac{3}{7} + 153\frac{5}{7} + 246\frac{6}{7} = \ldots$

Schreibe diese Aufgaben in Dein Heft und rechne sie auf die zweite Art. Vergleiche die Ergebnisse mit Seite 184 A.

6

(von Seite 159 B)

Nein, Dein Ergebnis ist falsch. Überprüfe noch einmal Deine Rechnung:

$$2\frac{3}{8} + 2\frac{7}{8} + 2\frac{3}{4} = \frac{19}{8} + \frac{23}{8} + \frac{11}{4} = \frac{19 + 23 + 22}{8} = \ldots$$

Rechne die Aufgabe zu Ende und löse sie auch noch auf die andere Art, dann hast Du gleich eine Kontrolle. Danach schlage wieder Seite 159 B auf.

(von Seite 184 A)

Prüfungsaufgaben

Rechne alle Aufgaben nach dem zweiten Weg:

1. $22\frac{2}{3} + 15\frac{2}{3} + 16\frac{1}{6} = \ldots$

2. $15\frac{1}{2} + 34\frac{1}{3} + 22\frac{4}{9} = \ldots$

3. $30\frac{2}{3} + 20\frac{1}{2} + 40\frac{5}{6} = \ldots$

4. $25\frac{1}{2} + 39\frac{2}{5} + 35\frac{1}{10} = \ldots$

5. $8\frac{3}{4} + 3\frac{1}{3} + 6\frac{1}{2} = \ldots$

6. $23\frac{1}{3} + 42\frac{5}{6} + 12\frac{1}{2} + 15\frac{2}{3} = \ldots$

7. $31\frac{4}{5} + 22\frac{2}{3} + 16\frac{1}{5} = \ldots$

8. $20\frac{1}{6} + 14\frac{7}{8} + 12\frac{2}{3} + 10\frac{3}{4} = \ldots$

Überprüfe zum Schluß alle Ergebnisse daraufhin, ob Du noch kürzen kannst.

Jetzt hast Du fast die Hälfte des Programms geschafft. Wir gratulieren Dir zu diesem Erfolg. Bevor Du mit dem nächsten Kapitel auf Seite 185 A beginnst, solltest Du eine Pause einlegen.

P

183 A

(von Seite 159 B)

Du mußt Dich verrechnet haben, vergleiche bitte:

$$2\frac{3}{8} + 2\frac{7}{8} + 2\frac{3}{4} = \frac{19}{8} + \frac{23}{8} + \frac{11}{4} = \frac{19 + 23 + 22}{8} = \ldots$$

Rechne die Aufgabe zu Ende und löse sie auch noch auf die andere Art; dann hast Du gleich eine Kontrolle. Anschließend suche auf Seite 159 B die richtige Antwort heraus.

---

183 B

(von Seite 156 B)

Im Kapitel 2 hatten wir bereits die Umwandlung von unechten Brüchen in gemischte Zahlen geübt. Es wird wohl am besten sein, wenn Du noch einmal Seite 53 A aufschlägst, bevor Du von neuem mit Kapitel 6 beginnst. Denn sonst hast Du bei diesem Kapitel ständig Schwierigkeiten und ärgerst Dich unnütz darüber.

(von Seite 181 A)

Ergebnisse der Übungsaufgaben

1. $13\frac{1}{2} + 25\frac{1}{5} + 16\frac{3}{5} = 54 + \frac{1}{2} + \frac{1}{5} + \frac{3}{5} = 54 + \frac{5+2+6}{10}$

$= 54 + \frac{13}{10} = \underline{\underline{55\frac{3}{10}}}$

2. $24\frac{1}{2} + 30\frac{3}{4} + 12\frac{5}{8} = 66 + \frac{1}{2} + \frac{3}{4} + \frac{5}{8} = 66 + \frac{4+6+5}{8}$

$= 66 + \frac{15}{8} = \underline{\underline{67\frac{7}{8}}}$

3. $8\frac{1}{4} + 7\frac{2}{3} + 4\frac{1}{2} + 2\frac{1}{6} = 21 + \frac{1}{4} + \frac{2}{3} + \frac{1}{2} + \frac{1}{6}$

$= 21 + \frac{3+8+6+2}{12} = 21 + \frac{19}{12} = \underline{\underline{22\frac{7}{12}}}$

4. $322\frac{3}{7} + 153\frac{5}{7} + 246\frac{6}{7} = 721 + \frac{3+5+6}{7} = 721 + \frac{14}{7} = \underline{\underline{723}}$

Hoffentlich hattest Du alle Aufgaben richtig gerechnet. Wenn Du das Gefühl hast, daß der zweite Weg noch nicht ganz "sitzt", dann wiederhole von Seite 169 A an.

Bist Du aber sicher, daß Du alles verstanden hast, dann packe mutig die Prüfungsaufgaben auf Seite 182 A an.

7 Das Abziehen (die Subtraktion) von Brüchen

In drei Kapiteln hast Du das Zusammenzählen (die Addition) von echten Brüchen und gemischten Zahlen gelernt. Du wirst sehen, daß es Dir nach dieser gründlichen Vorarbeit keine Schwierigkeiten macht, Brüche abzuziehen (zu subtrahieren). Du bist sicherlich gespannt darauf, jetzt diese Rechnungsart kennenzulernen. Aber vorher müssen wir erst noch gemeinsam eine grundsätzliche Frage klären.

Du weißt schon lange, daß es beim Zusammenzählen (bei der Addition) nicht auf die Reihenfolge der Zahlen (Summanden) ankommt. Beispiele:

$8 + 3 = 3 + 8$ $\qquad 7 + 265 = 265 + 7$ $\qquad 23 + 1204 = 1204 + 23$

Dies gilt nicht nur für ganze Zahlen, sondern auch für Brüche:

$\frac{2}{5} + \frac{3}{5} = \frac{3}{5} + \frac{2}{5}$ $\qquad \frac{3}{4} + \frac{1}{3} = \frac{1}{3} + \frac{3}{4}$ $\qquad 7\frac{1}{2} + 12\frac{3}{4} = 12\frac{3}{4} + 7\frac{1}{2}$

Anders ist es beim Abziehen (Subtrahieren); hier darfst Du niemals die beiden Zahlen miteinander vertauschen:

8 - 3 ist nicht gleich 3 - 8

Um nicht immer "ist nicht gleich" ausschreiben zu müssen, verwenden wir als Abkürzung ein schräg durchgestrichenes Gleichheitszeichen: $\neq$ Beispiele:

$8 - 3 \neq 3 - 8$ $\qquad \frac{3}{4} - \frac{1}{3} \neq \frac{1}{3} - \frac{3}{4}$ $\qquad 12\frac{3}{4} - 7\frac{1}{2} \neq 7\frac{1}{2} - 12\frac{3}{4}$

Außerdem hast Du bisher noch nicht gelernt, eine größere Zahl von einer kleineren abzuziehen. Aufgaben wie 3 - 8 kannst Du vorläufig noch gar nicht rechnen. Du wirst später lernen, wie man mit Zahlen rechnen kann, die kleiner als Null sind.

Nach dieser Einleitung schlage bitte Seite 186 A auf.

(von Seite 185 A)

Das Abziehen von Brüchen mit gleichen Nennern

Du wirst sehen, daß diese Aufgabenart besonders einfach ist. Wir zeigen es Dir an zwei Beispielen:

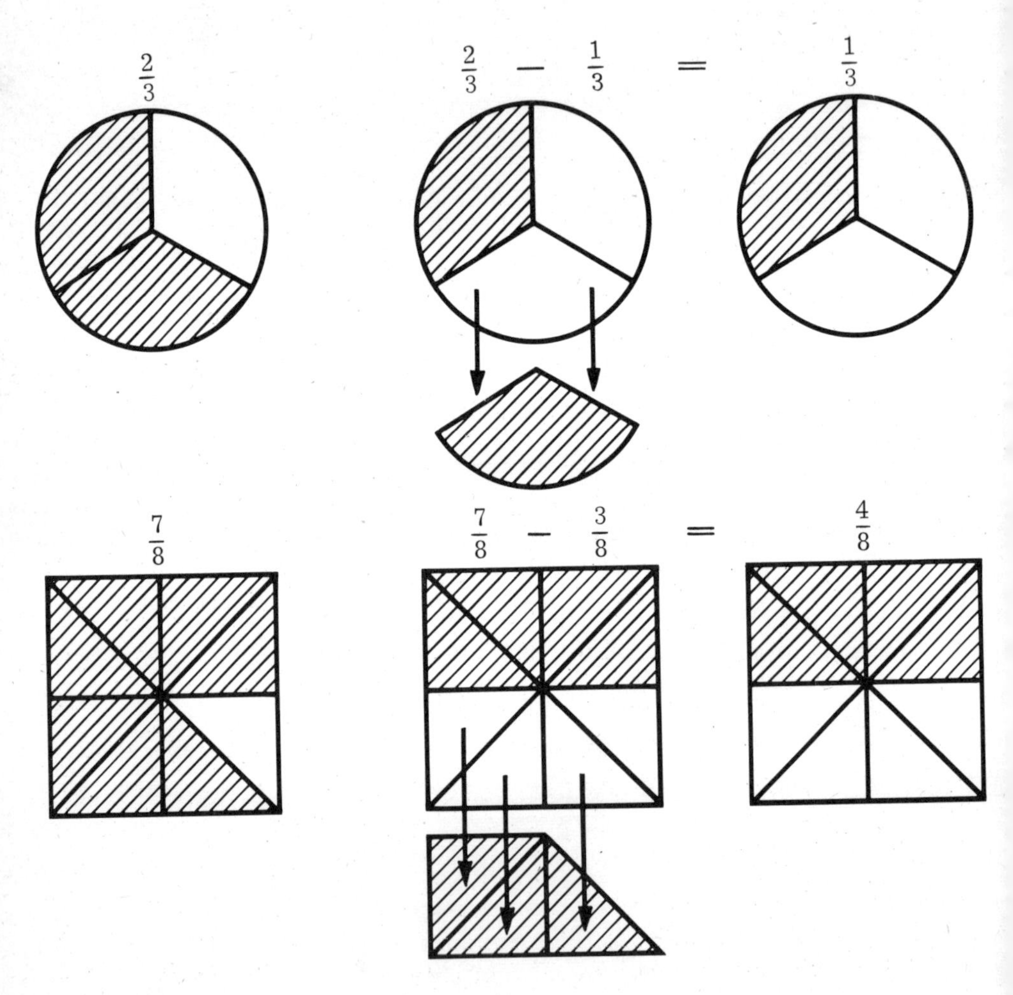

Als Zahlenrechnung sehen diese beiden Aufgaben so aus:

$$\frac{2}{3} - \frac{1}{3} = \frac{2-1}{3} = \underline{\underline{\frac{1}{3}}} \quad \text{und} \quad \frac{7}{8} - \frac{3}{8} = \frac{7-3}{8} = \underline{\underline{\frac{4}{8}}}$$

Lies jetzt bitte gegenüber auf Seite 187 A weiter.

187 A

(von Seite 186 A)

Kann man das Ergebnis $\frac{4}{8}$ der letzten Aufgabe noch vereinfachen? (Vergleiche mit der Zeichnung!)

Wenn Du meinst, daß $\frac{4}{8}$ die einfachste Schreibweise ist, dann schlage Seite 189 A auf.

Wenn Du meinst, daß sich $\frac{4}{8}$ noch vereinfachen läßt, dann schlage Seite 191 A auf.

---

187 B

(von Seite 195 B)

7

Das ist leider falsch, $135\frac{1}{10}$ ist nicht die Lösung von Aufgabe 1. Wir rechnen gemeinsam:

1. $489\frac{4}{5} - 354\frac{1}{2} = 135\frac{3}{10}$

Nebenrechnung: $\frac{4}{5} - \frac{1}{2} = \frac{8}{10} - \frac{5}{10} = \frac{3}{10}$

Rechne jetzt die Aufgaben 2 und 3 noch einmal und schlage dann wieder Seite 195 B auf.

188 A

(von Seite 192 A)

Du hast nicht richtig gerechnet. $\frac{4}{5} - \frac{1}{2}$ ist nicht $1\frac{3}{10}$. Du hast nicht abgezogen, sondern zusammengezählt.

Du mußtest am Ergebnis $1\frac{3}{10}$ gleich sehen, daß dies nicht richtig sein kann. Wenn Du von einer Zahl, die kleiner als Eins ist ($\frac{4}{5}$ nämlich), noch etwas abziehst, dann kann das Ergebnis sicherlich nicht größer als Eins sein.

Sieh Dir die Aufgabe noch einmal an:

$\frac{4}{5} - \frac{1}{2} = \ldots$ Wie heißt der Hauptnenner?

Berichtige Deinen Fehler und schlage dann Seite 195 A auf.

---

188 B

(von Seite 200 A)

Nein, das Ergebnis $7\frac{7}{10}$ ist richtig. Sieh Dir bitte einmal den Lösungsweg von Aufgabe 2 an. Für die Zahl 10 schreiben wir den Scheinbruch $\frac{10}{1}$, und $2\frac{3}{10}$ wandeln wir in $\frac{23}{10}$ um:

$$10 - 2\frac{3}{10} = \frac{10}{1} - \frac{23}{10} = \ldots$$

H	Der Hauptnenner von 1 und 10 ist 10.
E	Erweitere $\frac{10}{1}$ mit 10: $\frac{10}{1} = \frac{100}{10}$
R	Rechne: $\frac{100}{10} - \frac{23}{10} = \frac{100 - 23}{10} = \frac{77}{10}$
K	Kürzen ist in dieser Aufgabe nicht möglich.
U	Zum Schluß werden $\frac{77}{10}$ in $7\frac{7}{10}$ umgewandelt.

Nun vergleiche Aufgabe 1 und 3 mit den Ergebnissen auf Seite 200 A.

(von Seite 187 A)

Du meinst, $\frac{4}{8}$ ließe sich nicht vereinfachen. Erinnerst Du Dich noch an die letzten Kapitel, in denen wir das Kürzen geübt haben? Überlege einmal, ob Du nicht kürzen kannst. Sowohl der Zähler (4) als auch der Nenner (8) lassen sich durch eine gemeinsame Zahl teilen:

$$\frac{4}{8} = \frac{4 : 4}{8 : 4} = \dots$$

Rechne die Aufgabe in Deinem Heft zu Ende.

Hier findest Du einige Brüche, die sich nicht kürzen lassen:

$$\frac{2}{9} \qquad \frac{3}{5} \qquad \frac{9}{10} \qquad \frac{1}{2} \qquad \frac{2}{3} \qquad \frac{4}{5}$$

Nun folgen einige Brüche, die man noch durch Kürzen vereinfachen kann:

$$\frac{6}{8} = \frac{3}{4} \qquad \frac{3}{15} = \frac{1}{5} \qquad \frac{9}{12} = \frac{3}{\dots} \qquad \frac{4}{10} = \frac{\dots}{\dots}$$

Jetzt geht es auf Seite 191 A weiter.

7

190 A

(von Seite 205 A)

Du hast nicht sorgfältig genug nachgerechnet. Ein Ergebnis ist falsch. Erinnere Dich, daß Du beim Kürzen Zähler und Nenner durch die gleiche Zahl teilen mußt. Schlage noch einmal Seite 201 A auf und suche dort die fehlerhafte Lösung.

---

190 B

(von Seite 201 B)

Du meinst, daß $38\frac{1}{4} = 37\frac{4}{4}$ ist? Das ist nicht richtig, denn

$37\frac{4}{4}$ ist gleich 38 und nicht $38\frac{1}{4}$.

Sieh Dir einmal genau einige Umwandlungen dieser Art an. Denke immer daran, daß der Wert der Zahl nicht geändert werden darf.

$$25\frac{3}{5} = 24\frac{8}{5} \qquad 7\frac{4}{5} = 6\frac{9}{5}$$

$$37\frac{1}{2} = 36\frac{3}{2} \qquad 100\frac{3}{8} = 99\frac{11}{8}$$

$$40\frac{2}{3} = 39\frac{5}{3} \qquad 113\frac{5}{6} = 112\frac{11}{6}$$

Nun wirst Du auf Seite 201 B sicher die richtige Antwort finden.

(von Seite 187 A)

Du hast richtig überlegt; man kann $\frac{4}{8}$ durch Kürzen vereinfachen. Sowohl der Zähler (4) als auch der Nenner (8) lassen sich durch den gemeinsamen Teiler (4) teilen. Das Ergebnis heißt $\frac{1}{2}$.

Das Abziehen von Brüchen mit verschiedenen Nennern

Nun wollen wir das Abziehen (Subtrahieren) von Brüchen üben, deren Nenner verschieden sind. Beispiel:

$$\frac{5}{6} - \frac{7}{18} = \ldots$$

Wir können auch hier die HERKUles-Regel anwenden:

H Der Hauptnenner von 6 und 18 ist 18.

E Wir erweitern $\frac{5}{6}$ mit 3: $\frac{5}{6} = \frac{15}{18}$

R Wir rechnen: $\frac{15}{18} - \frac{7}{18} = \frac{15 - 7}{18} = \frac{8}{18}$

K Jetzt müssen wir durch 2 kürzen: $\frac{8}{18} = \frac{4}{9}$

U Das Ergebnis ist ein echter Bruch und muß daher nicht umgewandelt werden.

Zusammengefaßt sieht diese Aufgabe so aus:

$$\frac{5}{6} - \frac{7}{18} = \frac{15}{18} - \frac{7}{18} = \frac{15 - 7}{18} = \frac{8}{18} = \underline{\underline{\frac{4}{9}}}$$

Wir zeigen Dir noch ein Beispiel:

$$\frac{2}{3} - \frac{1}{4} = \frac{8}{12} - \frac{3}{12} = \frac{8 - 3}{12} = \underline{\underline{\frac{5}{12}}}$$

Rechne jetzt die Aufgabe

$$\frac{4}{5} - \frac{1}{2} = \ldots$$

in Deinem Heft und vergleiche dann Dein Ergebnis mit Seite 192 A.

7

192 A

(von Seite 191 A)

Welches Ergebnis hast Du gefunden?

$\frac{4}{5} - \frac{1}{2} = 1\frac{3}{10}$ Schlage Seite 188 A auf.

$\frac{4}{5} - \frac{1}{2} = \frac{3}{10}$ Schlage Seite 195 A auf.

Wenn Du ein anderes Ergebnis hast oder die Aufgabe nicht lösen kannst, schlage Seite 203 A auf.

---

192 B

(von Seite 200 A)

Richtig. Du hast den Fehler entdeckt; die Lösung der Aufgabe 1 ist nicht $2\frac{1}{15}$.

Hier sind noch einmal die Aufgaben 1 bis 3 ausführlich vorgerechnet:

1. $2\frac{1}{5} - \frac{2}{3} = \frac{11}{5} - \frac{2}{3} = \frac{33}{15} - \frac{10}{15} = \frac{23}{15} = 1\frac{8}{15}$ (nicht $2\frac{1}{15}$)

2. $10 - 2\frac{3}{10} = \frac{100}{10} - \frac{23}{10} = \frac{77}{10} = 7\frac{7}{10}$

3. $3\frac{1}{4} - 2\frac{5}{8} = \frac{13}{4} - \frac{21}{8} = \frac{26}{8} - \frac{21}{8} = \frac{5}{8}$

Vergleiche sicherheitshalber auch noch die Aufgaben 4 bis 6:

4. $3\frac{2}{3} - 3\frac{1}{4} = \frac{11}{3} - \frac{13}{4} = \frac{44}{12} - \frac{39}{12} = \frac{5}{12}$

5. $5\frac{1}{2} - 1\frac{2}{3} = \frac{11}{2} - \frac{5}{3} = \frac{33}{6} - \frac{10}{6} = \frac{23}{6} = 3\frac{5}{6}$

6. $2\frac{7}{10} - 2\frac{1}{2} = \frac{27}{10} - \frac{5}{2} = \frac{27}{10} - \frac{25}{10} = \frac{2}{10} = \frac{1}{5}$

Weiter geht es gegenüber auf Seite 193 A.

P

(von Seite 192 B)

Das Abziehen von großen gemischten Zahlen

Bei der zweiten Art von Aufgaben, die wir lösen wollen, handelt es sich um große Zahlen. Wie Du bereits weißt, ist es dann nicht ratsam, die gemischten Zahlen in unechte Brüche umzuwandeln. Am bequemsten ist es, wenn Du zuerst die ganzen Zahlen voneinander abziehst (subtrahierst) und danach (in einer Nebenrechnung) die Brüche. Wir zeigen es Dir einmal:

1. Schritt:

$$\begin{array}{r} 326\frac{2}{3} \\ -\ 104\frac{1}{4} \\ \hline 222\frac{5}{12} \end{array}$$

2. Schritt: (Nebenrechnung)

$$\frac{2}{3} - \frac{1}{4} = \frac{8}{12} - \frac{3}{12} = \frac{5}{12}$$

1. Schritt: Du ziehst zunächst 104 von 326 ab:

$$\begin{array}{r} 326 \\ -\ 104 \\ \hline 222 \end{array}$$

2. Schritt: Du rechnest dann $\frac{2}{3} - \frac{1}{4} = \frac{5}{12}$.

Das Ergebnis heißt $222\frac{5}{12}$.

Rechne nun diese Aufgaben ebenso in Deinem Heft:

1. $\begin{array}{r} 489\frac{4}{5} \\ -\ 354\frac{1}{2} \\ \hline \end{array}$

2. $\begin{array}{r} 375\frac{1}{2} \\ -\ 240\frac{2}{5} \\ \hline \end{array}$

3. $\begin{array}{r} 378\frac{7}{10} \\ -\ 243\frac{1}{2} \\ \hline \end{array}$

Wenn Du alle Aufgaben gelöst hast, schlage Seite 195 B auf.

194 A
(von Seite 199 A

Du hast Dich geirrt. Du solltest den Lösungsweg finden, der einen Rechenfehler enthält. Die 1. Rechnung war aber fehlerfrei.

Vergleiche jetzt auf Seite 199 A beide Rechnungen, bis Du eine Abweichung findest. Dort muß der Fehler sein.

---

194 B
(von Seite 197 A)

Du hast also verstanden, daß $28\frac{1}{3} = 27\frac{4}{3}$ ist. Jetzt können wir die Aufgabe bequem zu Ende rechnen:

$$\begin{array}{r} 27\frac{4}{3} \\ -\ 16\frac{2}{3} \\ \hline 11\frac{2}{3} \\ \hline\hline \end{array}$$

Schau Dir jetzt diese Aufgabe an:

$$\begin{array}{r} 38\frac{1}{4} \\ -\ 12\frac{3}{4} \\ \hline \end{array}$$

In welche gleichwertige Zahl mußt Du $38\frac{1}{4}$ umwandeln, um die Aufgabe rechnen zu können?

Wenn Du Deine Antwort aufgeschrieben hast, vergleiche mit Seite 201 B.

(von Seite 192 A)

So ist es richtig:

$$\frac{4}{5} - \frac{1}{2} = \frac{8}{10} - \frac{5}{10} = \frac{8-5}{10} = \underline{\underline{\frac{3}{10}}}$$

Jetzt rechne bitte gleich einige

Übungsaufgaben

1. $\frac{8}{9} - \frac{1}{6} = \ldots$

2. $\frac{9}{4} - \frac{5}{16} = \ldots$

3. $\frac{4}{5} - \frac{8}{15} = \ldots$

4. $\frac{4}{10} - \frac{1}{15} = \ldots$

5. $\frac{11}{3} - \frac{3}{4} = \ldots$

7

Rechne auch diese Übungsaufgaben in Deinem Heft. Prüfe zum Schluß bei allen Ergebnissen, ob Du noch kürzen kannst. Wenn Du als Ergebnis einen unechten Bruch erhältst, sollst Du ihn noch in eine gemischte Zahl verwandeln. Dann vergleiche mit Seite 198 B.

(von Seite 193 A)

Eine von den drei Aufgaben hat als Ergebnis $135\frac{1}{10}$. Welche ist es?

1. $489\frac{4}{5} - 354\frac{1}{2} = 135\frac{1}{10}$ — Seite 187 B

2. $375\frac{1}{2} - 240\frac{2}{5} = 135\frac{1}{10}$ — Seite 196 A

3. $378\frac{7}{10} - 243\frac{1}{2} = 135\frac{1}{10}$ — Seite 198 A

(von Seite 195 B)

Richtig, Aufgabe 2 hat als Lösung $135\frac{1}{10}$.

2. $375\frac{1}{2} - 240\frac{2}{5} = 135\frac{1}{10}$

Nebenrechnung: $\frac{1}{2} - \frac{2}{5} = \frac{5}{10} - \frac{4}{10} = \frac{1}{10}$

Hier sind noch die Lösungen der beiden anderen Aufgaben:

1. $489\frac{4}{5} - 354\frac{1}{2} = 135\frac{3}{10}$

Nebenrechnung: $\frac{4}{5} - \frac{1}{2} = \frac{8}{10} - \frac{5}{10} = \frac{3}{10}$

3. $378\frac{7}{10} - 243\frac{1}{2} = 135\frac{1}{5}$

Nebenrechnung: $\frac{7}{10} - \frac{1}{2} = \frac{7}{10} - \frac{5}{10} = \frac{2}{10} = \frac{1}{5}$

Hattest Du diese beiden Ergebnisse auch gefunden?

Lies jetzt gegenüber auf Seite 197 A weiter!

(von Seite 196 A)

Wir wenden uns nun einer neuen Aufgabenart zu, die uns bisher noch nicht begegnet ist:

$$\begin{array}{r} 28\frac{1}{3} \\ -\ 16\frac{2}{3} \\ \hline \end{array}$$

Es ist sicher möglich, $16\frac{2}{3}$ von $28\frac{1}{3}$ abzuziehen, denn $16\frac{2}{3}$ ist kleiner als $28\frac{1}{3}$. Haben wir aber schon jemals $\frac{2}{3}$ von $\frac{1}{3}$ abgezogen? Nein! Um diese Aufgabe lösen zu können, müssen wir einen der 28 Einer in Drittel umwandeln. Wir zeigen es Dir:

$$28\frac{1}{3} = 28 + \frac{1}{3} = (27 + 1) + \frac{1}{3} = (27 + \frac{3}{3}) + \frac{1}{3} = 27 + (\frac{3}{3} + \frac{1}{3}) =$$

$$27 + \frac{4}{3} = \underline{\underline{27\frac{4}{3}}}$$

Also ist $28\frac{1}{3} = 27\frac{4}{3}$.

Die Aufgabe $\begin{array}{r} 28\frac{1}{3} \\ -\ 16\frac{2}{3} \\ \hline \end{array}$ kannst Du daher in der Form $\begin{array}{r} 27\frac{4}{3} \\ -\ 16\frac{2}{3} \\ \hline \end{array}$ schreiben.

Nun sei ganz ehrlich:

Ich habe bereits verstanden, wie man $28\frac{1}{3}$ umwandeln muß, so daß ich die Subtraktionsaufgabe rechnen kann. Seite 194 B

Mir ist es noch nicht ganz klar. Seite 206 A

198 A

(von Seite 195 B)

Das ist leider falsch, $135\frac{1}{10}$ ist nicht die Lösung von Aufgabe 3. Wir rechnen gemeinsam:

$$\begin{array}{r} 378\frac{7}{10} \\ -\ 243\frac{1}{2} \\ \hline 135\frac{1}{5} \end{array}$$

Nebenrechnung: $\frac{7}{10} - \frac{1}{2} = \frac{7}{10} - \frac{5}{10} = \frac{2}{10} = \frac{1}{5}$

Rechne jetzt die Aufgaben 1 und 2 noch einmal und schlage dann wieder Seite 195 B auf.

---

198 B

(von Seite 195 A)

Vergleiche Deine Rechnungen:

1. $\frac{8}{9} - \frac{1}{6} = \frac{16}{18} - \frac{3}{18} = \frac{13}{18}$
2. $\frac{9}{4} - \frac{5}{16} = \frac{36}{16} - \frac{5}{16} = \frac{31}{16} = 1\frac{15}{16}$
3. $\frac{4}{5} - \frac{8}{15} = \frac{12}{15} - \frac{8}{15} = \frac{4}{15}$
4. $\frac{4}{10} - \frac{1}{15} = \frac{12}{30} - \frac{2}{30} = \frac{10}{30} = \frac{1}{3}$
5. $\frac{11}{3} - \frac{3}{4} = \frac{44}{12} - \frac{9}{12} = \frac{35}{12} = 2\frac{11}{12}$

Wenn Du Fehler gemacht hast, sollst Du auf Seite 186 A noch einmal von vorn beginnen. Ist Deine Arbeit fehlerfrei, arbeite bitte gegenüber auf Seite 199 A weiter.

P

(von Seite 198 B)

Das Abziehen von gemischten Zahlen

Gemischte Zahlen werden genauso voneinander abgezogen (subtrahiert), wie Du es für das Zusammenzählen (Addieren) gelernt hast. Im Kapitel 6 hast Du gelernt, daß man kleine gemischte Zahlen am vorteilhaftesten in unechte Brüche umwandelt. Beispiel:

$$2\frac{7}{8} + 1\frac{3}{8} = \frac{23}{8} + \frac{11}{8} = \frac{34}{8} = \frac{17}{4} = 4\frac{1}{4}$$

Ganz ähnlich werden auch gemischte Zahlen abgezogen (subtrahiert):

$$2\frac{7}{8} - 1\frac{3}{8} = \frac{23}{8} - \frac{11}{8} = \frac{23-11}{8} = \frac{12}{8} = \frac{3}{2} = 1\frac{1}{2}$$

Also ist $2\frac{7}{8} - 1\frac{3}{8} = 1\frac{1}{2}$.

Wir wollen jetzt gemeinsam die Aufgabe

$$3\frac{1}{3} - 2\frac{1}{2} = \ldots$$

ansehen. Zweimal wird sie Dir vorgerechnet, aber nur einmal ist die Rechnung fehlerfrei. Suche den Fehler!

1. $3\frac{1}{3} - 2\frac{1}{2} = \frac{10}{3} - \frac{5}{2} = \frac{20}{6} - \frac{15}{6} = \frac{5}{6}$

Wenn Du hier den Fehler gefunden hast, schlage Seite 194 A auf.

2. $3\frac{1}{3} - 2\frac{1}{2} = \frac{10}{3} - \frac{5}{2} = \frac{20}{6} - \frac{5}{6} = \frac{15}{6} = \frac{5}{2} = 2\frac{1}{2}$

Wenn Du hier den Fehler gefunden hast, schlage Seite 201 A auf.

7

200 A
(von Seite 213 B)

Richtig; hier ist ein Fehler, aber um welche Aufgabe handelt es sich? Vergleiche mit den Lösungen in Deinem Heft:

1. $2\frac{1}{5} - \frac{2}{3} = \underline{\underline{2\frac{1}{15}}}$ Wenn Du meinst, daß Aufgabe 1 falsch gerechnet ist, schlage Seite 192 B auf.

2. $10 - 2\frac{3}{10} = \underline{\underline{7\frac{7}{10}}}$ Wenn Du meinst, daß Aufgabe 2 falsch gerechnet ist, schlage Seite 188 B auf.

3. $3\frac{1}{4} - 2\frac{5}{8} = \underline{\underline{\frac{5}{8}}}$ Wenn Du meinst, daß Aufgabe 3 falsch gerechnet ist, schlage Seite 203 B auf.

---

200 B
(von Seite 202 A)

Hast Du die Aufgabe

$$\begin{array}{r} 83\frac{1}{3} \\ -\ 42\frac{3}{4} \\ \hline \end{array}$$

gelöst?

Wenn Dein Ergebnis $40\frac{7}{12}$ ist, schlage Seite 204 A auf.

Wenn Dein Ergebnis $41\frac{5}{12}$ ist, schlage Seite 209 B auf.

Wenn Dein Ergebnis $41\frac{7}{12}$ ist, schlage Seite 210 B auf.

Wenn Dein Ergebnis nicht dabei ist, schlage Seite 213 A auf.

201 A

(von Seite 199 A)

Du hast sicherlich gemerkt, daß $\frac{5}{2}$ falsch erweitert war.

$$\frac{5}{2} = \frac{5 \cdot 3}{2 \cdot 3} = \frac{15}{6} \text{ (und nicht } \frac{5}{6}!)$$

So geht es dann richtig weiter:

$$\frac{20}{6} - \frac{15}{6} = \underline{\underline{\frac{5}{6}}}$$

Nun prüfe diese vier Aufgaben. Findest Du irgendwo einen Fehler? Rechne zur Kontrolle in Deinem Heft.

1. $7 - 4\frac{3}{4} = \frac{28}{4} - \frac{19}{4} = \underline{\underline{2\frac{1}{4}}}$

2. $5 - 1\frac{1}{3} = \frac{15}{3} - \frac{4}{3} = \frac{11}{3} = \underline{\underline{3\frac{2}{3}}}$

3. $3\frac{2}{3} - 1\frac{1}{6} = \frac{11}{3} - \frac{7}{6} = \frac{22}{6} - \frac{7}{6} = \frac{15}{6} = \frac{5}{2} = \underline{\underline{2\frac{1}{2}}}$

4. $3\frac{1}{2} - 3\frac{3}{10} = \frac{7}{2} - \frac{33}{10} = \frac{35}{10} - \frac{33}{10} = \frac{2}{10} = \underline{\underline{\frac{2}{5}}}$

Schlage dann Seite 205 A auf.

---

201 B

(von Seite 194 B)

Welche gleichwertige Zahl hast Du für $38\frac{1}{4}$ gefunden, um die Aufgabe rechnen zu können?

$37\frac{4}{4}$? Schlage Seite 190 B auf.

$37\frac{5}{4}$? Schlage Seite 202 A auf.

$38\frac{5}{4}$? Schlage Seite 210 A auf.

Ich habe es noch nicht ganz verstanden. Schlage Seite 212 A auf.

7

(von Seite 201 B)

Richtig; für $38\frac{1}{4}$ kannst Du $37\frac{5}{4}$ schreiben, ohne den Wert der Zahl zu verändern. Nun läßt sich die Aufgabe leicht lösen:

$$\begin{array}{rcr} 38\frac{1}{4} & = & 37\frac{5}{4} \\ -\ 12\frac{3}{4} & & -\ 12\frac{3}{4} \\ \hline & & 25\frac{1}{2} \end{array}$$

Nebenrechnung: $\frac{5}{4} - \frac{3}{4} = \frac{2}{4} = \frac{1}{2}$

Jetzt wirst Du auch die nächste Aufgabe schon verstehen, obwohl sie etwas schwieriger ist:

$$\begin{array}{rcr} 39\frac{1}{2} & = & 38\frac{3}{2} \\ -\ 15\frac{4}{5} & & -\ 15\frac{4}{5} \\ \hline & & 23\frac{7}{10} \end{array}$$

Nebenrechnung: $\frac{3}{2} - \frac{4}{5} = \frac{15}{10} - \frac{8}{10} = \frac{7}{10}$

Auch hier mußten wir zuerst einen der 39 Einer umwandeln; in der Nebenrechnung haben wir die Brüche gleichnamig gemacht (das kgV der teilerfremden Zahlen 2 und 5 ist $2 \cdot 5 = 10$) und dann wie in der vorigen Aufgabe weitergerechnet.

Nun löse diese Aufgabe allein:

$$\begin{array}{r} 83\frac{1}{3} \\ -\ 42\frac{3}{4} \\ \hline \dots \end{array}$$

Schreibe die Rechnung ausführlich in Dein Heft und vergleiche dann mit Seite 200 B.

203 A
(von Seite 192 A)

Wir wollen noch einmal zusammen in Ruhe rechnen: $\frac{4}{5} - \frac{1}{2} = \dots$
Wir bringen zuerst die Brüche auf den Hauptnenner: Der Hauptnenner von $\frac{4}{5}$ und $\frac{1}{2}$ ist 10, denn 10 ist sowohl durch 5 als auch durch 2 teilbar:

$$\frac{4}{5} \text{ ist gleich } \frac{8}{10}$$

$$\text{und } \frac{1}{2} \text{ ist gleich } \frac{5}{10}.$$

Wir können also schreiben:

$$\frac{4}{5} - \frac{1}{2} = \frac{8}{10} - \frac{5}{10} = \frac{8 - 5}{10} = \dots$$

Rechne zu Ende und vergleiche dann mit Seite 195 A.

---

203 B
(von Seite 200 A)

Nein, Aufgabe 3 enthält keinen Fehler. Wir rechnen sie noch einmal gemeinsam durch:

$$3\frac{1}{4} - 2\frac{5}{8} = \dots$$

Wir verwandeln die gemischten Zahlen in unechte Brüche:

$$\frac{13}{4} - \frac{21}{8} =$$

Der Hauptnenner ist 8:

$$\frac{26}{8} - \frac{21}{8} = \dots$$

Nun rechne die Aufgabe allein zu Ende und vergleiche dann auch die beiden anderen Ergebnisse auf Seite 200 A mit Deinen Lösungen.

7

(von Seite 200 B)

Richtig, Du hast die Lösung gefunden. Hier ist noch einmal zum Vergleichen der ganze Lösungsweg:

$$83\frac{1}{3} = 82\frac{4}{3} \qquad \text{Nebenrechnung: } \frac{4}{3} - \frac{3}{4} = \frac{16}{12} - \frac{9}{12} = \frac{7}{12}$$

$$-\,42\frac{3}{4} \qquad -\,42\frac{3}{4}$$

$$40\frac{7}{12}$$

Ganze Zahl weniger gemischte Zahl

Wenn nun eine gemischte Zahl von einer ganzen Zahl abgezogen werden soll, so ist der Lösungsweg genauso wie bei unseren letzten Aufgaben. Hier sind zwei Beispiele dieser Art:

$$75 = 74\frac{5}{5} \qquad\qquad 30 = 29\frac{8}{8}$$

$$-\,50\frac{1}{5} \quad -\,50\frac{1}{5} \qquad\qquad -\,12\frac{3}{8} \quad -\,12\frac{3}{8}$$

$$24\frac{4}{5} \qquad\qquad 17\frac{5}{8}$$

Die folgende Aufgabe wirst Du nun leicht allein lösen können:

$$82 - 80\frac{3}{4} = \ldots$$

Rechne in Deinem Heft und schlage dann Seite 207 B auf.

205 A
(von Seite 201 A)

Hast Du in den vier Ergebnissen einen Fehler entdeckt?

Alle vier Ergebnisse sind richtig. Schlage Seite 190 A auf.

Die Aufgabe 2 ist nicht richtig gerechnet. Schlage Seite 207 A auf.

Die Aufgabe 4 ist nicht richtig gerechnet. Schlage Seite 211 A auf.

Meine Antwort ist nicht dabei. Schlage Seite 214 B auf.

---

205 B
(von Seite 213 B)

Du mußt Dich irgendwo verrechnet haben, alle Ergebnisse sind richtig. Wir zeigen Dir die einzelnen Lösungsschritte:

4. $3\frac{2}{3} - 3\frac{1}{4} = \frac{11}{3} - \frac{13}{4} = \frac{44}{12} - \frac{39}{12} = \underline{\underline{\frac{5}{12}}}$

5. $5\frac{1}{2} - 1\frac{2}{3} = \frac{11}{2} - \frac{5}{3} = \frac{33}{6} - \frac{10}{6} = \frac{23}{6} = \underline{\underline{3\frac{5}{6}}}$

6. $2\frac{7}{10} - 2\frac{1}{2} = \frac{27}{10} - \frac{5}{2} = \frac{27}{10} - \frac{25}{10} = \frac{2}{10} = \underline{\underline{\frac{1}{5}}}$

Nun schlage Seite 200 A auf und suche dort den Fehler.

7

(von Seite 197 A)

Das macht nichts. Dieses Buch hat ja den Vorteil, daß Dir gerade geholfen werden soll, wenn Dir etwas noch nicht ganz klar ist.

Wir wollen diese Aufgabe deshalb erst noch einmal nach der alten Art und Weise rechnen. Du kannst $28\frac{1}{3}$ und $16\frac{2}{3}$ in unechte Brüche verwandeln:

$$28\frac{1}{3} - 16\frac{2}{3} = \frac{85}{3} - \frac{50}{3} = \frac{85-50}{3} = \frac{35}{3} = \underline{\underline{11\frac{2}{3}}}$$

Du siehst also, daß die Aufgabe lösbar ist. Das Umwandeln der großen Zahlen in Drittel ist umständlich und erfordert zeitraubende Rechnungen. Wir haben daher einen anderen kurzen Weg gesucht: Von der ganzen Zahl 28 "borgen" wir uns einen Einer. Da wir in der Aufgabe mit Dritteln zu rechnen haben, zerlegen wir diesen Einer in drei Drittel: $1 = \frac{3}{3}$. Die Zahl 28 ist also 27 + 1 oder $27 + \frac{3}{3}$. Nun schauen wir uns die Aufgabe wieder an:

$$\begin{array}{r} 28\frac{1}{3} \\ -\ 16\frac{2}{3} \\ \hline \end{array}$$

Die ganze Zahl 28 ersetzen wir durch $27 + \frac{3}{3}$ und zählen noch $\frac{1}{3}$ hinzu:

$27 + \frac{3}{3} + \frac{1}{3} = 27\frac{4}{3}$. Nunmehr läßt sich die Aufgabe auf die übliche Weise lösen.

$$\begin{array}{r} 27\frac{4}{3} \\ -\ 16\frac{2}{3} \\ \hline \ldots \end{array}$$

Auf Seite 194 B geht es weiter.

207 A

(von Seite 205 A)

Du hast nicht sorgfältig genug gerechnet, denn die Aufgabe 2 ist richtig gelöst.

$$5 - 1\frac{1}{3} = \ldots$$

Die ganze Zahl 5 haben wir in Drittel umgewandelt, das sind $\frac{15}{3}$, und $1\frac{1}{3}$ ist $\frac{4}{3}$. Wir rechnen weiter:

$$\frac{15}{3} - \frac{4}{3}$$

Wir ziehen den zweiten Zähler vom ersten ab und schreiben das Ergebnis über den gemeinsamen Nenner:

$$\frac{15}{3} - \frac{4}{3} = \frac{15 - 4}{3} = \frac{11}{3}$$

Schließlich wandeln wir $\frac{11}{3}$ in eine gemischte Zahl zurück:

$$\frac{11}{3} = 3\frac{2}{3}$$

Rechne jetzt auf Seite 201 A noch einmal die Aufgaben 1, 3 und 4.

7

---

207 B

(von Seite 204 A)

Was hast Du herausbekommen?

$1\frac{1}{4}$ Seite 208 A

$2\frac{3}{4}$ Seite 212 B

$2\frac{1}{4}$ Seite 215 B

Wenn Dein Ergebnis nicht dabei ist, rechne bitte noch einmal nach.

(von Seite 207 B)

$1\frac{1}{4}$ ist richtig. Und so wird die Aufgabe gelöst:

$$\begin{array}{rcr} 82 & = & 81\frac{4}{4} \\ -\ 80\frac{3}{4} & & -\ 80\frac{3}{4} \\ \hline & & 1\frac{1}{4} \end{array}$$

Gemischte Zahl weniger ganze Zahl

Und zum Schluß dieses Kapitels noch etwas ganz Leichtes: Soll eine ganze Zahl von einer gemischten Zahl abgezogen werden, so zieht man zuerst nur die ganzen Zahlen voneinander ab:

$$\begin{array}{r} 33\frac{7}{8} \\ -\ 23 \\ \hline 10\frac{7}{8} \end{array}$$

Da die abzuziehende Zahl keinen Bruch enthält, bleibt der Bruch $\frac{7}{8}$ unverändert.

Beachte bitte: In diesem Buch werden Dir Lösungswege gezeigt, die Du für Deine schriftlichen Rechnungen übernehmen sollst. Bei leichten Aufgaben kannst Du auch einige Rechenschritte im Kopf durchführen und dadurch die Schreibarbeit abkürzen. Wenn Du aber einen Fehler gemacht hast, sollst Du diese Aufgabe noch einmal ganz ausführlich schriftlich rechnen. Auch wenn etwas Neues eingeführt wird, sollst Du die ersten Aufgaben immer ganz ausführlich schriftlich durchrechnen.

Rechne jetzt gegenüber auf Seite 209 A einige Übungsaufgaben. P

209 A
(von Seite 208 A)

Übungsaufgaben

1. $87\frac{3}{5} - 14$

2. $38 - 25\frac{5}{9}$

3. $68\frac{1}{2} - 27\frac{1}{3}$

4. $74\frac{1}{3} - 73\frac{3}{4}$

5. $840\frac{2}{3} - 240\frac{1}{2}$

6. $88\frac{1}{4} - 23\frac{7}{12}$

Rechne diese Übungsaufgaben sorgfältig in Deinem Heft. Prüfe zum Schluß noch einmal bei allen Ergebnissen, ob Du kürzen kannst. Dann schlage Seite 214 A auf.

7

---

209 B
(von Seite 200 B)

Dein Ergebnis ist falsch. Du mußt bei einem der Rechenschritte einen Fehler gemacht haben. Wir führen Dir die Aufgabe noch einmal vor. Vergleiche mit Deinem Heft und stelle fest, wo der Fehler liegt!

$$83\frac{1}{3} - 42\frac{3}{4} = 82\frac{4}{3} - 42\frac{3}{4} = \ldots$$

Nebenrechnung: $\frac{4}{3} - \frac{3}{4} = \frac{16}{12} - \frac{9}{12} = \ldots$

Rechne dic Aufgabe zu Ende und vergleiche dann mit Seite 200 B.

210 A
(von Seite 201 B)

Du meinst, daß $38\frac{1}{4} = 38\frac{5}{4}$ ist? Leider falsch; Du hast vergessen, die ganze Zahl um eins zu verkleinern.

Sieh Dir einmal Umwandlungen dieser Art an. Du weißt, daß sich der Wert der Zahl nicht ändern darf.

$16\frac{2}{3} = 15\frac{5}{3}$ $\qquad$ $12\frac{7}{10} = 11\frac{17}{10}$

$37\frac{1}{2} = 36\frac{3}{2}$ $\qquad$ $45\frac{1}{3} = 44\frac{4}{3}$

$50\frac{2}{5} = 49\frac{7}{5}$ $\qquad$ $100\frac{5}{6} = 99\frac{11}{6}$

Jetzt wirst Du sicher auf Seite 201 B die richtige Antwort finden.

---

210 B
(von Seite 200 B)

Dein Ergebnis ist falsch. Vergleiche die Aufgabe in Deinem Heft mit diesem Lösungsweg und stelle fest, wo Du den Fehler gemacht hast!

$$\begin{array}{rr} 83\frac{1}{3} = & 82\frac{4}{3} \\ -\ 42\frac{3}{4} & -\ 42\frac{3}{4} \\ \hline & \dots \end{array}$$

Nebenrechnung: $\frac{4}{3} - \frac{3}{4} = \frac{16}{12} - \frac{9}{12} = \dots$ (→ ....)

Rechne die Aufgabe zu Ende und vergleiche dann mit Seite 200 B.

(von Seite 205 A)

Richtig, Du hast den Fehler gefunden. $\frac{2}{10}$ ist nicht $\frac{2}{5}$, sondern $\frac{1}{5}$.

Wir gehen noch einmal alle Rechenschritte durch. Wir wandeln die gemischten Zahlen in unechte Brüche um:

$$3\frac{1}{2} = \frac{7}{2} \qquad \text{und} \qquad 3\frac{3}{10} = \frac{33}{10}$$

H Der Hauptnenner von 2 und 10 ist 10.

E Erweitere $\frac{7}{2}$ mit 5: $\frac{35}{10}$

R Rechne: $\frac{35}{10} - \frac{33}{10} = \frac{35 - 33}{10} = \frac{2}{10}$

K Kürze: $\frac{2}{10} = \frac{1}{5}$ (und nicht $\frac{2}{5}$!)

U Das Ergebnis ist ein echter Bruch, und daher entfällt das Umwandeln in eine gemischte Zahl.

7

Die anderen drei Aufgaben waren fehlerfrei.

Nun rechne diese sechs Aufgaben in Deinem Heft.

1. $2\frac{1}{5} - \frac{2}{3} = \ldots$
2. $10 - 2\frac{3}{10} = \ldots$
3. $3\frac{1}{4} - 2\frac{5}{8} = \ldots$
4. $3\frac{2}{3} - 3\frac{1}{4} = \ldots$
5. $5\frac{1}{2} - 1\frac{2}{3} = \ldots$
6. $2\frac{7}{10} - 2\frac{1}{2} = \ldots$

Dann schlage Seite 213 B auf.

212 A
(von Seite 201 B)

Du willst für $38\frac{1}{4}$ eine gleichwertige Zahl finden, damit Du die Aufgabe

$$\begin{array}{r} 38\frac{1}{4} \\ -\ 16\frac{3}{4} \\ \hline \end{array}$$

lösen kannst.

Die ganze Zahl 38 zerlegst Du in 37 + 1. Da Du mit Vierteln rechnen mußt, zerlegst Du die ganze Zahl 1 noch in $\frac{4}{4}$. 38 ist also gleich $37 + \frac{4}{4}$.

Nun schaue Dir die Aufgabe wieder an:

$$\begin{array}{r} 38\frac{1}{4} \\ -\ 16\frac{3}{4} \\ \hline \end{array}$$

Die ganze Zahl 38 ersetzt Du durch $37 + \frac{4}{4}$ und zählst noch $\frac{1}{4}$ hinzu: $37 + \frac{4}{4} + \frac{1}{4} = 37\frac{5}{4}$. Nun läßt sich die Aufgabe auf die übliche Art lösen:

$$\begin{array}{r} 37\frac{5}{4} \\ -\ 16\frac{3}{4} \\ \hline \end{array}$$

Auf Seite 202 A geht es weiter.

---

212 B
(von Seite 207 B)

Nein, nicht so schnell. Sieh Dir hier den Lösungsweg gründlich an und suche Deinen Fehler:

$$\begin{array}{rcr} 82 & = & 81\frac{4}{4} \\ -\ 80\frac{3}{4} & & -\ 80\frac{3}{4} \\ \hline & & \dots\dots \end{array}$$

Rechne die Aufgabe zu Ende und vergleiche dann mit Seite 207 B.

213 A

(von Seite 200 B)

Dein Ergebnis kann nicht richtig sein. Vergleiche die Aufgabe in Deinem Heft mit diesem Lösungsweg und stelle fest, wo Du den Fehler gemacht hast!

$$83\frac{1}{3} = 82\frac{4}{3} \qquad \text{Nebenrechnung: } \frac{4}{3} - \frac{3}{4} = \frac{16}{12} - \frac{9}{12} = \ldots$$

$$- 42\frac{3}{4} \qquad - 42\frac{3}{4}$$

$$\ldots\ldots$$

Rechne jetzt die Aufgabe zu Ende und vergleiche dann mit Seite 200 B.

---

213 B

(von Seite 211 A)

Hier ist ein Fehler versteckt. Suche ihn!

1. $2\frac{1}{5} - \frac{2}{3} = 2\frac{1}{15}$
2. $10 - 2\frac{3}{10} = 7\frac{7}{10}$
3. $3\frac{1}{4} - 2\frac{5}{8} = \frac{5}{8}$

Nach meiner Meinung ist hier eine Aufgabe falsch gerechnet. Schlage Seite 200 A auf.

4. $3\frac{2}{3} - 3\frac{1}{4} = \frac{5}{12}$
5. $5\frac{1}{2} - 1\frac{2}{3} = 3\frac{5}{6}$
6. $2\frac{7}{10} - 2\frac{1}{2} = \frac{1}{5}$

Nach meiner Meinung ist hier eine Aufgabe falsch gerechnet. Schlage Seite 205 B auf.

214 A

(von Seite 209 A)

Vergleiche Deine Ergebnisse mit diesen Lösungen:

1. $87\frac{3}{5} - 14 = 73\frac{3}{5}$

2. $38 - 25\frac{5}{9}$; $37\frac{9}{9} - 25\frac{5}{9} = 12\frac{4}{9}$

3. $68\frac{1}{2} - 27\frac{1}{3}$; $68\frac{3}{6} - 27\frac{2}{6} = 41\frac{1}{6}$

4. $74\frac{1}{3} - 73\frac{3}{4}$; $74\frac{4}{12} - 73\frac{9}{12}$; $73\frac{16}{12} - 73\frac{9}{12} = \frac{7}{12}$

5. $840\frac{2}{3} - 240\frac{1}{2}$; $840\frac{4}{6} - 240\frac{3}{6} = 600\frac{1}{6}$

6. $88\frac{1}{4} - 23\frac{7}{12}$; $88\frac{3}{12} - 23\frac{7}{12}$; $87\frac{15}{12} - 23\frac{7}{12} = 64\frac{8}{12} = 64\frac{2}{3}$

Wenn Du mehr als zwei Fehler gemacht hast, solltest Du diesen Abschnitt von Seite 193 A an noch einmal durcharbeiten. Andernfalls rechne gegenüber auf Seite 215 A einige Prüfungsaufgaben.

P

---

214 B

(von Seite 205 A)

Du mußt Dich verrechnet haben. Überprüfe noch einmal sorgfältig die vier Aufgaben von Seite 201 A.

215 A

(von Seite 214 A)

Prüfungsaufgaben

1. $$\begin{array}{r} 28\frac{3}{7} \\ -\ 16\frac{1}{2} \\ \hline \end{array}$$

2. $$\begin{array}{r} 835 \\ -\ 333\frac{1}{3} \\ \hline \end{array}$$

3. $$\begin{array}{r} 375\frac{1}{8} \\ -\ 52\frac{3}{4} \\ \hline \end{array}$$

4. $$\begin{array}{r} 53\frac{3}{4} \\ -\ 21 \\ \hline \end{array}$$

5. $$\begin{array}{r} 750\frac{1}{3} \\ -\ 225\frac{5}{8} \\ \hline \end{array}$$

Kapitel 8 beginnt auf Seite 216 A.

---

215 B

(von Seite 207 B)

7

Dein Ergebnis ist falsch. Du hast wahrscheinlich vergessen, die ganze Zahl umzuwandeln: $82 = 81\frac{4}{4}$.

Vergleiche Deine Rechnung mit dieser Lösung und suche Deinen Fehler:

$$\begin{array}{rcr} 82 & = & 81\frac{4}{4} \\ -\ 80\frac{3}{4} & & -\ 80\frac{3}{4} \\ \hline & & \ldots \end{array}$$

Nun rechne die Aufgabe zu Ende und vergleiche mit Seite 207 B.

8 Das Malnehmen (die Multiplikation) von Brüchen

Wir wollen kurz das Malnehmen (die Multiplikation) ganzer Zahlen besprechen, bevor wir mit dem Malnehmen von Brüchen beginnen. Malnehmen (Multiplizieren) ist nichts anderes als eine Kurzform des Zusammenzählens, nämlich ein Zusammenzählen (Addieren) von gleichen Summanden.

Beispiel:

$$35 + 35 + 35 + 35 = \ldots$$

Zusammenzählen: (Addieren)

$$\begin{array}{r} 35 \\ +\ 35 \\ +\ 35 \\ +\ 35 \\ \hline 140 \end{array}$$

Malnehmen: (Multiplizieren)

$$\begin{array}{r} 4 \cdot 35 \\ \hline 140 \end{array}$$

Weil alle vier Summanden gleich sind, können wir kürzer

$$4 \cdot 35$$

schreiben. Der erste Faktor (4) nennt uns die Anzahl der Summanden, der zweite Faktor (35) ist der wiederholt auftretende Summand.

Wie kannst Du die Aufgabe

$$4 + 4 + 4 + 4 + 4 + 4 + 4$$

kürzer als Malaufgabe schreiben? Wenn Du Deine Antwort aufgeschrieben hast, vergleiche sie mit den Ergebnissen auf Seite 228 B.

217 A
(von Seite 222 B)

Deine Antwort

$$\frac{1}{5} \cdot \frac{15}{16} = \frac{1}{16}$$

ist falsch: Du hast wohl beim Kürzen durch 5 vergessen, die 3 über die 15 zu schreiben. So ist es richtig:

$$\frac{1 \cdot \overset{3}{\cancel{15}}}{\underset{1}{\cancel{5}} \cdot 16} = \underline{\underline{\frac{3}{16}}}$$

An diesen beiden weiteren Beispielen siehst Du noch einmal, worauf es ankommt:

$$\frac{1 \cdot \overset{2}{\cancel{6}}}{\underset{1}{\cancel{3}} \cdot 7} = \underline{\underline{\frac{2}{7}}} \qquad \frac{1 \cdot \overset{6}{\cancel{24}}}{\underset{1}{\cancel{4}} \cdot 25} = \underline{\underline{\frac{6}{25}}}$$

Seite 231 B führt Dich weiter.

---

217 B
(von Seite 230 A)

8

Dein Ergebnis

$$\frac{2}{7} + \frac{2}{7} + \frac{2}{7} = 2 \cdot \frac{2}{7}$$

ist nicht richtig. Die erste Zahl rechts vom Gleichheitszeichen gibt an, wie oft die zweite malgenommen werden soll. Wie oft steht auf der linken Seite der Gleichung der Bruch $\frac{2}{7}$ als Summand? In der Aufgabe erscheint links $\frac{2}{7}$ dreimal als Summand, nicht zweimal. Also ist:

$$\frac{2}{7} + \frac{2}{7} + \frac{2}{7} = \ldots \cdot \frac{2}{7}$$

Versuche jetzt auf Seite 230 A die richtige Antwort zu finden.

218 A

(von Seite 232 B)

Du hast Dich verwirren lassen. Beide Lösungen sind richtig. Vergleiche bitte beide Rechnungen:

$$1.\quad 2\frac{4}{5} \cdot \frac{3}{8} = \frac{\overset{7}{\cancel{14}} \cdot 3}{5 \cdot \underset{4}{\cancel{8}}} = \frac{21}{20} = \underline{\underline{1\frac{1}{20}}}$$

$$2.\quad 3\frac{3}{4} \cdot 1\frac{3}{5} = \frac{\overset{3}{\cancel{15}} \cdot \overset{2}{\cancel{8}}}{\underset{1}{\cancel{4}} \cdot \underset{1}{\cancel{5}}} = \frac{3 \cdot 2}{1 \cdot 1} = \frac{6}{1} = \underline{\underline{6}}$$

Nun prüfe die Aufgaben 3 bis 6 auf Seite 232 B noch einmal.

---

218 B

(von Seite 223 A)

Wenn Deine Lösung 3408 ist, schlage Seite 220 A auf.

Wenn Deine Lösung 3550 ist, schlage Seite 228 A auf.

Wenn Du eine andere Lösung gefunden hast, schlage Seite 237 A auf.

(von Seite 228 B)

Nein, Du kannst die Aufgabe

$$4 + 4 + 4 + 4 + 4 + 4 + 4$$

nicht als Malaufgabe

$$4 \cdot 4$$

schreiben. Wir müssen noch einmal wiederholen. Wir können die obige Aufgabe nur deswegen als Malaufgabe schreiben, weil alle Summanden gleich sind. Nehmen wir ein ähnliches Beispiel mit gleichen Summanden:

$$5 + 5 + 5 + 5$$

Zähle, wie viele gleiche Summanden vorhanden sind. Diese Anzahl gibt Dir den Malnehmer (1. Faktor) in der Rechenaufgabe (Multiplikationsaufgabe). Der Summand 5 ergibt den 2. Faktor.

4 mal 5

Oder: $4 \cdot 5$

"5" ist also die Zahl, die malgenommen werden soll;
"4" sagt uns, wie oft die Zahl 5 malgenommen werden soll.
Jetzt müßtest Du verstanden haben, warum die Ergebnisse der beiden folgenden Aufgaben gleich sein müssen:

$5 + 5 + 5 + 5 = 20$ und $4 \cdot 5 = 20$

Es ist also $5 + 5 + 5 + 5 = 4 \cdot 5$.

Nun schlage wieder Seite 228 B auf. Jetzt findest Du sicher die richtige Antwort heraus.

220 A

(von Seite 218 B)

Deine Lösung $213 \cdot 16\frac{2}{3} = 3408$ enthält einen Fehler. Laß uns nach der Ursache des Fehlers suchen:

$$\begin{array}{r} \underline{213 \cdot 16} \\ 213 \\ \underline{1278} \\ 3408 \end{array}$$

Du hast richtig 213 mit 16 multipliziert, aber übersehen, auch noch 213 mit $\frac{2}{3}$ malzunehmen und dieses Produkt zu 3408 hinzuzuzählen. Um zur richtigen Lösung zu kommen, rechnen wir noch einmal:

1.

$$\begin{array}{r} \underline{213 \cdot 16} \\ 213 \\ \underline{1278} \\ 3408 \\ + \underline{142} \\ \underline{\underline{3550}} \end{array}$$

2. Nebenrechnung:

$$213 \cdot \frac{2}{3} = \frac{\overset{71}{\cancel{213}} \cdot 2}{1 \cdot \underset{1}{\cancel{3}}} = 142$$

Nun geht es weiter auf Seite 228 A.

221 A

(von Seite 222 B)

In Deiner Antwort

$$\frac{1}{5} \cdot \frac{15}{16} = \frac{15}{80}$$

hast Du die einfachste Form nicht erreicht, weil Du nicht vor dem Malnehmen durch 5 gekürzt hast. So ist es richtig:

$$\frac{1 \cdot \overset{3}{\cancel{15}}}{\underset{1}{\cancel{5}} \cdot 16} = \underline{\underline{\frac{3}{16}}}$$

Du hättest dies aber auch erreichen können, wenn Du in Deinem Ergebnis $\frac{15}{80}$ zum Schluß Zähler und Nenner durch 5 geteilt hättest:

$$\frac{15}{80} = \frac{15 : 5}{80 : 5} = \underline{\underline{\frac{3}{16}}}$$

Es geht weiter auf Seite 231 B.

---

221 B

(von Seite 228 B)

Du willst die Zusammenzählaufgabe

$$4 + 4 + 4 + 4 + 4 + 4 + 4$$

kurz als $6 \cdot 4$

schreiben. Du hast einen Fehler gemacht. Du zähltest sieben Vieren, und dann hast Du wahrscheinlich gedacht, daß die in dem Ausdruck $6 \cdot 4$ enthaltene Vier mitzählt. So verblieben Dir nur sechs Vieren. Das ist leider falsch.

Der erste Faktor sagt uns, wie viele gleiche Summanden vorhanden sind. Wenn Du die sieben Vieren zusammenzählst, ergibt sich 28; rechnest Du aber $6 \cdot 4$, erhältst Du nur 24. Du kommst also zu verschiedenen Ergebnissen.

Nun schlage wieder Seite 228 B auf und suche die richtige Antwort.

222 A
(von Seite 236 B)

Du hast richtig erkannt: Die Aufgabe 5 ist falsch gelöst. Und so wird die Aufgabe gerechnet:

$$\frac{14}{15} \cdot 4\frac{3}{8} = \frac{\overset{7}{\cancel{14}} \cdot \overset{7}{\cancel{35}}}{\underset{3}{\cancel{15}} \cdot \underset{4}{\cancel{8}}} = \frac{49}{12} = \underline{\underline{4\frac{1}{12}}}$$

Hier konnten wir zweimal kürzen. Dies ist ein Beispiel dafür, wie sehr Dir das rechtzeitige Kürzen die Arbeit erleichtert. Wenn Du nicht gleich kürzt, sieht die Rechnung so aus:

$$\frac{14}{15} \cdot 4\frac{3}{8} = \frac{14 \cdot 35}{15 \cdot 8} = \frac{490}{120} = \frac{49}{12} = \underline{\underline{4\frac{1}{12}}}$$

Du erhältst selbstverständlich auch auf diesem Weg dasselbe Ergebnis, Du mußt aber in der Zwischenrechnung mit sehr viel größeren Zahlen arbeiten. - Die übrigen fünf Aufgaben waren richtig gerechnet.

Arbeite jetzt bitte gegenüber auf Seite 223 A weiter.

P

---

222 B
(von Seite 229 A)

Welches Ergebnis hast Du?

$\frac{1}{16}$ Siehe Seite 217 A.

$\frac{15}{80}$ Siehe Seite 221 A.

Ich habe ein anderes Ergebnis. Schlage Seite 231 B auf.

(von Seite 222 A)

Wie rechnet man "ganze Zahl mal gemischte Zahl"?

Nun zu einer neuen Aufgabenart:

ganze Zahl · gemischte Zahl.

Wir zeigen Dir an dem Beispiel $436 \cdot 12\frac{1}{2}$ einen bequemen Lösungsweg. Denke daran, daß $12\frac{1}{2} = 12 + \frac{1}{2}$ ist. Wir können also rechnen:

$$436 \cdot 12\frac{1}{2} = 436 \cdot (12 + \frac{1}{2}) = 436 \cdot 12 + 436 \cdot \frac{1}{2} = \ldots$$

1.

```
436 · 12
  436
   872
  5232
+  218
  5450
```

2. Nebenrechnung:

$$\frac{\overset{218}{\cancel{436}} \cdot 1}{1 \cdot \underset{1}{\cancel{2}}} = \frac{218}{1} = 218$$

Erklärung:

1. Schritt: $436 \cdot 12 = 5232$
2. Schritt: $436 \cdot \frac{1}{2} = 218$
3. Summe: $436 \cdot 12\frac{1}{2} = \underline{\underline{5450}}$

Rechne jetzt genauso ausführlich die Aufgabe

$$213 \cdot 16\frac{2}{3} = \ldots$$

Schreibe die Ausrechnung vollständig in Dein Heft und vergleiche Dein Ergebnis mit den Lösungen auf Seite 218 B.

8

(von Seite 231 B)

Bei einigen Malaufgaben ist es möglich, mehr als einmal zu kürzen. Eine solche Rechnung führen wir Dir hier schrittweise vor.

Aufgabe:

$$5\frac{1}{3} \cdot 2\frac{7}{10} = \ldots$$

Zuerst werden beide gemischten Zahlen in unechte Brüche verwandelt:

$$\frac{16}{3} \cdot \frac{27}{10} = \frac{16 \cdot 27}{3 \cdot 10}$$

Wir kürzen die Brüche, indem wir 16 und 10 durch 2 teilen:

$$\frac{\overset{8}{\cancel{16}} \cdot 27}{3 \cdot \underset{5}{\cancel{10}}}$$

Wir kürzen noch einmal und teilen dazu den Zähler 27 und den Nenner 3 durch 3:

$$\frac{8 \cdot \overset{9}{\cancel{27}}}{\underset{1}{\cancel{3}} \cdot 5}$$

Jetzt erst wird malgenommen:

$$\frac{8 \cdot 9}{1 \cdot 5} = \frac{72}{5}$$

Zum Schluß wandeln wir den unechten Bruch in eine gemischte Zahl um:

$$\frac{72}{5} = 14\frac{2}{5}$$

Wir konnten also zweimal kürzen. Und so sieht die Rechnung zusammengefaßt aus:

$$5\frac{1}{3} \cdot 2\frac{7}{10} = \frac{16 \cdot 27}{3 \cdot 10} = \frac{72}{5} = \underline{\underline{14\frac{2}{5}}}$$

Lies Dir noch einmal sorgfältig die ganze Seite durch.

Einige Übungsaufgaben findest Du gegenüber auf Seite 225 A. Du wirst sehen: Es ist gar nicht so schwer, wie Du denkst.

P

225 A

(von Seite 224 A)

Übungsaufgaben

Löse nun folgende Aufgaben:

1. $2\frac{4}{5} \cdot \frac{3}{8} = \ldots$

2. $3\frac{3}{4} \cdot 1\frac{3}{5} = \ldots$

3. $1\frac{5}{7} \cdot 2\frac{5}{8} = \ldots$

4. $6\frac{1}{4} \cdot \frac{4}{5} = \ldots$

5. $\frac{14}{15} \cdot 4\frac{3}{8} = \ldots$

6. $\frac{5}{6} \cdot 5 = \ldots$

Wenn Du diese Aufgaben gerechnet hast, schlage Seite 232 B auf.

---

225 B

(von Seite 228 B)

Du hast richtig geantwortet:

$$4 + 4 + 4 + 4 + 4 + 4 + 4$$

kann man kürzer als Malaufgabe (Multiplikation) $7 \cdot 4$ schreiben.

Denn es ist: $4 + 4 + 4 + 4 + 4 + 4 + 4 = 28$

Als Ergebnis der Malaufgabe erhalten wir ebenfalls 28:

$$7 \cdot 4 = 28$$

8

Wie rechnet man "ganze Zahl mal Bruch"?

Wir haben also gezeigt, daß in diesem Beispiel

$$4 + 4 + 4 + 4 + 4 + 4 + 4 = 7 \cdot 4$$

ist. Genauso kann man bei allen entsprechenden Aufgaben vorgehen, auch wenn die Summanden Brüche sind. Ob Du eine solche Aufgabe bereits lösen kannst?

Versuche einmal, die Summe $\frac{2}{7} + \frac{2}{7} + \frac{2}{7}$

als Malaufgabe (Multiplikationsaufgabe) zu schreiben. Vergleiche dann mit Seite 230 A.

226 A

(von Seite 236 B)

Du darfst Dich nicht so leicht verwirren lassen. Die Aufgabe ist richtig gerechnet. Die Lösung ist sehr einfach:

$$\frac{5}{6} \cdot 5 = \frac{5 \cdot 5}{6 \cdot 1} = \frac{25}{6} = \underline{\underline{4\frac{1}{6}}}$$

Wenn Du dies verstanden hast, kannst Du auf Seite 222 A weiterlesen.

---

226 B

(von Seite 232 B)

Nein, beide Ergebnisse sind richtig. Wir wollen beide Aufgaben noch einmal durchrechnen:

3. $$1\frac{5}{7} \cdot 2\frac{5}{8} = \frac{\overset{3}{\cancel{12}} \cdot \overset{3}{\cancel{21}}}{\underset{1}{\cancel{7}} \cdot \underset{2}{\cancel{8}}} = \frac{9}{2} = \underline{\underline{4\frac{1}{2}}}$$

4. $$6\frac{1}{4} \cdot \frac{4}{5} = \frac{\overset{5}{\cancel{25}} \cdot \overset{1}{\cancel{4}}}{\underset{1}{\cancel{4}} \cdot \underset{1}{\cancel{5}}} = \underline{\underline{5}}$$

Nun prüfe die Aufgaben auf Seite 232 B noch einmal, und dann wirst Du sehen, daß von den übrigen Aufgaben nur eine falsch gerechnet ist.

227 A
(von Seite 239 B)

Du meinst, daß man in der Aufgabe

$$1\frac{1}{2} \cdot 4\frac{1}{2} = \frac{3}{2} \cdot \frac{9}{2}$$

kürzen kann. Das ist nicht richtig. Du mußt immer darauf achten, daß Du im Zähler und im Nenner einen gemeinsamen Teiler findest. Du darfst niemals **nur** die Zähler beachten. Aber auch die Nenner dürfen nicht allein geteilt werden.

An den folgenden Aufgaben solltest Du dies noch einmal üben.

Hier kannst Du kürzen:

$$\frac{2 \cdot \overset{2}{\cancel{6}}}{\underset{1}{\cancel{3}} \cdot 7} = \underline{\underline{\frac{4}{7}}}$$

$$\frac{1 \cdot \overset{3}{\cancel{6}}}{\underset{4}{\cancel{8}} \cdot 7} = \underline{\underline{\frac{3}{28}}}$$

Hier kannst Du nicht kürzen:

$$\frac{1 \cdot 1}{5 \cdot 10} = \underline{\underline{\frac{1}{50}}}$$

$$\frac{2 \cdot 4}{3 \cdot 5} = \underline{\underline{\frac{8}{15}}}$$

$$\frac{3 \cdot 6}{5 \cdot 1} = \frac{18}{5} = \underline{\underline{3\frac{3}{5}}}$$

Auf Seite 229 A geht es weiter.

---

227 B
(von Seite 231 A)

Bei den folgenden Aufgaben ist nur ein Ergebnis richtig. Findest Du es?

1. $3\frac{1}{2} \cdot \frac{3}{7} = \frac{\overset{1}{\cancel{7}} \cdot 3}{2 \cdot \underset{1}{\cancel{7}}} = \frac{3}{2} = \underline{\underline{1\frac{1}{2}}}$ — Seite 239 B

2. $2\frac{1}{3} \cdot \frac{1}{6} = \frac{7 \cdot 1}{\underset{1}{\cancel{3}} \cdot \underset{2}{\cancel{6}}} = \frac{7}{2} = \underline{\underline{3\frac{1}{2}}}$ — Seite 242 A

3. $1\frac{1}{4} \cdot 2\frac{2}{3} = \frac{5 \cdot \overset{4}{\cancel{8}}}{\underset{1}{\cancel{4}} \cdot 3} = \frac{20}{3} = \underline{\underline{6\frac{2}{3}}}$ — Seite 245 B

228 A

(von Seite 218 B)

Die Aufgabe hast Du richtig gelöst. Dann wird auch Dein Lösungsweg mit diesem hier übereinstimmen:

$$\begin{array}{r} 213 \cdot 16 \\ \hline 213 \\ 1278 \\ \hline 3408 \\ +\ 142 \\ \hline 3550 \\ \hline\hline \end{array} \qquad \text{und} \qquad \frac{\overset{71}{\cancel{213}} \cdot 2}{1 \cdot \underset{1}{\cancel{3}}} = 142$$

Löse nun diese Aufgabe:

$$244 \cdot 32\tfrac{3}{4}$$

Vergleiche dann Dein Ergebnis mit Seite 238 B.

---

228 B

(von Seite 216 A)

Die Additionsaufgabe

$$4 + 4 + 4 + 4 + 4 + 4 + 4$$

kann man kürzer schreiben als Malaufgabe (Multiplikationsaufgabe)

$4 \cdot 4$	Seite 219 A
$6 \cdot 4$	Seite 221 B
$7 \cdot 4$	Seite 225 B
Ich finde die Lösung nicht.	Seite 234 B

(von Seite 239 B)

In dieser Aufgabe

$$1\frac{1}{2} \cdot 4\frac{1}{2} = \frac{3}{2} \cdot \frac{9}{2} = \dots$$

kann man nicht kürzen. Es gibt keinen gemeinsamen Teiler, durch den Zähler und Nenner gekürzt werden könnten. So wird nun die Aufgabe zu Ende gerechnet:

$$\frac{3 \cdot 9}{2 \cdot 2} = \frac{27}{4} = \underline{\underline{6\frac{3}{4}}}$$

Hier ist dagegen eine Aufgabe, in der Du kürzen kannst:

$$1\frac{3}{5} \cdot \frac{3}{10} = \frac{8 \cdot 3}{5 \cdot 10} = \dots$$

Einer der Zähler (8) und einer der Nenner (10) ist jeweils durch 2 teilbar:

$$8 : 2 = 4$$

$$\text{und} \quad 10 : 2 = 5$$

Du kannst daher kürzen; die vollständige Rechnung sieht so aus:

$$1\frac{3}{5} \cdot \frac{3}{10} = \frac{\overset{4}{\cancel{8}} \cdot 3}{5 \cdot \underset{5}{\cancel{10}}} = \underline{\underline{\frac{12}{25}}}$$

Löse jetzt diese Aufgabe allein:

$$\frac{1}{5} \cdot \frac{15}{16} = \dots$$

Schreibe die Rechnung in Dein Heft und schlage dann Seite 222 B auf.

8

230 A
(von Seite 225 B)

Welches Ergebnis hast Du?

$\frac{2}{7} + \frac{2}{7} + \frac{2}{7} = 2 \cdot \frac{2}{7}$ Seite 217 B

$\frac{2}{7} + \frac{2}{7} + \frac{2}{7} = 3 \cdot \frac{2}{7}$ Seite 233 A

$\frac{2}{7} + \frac{2}{7} + \frac{2}{7} = \frac{2}{7} \cdot \frac{2}{7}$ Seite 239 A

---

230 B
(von Seite 243 A)

Du hast richtig erkannt, daß Du in der Aufgabe

$$1\frac{1}{3} \cdot \frac{7}{8} = \frac{4}{3} \cdot \frac{7}{8} = \ldots$$

kürzen kannst, denn sowohl im Zähler als auch im Nenner gibt es eine Zahl, die einen gemeinsamen Teiler hat. Wir zeigen Dir noch einmal ausführlich den ganzen Lösungsweg:

$$1\frac{1}{3} \cdot \frac{7}{8} = \frac{4}{3} \cdot \frac{7}{8} = \frac{4 \cdot 7}{3 \cdot 8} = \ldots$$

Jetzt kürzen wir durch 4:

$$\frac{\overset{1}{\cancel{4}} \cdot 7}{3 \cdot \underset{2}{\cancel{8}}} = \frac{1 \cdot 7}{3 \cdot 2} = \frac{7}{6} = 1\frac{1}{6}$$

Man rechnet die Aufgabe zusammengefaßt so:

$$1\frac{1}{3} \cdot \frac{7}{8} = \frac{\overset{1}{\cancel{4}} \cdot 7}{3 \cdot \underset{2}{\cancel{8}}} = \frac{7}{6} = \underline{\underline{1\frac{1}{6}}}$$

Arbeite bitte gegenüber auf Seite 231 A weiter.

P

(von Seite 230 B)

Rechne jetzt ebenso folgende Aufgaben:

1. $3\frac{1}{2} \cdot \frac{3}{7} = \ldots$ 2. $2\frac{1}{3} \cdot \frac{1}{6} = \ldots$ 3. $1\frac{1}{4} \cdot 2\frac{2}{3} = \ldots$

Vergiß nicht, rechtzeitig zu kürzen. Schlage dann Seite 227 B auf.

(von Seite 222 B)

Du wirst wahrscheinlich erstaunt festgestellt haben, daß wir diesmal das richtige Ergebnis nicht genannt haben. Nun, wir freuen uns, wenn Du sofort diese Seite aufgeschlagen hast, denn das zeigt, daß Du aufmerksam mitrechnest.

Das richtige Ergebnis lautet $\frac{3}{16}$. Stimmt es mit Deinem überein?

Wenn Du sofort kürzt, sieht die Lösung so aus:

$$\frac{1 \cdot \overset{3}{\cancel{15}}}{\underset{1}{\cancel{5}} \cdot 16} = \underline{\underline{\frac{3}{16}}}$$

Hast Du nicht sofort gekürzt:

$$\frac{1 \cdot 15}{5 \cdot 16} = \frac{15}{80},$$

kannst Du dies noch im Ergebnis nachholen:

$$\frac{15}{80} = \frac{15 : 5}{80 : 5} = \underline{\underline{\frac{3}{16}}}.$$

Daran siehst Du, daß beide Wege zum richtigen Ergebnis führen. Du solltest aber möglichst sofort kürzen, weil Du dann mit kleineren Zahlen rechnen kannst.

Auf Seite 224 A geht es weiter.

232 A
(von Seite 241 A)

Deine Antwort war: "Brüche werden malgenommen, indem man die Zähler miteinander malnimmt."

Du hast nicht zu Ende gedacht, deshalb ist die Antwort unvollständig. Betrachte noch einmal dieses Beispiel:

$$\frac{3}{4} \cdot \frac{3}{5} = \frac{9}{20}$$

Die Zähler sind miteinander malgenommen; aber was ist mit den Nennern geschehen?

Wenn Du diese Aufgabe noch einmal richtig durchdacht hast, dann schlage Seite 241 A wieder auf; Du solltest jetzt den richtigen Satz herausfinden können.

---

232 B
(von Seite 225 A)

Vergleiche Deine Lösungen mit den untenstehenden Ergebnissen:

1. $2\frac{4}{5} \cdot \frac{3}{8} = 1\frac{1}{20}$
2. $3\frac{3}{4} \cdot 1\frac{3}{5} = 6$

Wenn Du meinst, daß eine dieser Aufgaben falsch gerechnet ist, schlage Seite 218 A auf.

3. $1\frac{5}{7} \cdot 2\frac{5}{8} = 4\frac{1}{2}$
4. $6\frac{1}{4} \cdot \frac{4}{5} = 5$

Wenn Du meinst, daß eine dieser Aufgaben falsch gerechnet ist, schlage Seite 226 B auf.

5. $\frac{14}{15} \cdot 4\frac{3}{8} = \frac{7}{20}$
6. $\frac{5}{6} \cdot 5 = 4\frac{1}{6}$

Wenn Du meinst, daß eine dieser Aufgaben falsch gerechnet ist, schlage Seite 236 B auf.

(von Seite 230 A)

Dein Ergebnis

$$\frac{2}{7} + \frac{2}{7} + \frac{2}{7} = 3 \cdot \frac{2}{7}$$

ist richtig. Alle Summanden sind gleich groß, nämlich $\frac{2}{7}$. In der Form des Malnehmens (Multiplizierens) kann man also

$$3 \cdot \frac{2}{7}$$

schreiben. Nun ist aber andererseits

$$\frac{2}{7} + \frac{2}{7} + \frac{2}{7} = \frac{2 + 2 + 2}{7} = \underline{\underline{\frac{6}{7}}};$$

folglich ist auch

$$3 \cdot \frac{2}{7} = \underline{\underline{\frac{6}{7}}}.$$

Wir überprüfen dieses Ergebnis an einer Zeichnung:

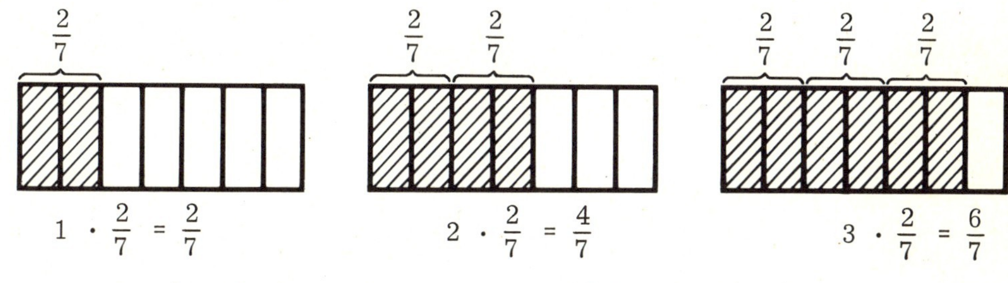

Wenn $3 \cdot \frac{2}{7} = \frac{6}{7}$ ist, wieviel ist dann $\frac{2}{7} \cdot 3$? Überlege und schreibe Deine Antwort auf. Vergleiche dann mit den Ergebnissen auf Seite 237 B.

8

234 A
(von Seite 238 B)

Dein Produkt ist falsch. Wir rechnen daher die Aufgabe noch einmal vor:

$$244 \cdot 32\tfrac{3}{4}$$

$$\begin{array}{r} 244 \cdot 32 \\ \hline 732 \\ 488 \\ \hline 7808 \\ +\ 183 \\ \hline 7991 \end{array} \qquad \text{und} \qquad \frac{\overset{61}{\not{244}} \cdot 3}{1 \cdot \underset{1}{\not{4}}} = 183$$

Du hattest 244 · 32 richtig berechnet, dann aber vergessen, 244 mit $\frac{3}{4}$ malzunehmen und dies Ergebnis zu 7808 hinzuzuzählen.

Arbeite jetzt auf Seite 252 B weiter.

---

234 B
(von Seite 228 B)

Wir wollen noch einmal die Aufgabe

$$4 + 4 + 4 + 4 + 4 + 4 + 4$$

durchgehen. Es sollen hier lauter gleiche Zahlen (Summanden) zusammengezählt werden. Wie viele Summanden sind es? Wievielmal soll also die 4 zusammengezählt werden? Wenn Du jetzt Bescheid weißt, gehe wieder zur Seite 228 B zurück und vergleiche Dein Ergebnis.

Andernfalls schlage Seite 219 A auf. Dort wird Dir am Beispiel einer falschen Antwort noch einmal ausführlich erklärt, wie Du diese Aufgabe rechnen mußt.

235 A

(von Seite 243 A)

Du siehst in der Aufgabe

$$1\frac{1}{3} \cdot \frac{7}{8} = \frac{4}{3} \cdot \frac{7}{8} = \ldots$$

keine Möglichkeit zu kürzen? Dann hast Du etwas übersehen. Einer der beiden Zähler und einer der beiden Nenner lassen sich durch dieselbe Zahl teilen; 4 und 8 können beide durch 4 geteilt werden. Und so macht man es:

$$\frac{\overset{1}{\cancel{4}} \cdot 7}{3 \cdot \underset{2}{\cancel{8}}} = \ldots$$

Rechne weiter und vergleiche Dein Ergebnis mit Seite 230 B.

---

235 B

(von Seite 237 B)

Du meinst, wenn

$$3 \cdot \frac{2}{7} = \frac{6}{7}$$

ist, dann ist

$$\frac{2}{7} \cdot 3 = \frac{5}{7}.$$

Du hast die 2 und die 3 zusammengezählt, aber zwischen Bruch und ganzer Zahl steht ein Malzeichen. Hast Du das übersehen? Haben wir im übrigen überhaupt schon gelernt, wie man Aufgaben

Bruch · ganze Zahl

rechnet? Nein! Dies wird Dir auf Seite 248 A erklärt.

8

236 A

(von Seite 247 B)

Dein Ergebnis

$$\frac{2}{9} \cdot \frac{3}{5} = \frac{5}{14}$$

ist leider falsch. Du darfst auf keinen Fall die Zähler und die Nenner zusammenzählen! Hier noch einmal die Regel:

Zähler <u>mal</u> Zähler
durch Nenner <u>mal</u> Nenner.

Nimm die Zähler miteinander mal: $2 \cdot 3 = \ldots$

Das Produkt der Nenner heißt: $9 \cdot 5 = \ldots$

Lies die Regel noch einmal. Dann findest Du auf Seite 247 B sicher gleich das richtige Ergebnis.

---

236 B

(von Seite 232 B)

Du hast recht. Eine von den beiden Aufgaben ist falsch gerechnet.

Wenn Du meinst, daß die Aufgabe 5

$$\frac{14}{15} \cdot 4\frac{3}{8} = \frac{7}{20}$$

falsch gerechnet ist, dann schlage Seite 222 A auf.

Wenn Du meinst, daß die Aufgabe 6

$$\frac{5}{6} \cdot 5 = 4\frac{1}{6}$$

falsch gerechnet ist, dann schlage Seite 226 A auf.

(von Seite 218 B)

Da Dein Ergebnis mit keiner der Antworten übereinstimmt, mußt Du einen Fehler gemacht haben, denn eine der beiden Antworten ist richtig. Wir rechnen gemeinsam noch einmal eine ähnliche Aufgabe durch; vielleicht hilft Dir das, Deinen Fehler zu finden:

$$246 \cdot 12\frac{1}{2} =$$

$$246 \cdot 12 \quad \text{und} \quad 246 \cdot \frac{1}{2} = \frac{\overset{123}{\cancel{246}} \cdot 1}{1 \cdot \underset{1}{\cancel{2}}} = 123$$

$$\begin{array}{r} 246 \cdot 12 \\ \hline 246 \\ 492 \\ \hline 2952 \\ +\ 123 \\ \hline 3075 \\ \hline\hline \end{array}$$

Wenn Du nun Deine ursprüngliche Aufgabe berichtigt hast, findest Du die richtige Antwort auf Seite 218 B.

(von Seite 233 A)

Wenn $3 \cdot \frac{2}{7} = \frac{6}{7}$ ist, dann ist

$\frac{2}{7} \cdot 3 = \frac{5}{7}$ Seite 235 B

$\frac{2}{7} \cdot 3 = \frac{6}{7}$ Seite 244 B

Ich habe noch nicht gelernt, wie man mit einem Bruch malnimmt. Seite 248 A

238 A

(von Seite 242 B)

Du hast vergessen zu kürzen. Zunächst wollen wir die gemischten Zahlen umwandeln:

$$46\frac{1}{2} \cdot 33\frac{1}{3} = \frac{93 \cdot 100}{2 \cdot 3}$$

Der Zähler 93 und der Nenner 3 sind beide durch 3 teilbar, so daß Du die Brüche kürzen kannst. Du kannst dann noch durch 2 kürzen, weil der Zähler 100 und der Nenner 2 als größten gemeinsamen Teiler 2 haben.

Jetzt mußt Du zu einem anderen Ergebnis kommen. Rechne die Aufgabe ganz zu Ende und schlage wieder Seite 242 B auf.

---

238 B

(von Seite 228 A)

Du erinnerst Dich, daß das Ergebnis einer Malaufgabe (Multiplikation) Produkt genannt wird. Suche die richtige Aussage heraus:

Das Produkt aus 244 und $32\frac{3}{4}$ ist 7808. Seite 234 A

Das Produkt aus 244 und $32\frac{3}{4}$ ist 7869. Seite 246 A

Das Produkt aus 244 und $32\frac{3}{4}$ ist 7991. Seite 252 B

Das Produkt aus 244 und $32\frac{3}{4}$ ist nicht in den obigen Antworten enthalten. Seite 258 A

239 A

(von Seite 230 A)

Dein Ergebnis

$$\frac{2}{7} + \frac{2}{7} + \frac{2}{7} = \frac{2}{7} \cdot \frac{2}{7}$$

ist leider völlig falsch. Bei einer Malaufgabe gibt die erste Zahl an, wie oft die zweite malgenommen werden soll. Sieh Dir die Aufgabe also noch einmal an. Wie oft erscheint $\frac{2}{7}$ links vom Gleichheitszeichen als Summand? Also ist:

$$\frac{2}{7} + \frac{2}{7} + \frac{2}{7} = \ldots \cdot \frac{2}{7}$$

Findest Du jetzt auf Seite 230 A die richtige Antwort?

---

239 B

(von Seite 227 B)

Du hast Aufgabe 1 richtig gekürzt:

$$3\frac{1}{2} \cdot \frac{3}{7} = \frac{\overset{1}{\cancel{7}} \cdot 3}{2 \cdot \underset{1}{\cancel{7}}} = \frac{3}{2} = \underline{\underline{1\frac{1}{2}}}$$

Sowohl im Zähler als auch im Nenner hast Du durch 7 geteilt (dividiert). Beim Kürzen mußt Du darauf achten, daß Du immer Zähler **und** Nenner durch die gleiche Zahl teilst, niemals beide Zähler oder beide Nenner.

Hattest Du die beiden anderen Aufgaben auch so gerechnet?

2. $2\frac{1}{3} \cdot \frac{1}{6} = \frac{7 \cdot 1}{3 \cdot 6} = \underline{\underline{\frac{7}{18}}}$

3. $1\frac{1}{4} \cdot 2\frac{2}{3} = \frac{5 \cdot \overset{2}{\cancel{8}}}{\underset{1}{\cancel{4}} \cdot 3} = \frac{10}{3} = \underline{\underline{3\frac{1}{3}}}$

Nun betrachte diese Aufgabe:

$$1\frac{1}{2} \cdot 4\frac{1}{2} = \frac{3 \cdot 9}{2 \cdot 2} = \ldots$$

Welche Aussage ist nach Deiner Meinung richtig?

In dieser Aufgabe kann man kürzen. Seite 227 A

In dieser Aufgabe kann man nicht kürzen. Seite 229 A

8

(von Seite 248 A)

Wie rechnet man "Bruch mal Bruch"?

Du kannst jetzt schon folgende Malaufgaben (Multiplikationen) rechnen:

ganze Zahl · Bruch

$$3 \cdot \frac{2}{7} = \frac{6}{7}$$

Bruch · ganze Zahl

$$\frac{2}{7} \cdot 3 = \frac{6}{7}$$

Beide Aufgabenarten werden gleichartig gerechnet, weil wir vereinbart hatten, daß auch in der Bruchrechnung die Faktoren miteinander vertauscht werden dürfen.

Schwieriger ist aber die Aufgabe

Bruch · Bruch,

zum Beispiel $\frac{3}{5} \cdot \frac{2}{7}$

zu lösen. Wir können diese Aufgabenart nicht mehr auf das Zusammenzählen gleicher Summanden zurückführen. Wir müssen hier ganz neue Wege gehen. Wir zeigen Dir an drei Beispielen, welche Vereinbarung man über das Lösen solcher Aufgaben getroffen hat:

$$\frac{3}{5} \cdot \frac{2}{7} = \frac{3 \cdot 2}{5 \cdot 7} = \frac{6}{35}$$

$$\frac{2}{3} \cdot \frac{1}{3} = \frac{2 \cdot 1}{3 \cdot 3} = \frac{2}{9}$$

$$\frac{3}{4} \cdot \frac{3}{5} = \frac{3 \cdot 3}{4 \cdot 5} = \frac{9}{20}$$

Lies gegenüber auf Seite 241 A weiter.

241 A

(von Seite 240 A)

Durchdenke bei diesen drei Musteraufgaben alle Schritte und suche dann den Satz heraus, der die Vereinbarung über das Malnehmen von zwei Brüchen beschreibt:

Die Zähler werden miteinander malgenommen. Seite 232 A

Die Zähler werden zusammengezählt, und die Nenner werden zusammengezählt. Seite 250 B

Die Zähler werden miteinander malgenommen, und die Nenner werden miteinander malgenommen. Seite 255 A

---

241 B

(von Seite 242 B)

Gut so! Vergleiche Deinen Lösungsweg mit diesem:

$$46\frac{1}{2} \cdot 33\frac{1}{3} = \frac{93 \cdot 100}{2 \cdot 3} = \frac{\overset{31}{\cancel{93}} \cdot \overset{50}{\cancel{100}}}{\underset{1}{\cancel{2}} \cdot \underset{1}{\cancel{3}}} = \frac{31 \cdot 50}{1 \cdot 1} = \underline{\underline{1550}}$$

Wenn Du dagegen erst zum Schluß kürzt, mußt Du mit viel größeren Zahlen rechnen:

$$46\frac{1}{2} \cdot 33\frac{1}{3} = \frac{93 \cdot 100}{2 \cdot 3} = \frac{9300}{6} = \underline{\underline{1550}}$$

Du siehst auch an diesem Beispiel, daß Du Dir mit rechtzeitigem Kürzen die Rechnung wesentlich leichter machen kannst. Du solltest daraus lernen:

▌ Kürze, sobald es möglich ist.

Jetzt kommen zur Übung noch drei Aufgaben:

1. $\frac{4}{5} \cdot \frac{3}{4} = \ldots$

2. $4\frac{1}{2} \cdot 2\frac{3}{4} = \ldots$

3. $64 \cdot 13\frac{1}{3} = \ldots$

Vergleiche Deine Ergebnisse mit den Lösungen auf Seite 256 A.

8

242 A

(von Seite 227 B)

Das ist nicht richtig. Du hast in der Aufgabe 2

$$2\frac{1}{3} \cdot \frac{1}{6} = \frac{7 \cdot 1}{\underset{1}{\cancel{3}} \cdot \underset{2}{\cancel{6}}} = \frac{7}{2} = 3\frac{1}{2}$$

Fehler gemacht. Du hast gelernt, daß Kürzen nur möglich ist, wenn Du Zähler und Nenner durch die gleiche Zahl teilen kannst. Du hast aber die beiden Nenner durch 3 geteilt. Das geht nicht!

Du solltest das Kürzen an den folgenden Beispielen üben.

Hier kannst Du kürzen:

$$\frac{\overset{1}{\cancel{3}} \cdot 1}{7 \cdot \underset{2}{\cancel{6}}} = \frac{1}{14}$$

$$\frac{1 \cdot \overset{3}{\cancel{6}}}{\underset{4}{\cancel{8}} \cdot 7} = \frac{3}{28}$$

Hier darfst Du nicht kürzen:

$$\frac{7 \cdot 1}{3 \cdot 6} = \frac{7}{18}$$

$$\frac{2 \cdot 4}{3 \cdot 5} = \frac{8}{15}$$

Das hast Du jetzt verstanden. Prüfe jetzt noch einmal die Aufgaben 1 und 3 auf Seite 227 B.

---

242 B

(von Seite 247 A)

Suche die richtige Antwort:

Mein Produkt heißt $\frac{9300}{6}$. Schlage Seite 238 A auf.

Mein Produkt heißt 1550. Schlage Seite 241 B auf.

Mein Ergebnis ist nicht dabei. Schlage Seite 244 A auf.

(von Seite 247 B)

Du hast richtig gerechnet. Du hast erst die Zähler, dann die Nenner miteinander malgenommen und das Ergebnis gekürzt. Sieh Dir die Lösung noch einmal an:

$$\frac{2}{9} \cdot \frac{3}{5} = \frac{6}{45} = \underline{\underline{\frac{2}{15}}}$$

Zähler und Nenner des Bruches konntest Du durch 3 teilen. Du kannst bei diesem Lösungsweg Zähler und Nenner aber auch schon früher durch 3 teilen:

$$\frac{2}{9} \cdot \frac{3}{5} = \frac{2 \cdot \overset{1}{\cancel{3}}}{\underset{3}{\cancel{9}} \cdot 5}$$

Du siehst, daß die 3 durch die 1 ersetzt wird, weil 3 : 3 = 1 ist, und die 9 durch die 3 ersetzt wird, weil 9 : 3 = 3 ist. Also ist:

$$\frac{2 \cdot \overset{1}{\cancel{3}}}{\underset{3}{\cancel{9}} \cdot 5} = \frac{2 \cdot 1}{3 \cdot 5} = \underline{\underline{\frac{2}{15}}}$$

Eine neue Aufgabe:

$$1\frac{1}{3} \cdot \frac{7}{8} = \frac{4}{3} \cdot \frac{7}{8} = \ldots$$

Kannst Du auch hier Zähler und Nenner durch die gleiche Zahl teilen, bevor Du weiterrechnest?

Ja. Seite 230 B

Nein. Seite 235 A

8

244 A

(von Seite 242 B)

Wenn Du meinst, daß die richtige Antwort nicht dabei ist, dann mußt Du Dich verrechnet haben. Sieh Dir den Lösungsweg noch einmal an:

$$46\frac{1}{2} \cdot 33\frac{1}{3}$$

Wir verwandeln zuerst in unechte Brüche:

$$\frac{93 \cdot 100}{2 \cdot 3}$$

Nun kürzen wir 93 und 3 mit 3 und dann 100 und 2 mit 2. Rechne die Aufgabe zu Ende. Auf Seite 242 B wirst Du dann bestimmt sofort das richtige Ergebnis finden.

---

244 B

(von Seite 237 B)

Wie kommst Du eigentlich zu dem richtigen Ergebnis?:

$$\frac{2}{7} \cdot 3 = \frac{6}{7}$$

Du konntest doch bisher nur Aufgaben wie

$$\frac{2}{7} + \frac{2}{7} + \frac{2}{7} = 3 \cdot \frac{2}{7} = \frac{6}{7}$$

rechnen. Du hast offensichtlich irgendeinen guten Einfall gehabt, so daß Du auch Aufgaben

Bruch · ganze Zahl

rechnen kannst. Wenn Du Dir über Deinen Lösungsweg völlig klar bist, dann kann man Dir zu Deinen mathematischen Fähigkeiten gratulieren. Vergleiche einmal mit Seite 248 A.

Deine Lösung

$$12\frac{1}{2} \cdot 15\frac{1}{5} = \frac{24 \cdot 31}{2 \cdot 5}$$

ist leider falsch. Beide gemischten Zahlen sind falsch umgewandelt.

An einigen Beispielen üben wir noch einmal das Umwandeln von gemischten Zahlen in unechte Brüche:

$$22\frac{1}{3} = \frac{22 \cdot 3}{3} + \frac{1}{3} = \frac{66}{3} + \frac{1}{3} = \underline{\underline{\frac{67}{3}}}$$

$$30\frac{2}{5} = \frac{30 \cdot 5}{5} + \frac{2}{5} = \frac{150}{5} + \frac{2}{5} = \underline{\underline{\frac{152}{5}}}$$

Entsprechend mußt Du nun die Zahlen aus Deiner Aufgabe umwandeln:

$$12\frac{1}{2} = \frac{12 \cdot 2}{2} + \frac{1}{2} = \ldots$$

$$15\frac{1}{5} = \frac{15 \cdot 5}{5} + \frac{1}{5} = \ldots$$

Wenn Du dies zu Ende gerechnet hast, kannst Du auf Seite 257 A weiterarbeiten.

8

Das ist nicht richtig. In Deiner Aufgabe 3

$$1\frac{1}{4} \cdot 2\frac{2}{3} = \frac{5 \cdot \overset{4}{\not{8}}}{\underset{1}{\not{4}} \cdot 3} = \frac{20}{3} = 6\frac{2}{3}$$

ist ein Fehler. Sieh Dir die durchgestrichene 8 an: Du wolltest durch 4 kürzen. Aber 8 : 4 ist 2, nicht 4. So ist es richtig:

$$1\frac{1}{4} \cdot 2\frac{2}{3} = \frac{5 \cdot \overset{2}{\not{8}}}{\underset{1}{\not{4}} \cdot 3} = \frac{10}{3} = \underline{\underline{3\frac{1}{3}}}$$

Prüfe noch einmal die Aufgaben 1 und 2 auf Seite 227 B.

246 A
(von Seite 238 B)

Du hast einen Fehler gemacht, denn das Produkt aus 244 und $32\frac{3}{4}$ ist nicht 7869. Wahrscheinlich liegt der Fehler in der Nebenrechnung:

$$244 \cdot \frac{3}{4} = \frac{\overset{61}{\cancel{244}} \cdot 3}{1 \cdot \underset{1}{\cancel{4}}} = \ldots$$

Hast Du vergessen, die Zähler nach dem Kürzen malzunehmen? $(61 \cdot 3 = \ldots)$ Berichtige Deine Ausrechnung, und dann wirst Du auf Seite 238 B gleich das richtige Produkt finden.

---

246 B
(von Seite 262 B)

Deine Antwort ist falsch. Das Ergebnis der Aufgabe 1 kann nicht $3\frac{3}{4}$ sein. Überlege einmal mit: Du solltest $2\frac{1}{3}$ mit einer Zahl, die kleiner als 1 ist, malnehmen. Das Ergebnis kann doch dann nicht größer werden! Betrachten wir daher noch einmal den vollständigen Gang der Lösung:

$$2\frac{1}{3} \cdot \frac{3}{4} = \frac{7}{3} \cdot \frac{3}{4} = \frac{7 \cdot 3}{3 \cdot 4} = \frac{21}{12}$$

Jetzt kürzen wir:

$$\frac{21}{12} = \frac{21 : 3}{12 : 3} = \frac{7}{4} = \underline{\underline{1\frac{3}{4}}}$$

Berichtige Deine Rechnung und kehre zurück nach Seite 262 B. Ob Du jetzt wohl die richtig gelöste Aufgabe findest?

247 A

(von Seite 265 A)

So ist es richtig:

$$\frac{25 \cdot 76}{2 \cdot 5} = \frac{\overset{5}{\cancel{25}} \cdot \overset{38}{\cancel{76}}}{\underset{1}{\cancel{2}} \cdot \underset{1}{\cancel{5}}}$$

Du hast durch 5 und durch 2 gekürzt. Jetzt rechnen wir weiter:

$$\frac{5 \cdot 38}{1 \cdot 1} = \frac{190}{1} = \underline{\underline{190}}$$

Jetzt rechne ebenso die Aufgabe

$$46\frac{1}{2} \cdot 33\frac{1}{3} = \ldots$$

Schreibe die Rechnung vollständig in Dein Heft. Vergleiche dann Dein Ergebnis mit den Antworten auf Seite 242 B.

---

247 B

(von Seite 252 A)

Eines der folgenden Ergebnisse ist richtig. Findest Du es?

$\frac{2}{9} \cdot \frac{3}{5} = \frac{5}{14}$ Seite 236 A

$\frac{2}{9} \cdot \frac{3}{5} = \frac{6}{45} = \frac{2}{15}$ Seite 243 A

$\frac{2}{9} \cdot \frac{3}{5} = \frac{6}{14} = \frac{3}{7}$ Seite 249 B

8

(von Seite 237 B)

Wie rechnet man "Bruch mal ganze Zahl"?

Du hast völlig recht, wir haben tatsächlich Aufgaben der Art

Bruch · ganze Zahl

noch nicht besprochen. Folgende Überlegung hilft Dir weiter:

Du weißt, daß es beim Zusammenzählen (bei der Addition) nicht auf die Reihenfolge der Summanden ankommt:

$$8 + 5 = 5 + 8$$

$$25 + 57 = 57 + 25$$

Ein entsprechendes Vertauschungsgesetz gilt auch für das Malnehmen (die Multiplikation):

$$4 \cdot 7 = 7 \cdot 4$$

Dir ist klar, $7 \cdot 4$ bedeutet:

$$\begin{array}{r} 4 \\ +\ 4 \\ +\ 4 \\ +\ 4 \\ +\ 4 \\ +\ 4 \\ +\ 4 \\ \hline 28 \end{array}$$

und $4 \cdot 7$ bedeutet:

$$\begin{array}{r} 7 \\ +\ 7 \\ +\ 7 \\ +\ 7 \\ \hline 28 \end{array}$$

In diesem Beispiel ist also:

$$7 \cdot 4 = 4 \cdot 7 = 28$$

Das Vertauschungsgesetz gilt immer für das Malnehmen von ganzen Zahlen. Wir vereinbaren daher, daß es auch für Multiplikationsaufgaben gelten soll, in denen Brüche vorkommen. Nach dieser Vereinbarung ist also

$$3 \cdot \frac{2}{7} = \frac{2}{7} \cdot 3 .$$

Dann muß $\frac{2}{7} \cdot 3 = \frac{6}{7}$ sein.

Wie man zwei Brüche miteinander malnimmt (multipliziert), lernst Du jetzt auf Seite 240 A.

249 A

(von Seite 257 B)

Leider falsch. Hast Du einfach nur geraten? Wir rechnen Dir die Aufgabe 1 noch einmal vollständig vor:

$$45\frac{1}{2} \cdot 25$$

$$\begin{array}{r} 45 \cdot 25 \\ \hline 90 \\ 225 \\ \hline 1125 \\ + \; 12\frac{1}{2} \\ \hline 1137\frac{1}{2} \end{array} \qquad \text{und} \quad \frac{1}{2} \cdot 25 = \frac{25}{2} = 12\frac{1}{2}$$

$1137\frac{1}{2}$, nicht $1138\frac{1}{2}$

Überprüfe jetzt noch einmal die Aufgaben 2 und 3 und schlage dann wieder Seite 257 B auf.

---

249 B

(von Seite 247 B)

8

Deine Rechnung

$$\frac{2}{9} \cdot \frac{3}{5} = \frac{6}{14} = \frac{3}{7}$$

ist falsch. Hier noch einmal die Regel:

Zähler mal Zähler
durch Nenner mal Nenner.

Die Zähler sind richtig malgenommen. Aber was hast Du mit den Nennern gemacht?

$$9 \cdot 5 = \ldots$$

Präge Dir die Regel noch einmal genau ein. Dann findest Du auf Seite 247 B sicher schnell das richtige Ergebnis heraus.

250 A

(von Seite 262 B)

Dein Ergebnis ist falsch. Betrachten wir noch einmal den vollständigen Gang der Lösung:

$$1\frac{3}{4} \cdot 1\frac{1}{3} = \frac{7}{4} \cdot \frac{4}{3} = \frac{7 \cdot 4}{4 \cdot 3} = \frac{28}{12}$$

Jetzt kannst Du noch kürzen:

$$\frac{28}{12} = \frac{28 : 4}{12 : 4} = \frac{7}{3} = \underline{\underline{2\frac{1}{3}}}$$

Berichtige Deine Rechnung und prüfe auch die anderen Aufgaben sorgfältig nach. Schlage bitte Seite 262 B auf und suche das Ergebnis, mit dem Du übereinstimmst.

---

250 B

(von Seite 241 A)

Deine Antwort "Beim Malnehmen von Brüchen werden die Zähler zusammengezählt und dann die Nenner zusammengezählt"

ist nicht richtig. Es wird gar nichts zusammengezählt!

Schau Dir bitte noch einmal diese Beispiele an:

$$\frac{3}{4} \cdot \frac{5}{7} = \frac{15}{28}$$

$$\frac{7}{10} \cdot \frac{3}{4} = \frac{21}{40}$$

Was haben wir mit den Zählern, was mit den Nennern getan, um zu diesen Ergebnissen zu kommen?

Nun prüfe die Beispiele auf Seite 240 A noch einmal und wähle den richtigen Satz.

251 A

(von Seite 255 A)

Die 1. Aufgabe

$$\frac{5}{6} \cdot 6 = \frac{5}{6} \cdot \frac{6}{1} = \frac{11}{6} = \underline{\underline{1\frac{5}{6}}}$$

ist leider falsch. Erinnere Dich noch einmal an die Vereinbarung:

> Zwei Brüche werden miteinander malgenommen, indem man ihre Zähler und ihre Nenner malnimmt. Das Produkt der Zähler ist der Zähler des Ergebnisses, das Produkt der Nenner ist der Nenner des Ergebnisses.

Ist 5 · 6 = 11? Nein: 5 · 6 = 30. Hier liegt der Fehler. Richtig muß diese Aufgabe so gerechnet werden:

$$\frac{5}{6} \cdot 6 = \frac{5}{6} \cdot \frac{6}{1} = \frac{30}{6} = \underline{\underline{5}}$$

Lies die Regel noch einmal durch, kehre nach Seite 255 A zurück und suche die Aufgabe, die richtig gerechnet ist.

---

251 B

(von Seite 265 A)

8

Du hast beim Kürzen einen Fehler gemacht. Bei beiden Nennern kommst Du zu einem falschen Ergebnis:

2 : 2 = 1, nicht 2. Du mußt also die 2 durch eine 1 ersetzen. Ebenso ist 5 : 5 = 1. Richtig muß es also heißen:

$$\frac{25 \cdot 76}{2 \cdot 5} = \frac{\overset{5}{\cancel{25}} \cdot \overset{38}{\cancel{76}}}{\underset{1}{\cancel{2}} \cdot \underset{1}{\cancel{5}}} = \frac{5 \cdot 38}{1 \cdot 1}$$

Wenn Du Deinen Fehler berichtigt hast, geht es auf Seite 247 A weiter.

252 A

(von Seite 262 B)

Du hast richtig gerechnet. Das Ergebnis der 3. Aufgabe ist $3\frac{3}{4}$. Hier sind alle Lösungen. Prüfe Deine schriftliche Arbeit. Waren alle Deine Ergebnisse richtig?

1. $2\frac{1}{3} \cdot \frac{3}{4} = \frac{7}{3} \cdot \frac{3}{4} = \frac{21}{12} = \frac{7}{4} = \underline{\underline{1\frac{3}{4}}}$

2. $1\frac{3}{4} \cdot 1\frac{1}{3} = \frac{7}{\cancel{4}_1} \cdot \frac{\cancel{4}^1}{3} = \frac{7}{3} = \underline{\underline{2\frac{1}{3}}}$

3. $2\frac{1}{2} \cdot 1\frac{1}{2} = \frac{5}{2} \cdot \frac{3}{2} = \frac{15}{4} = \underline{\underline{3\frac{3}{4}}}$

4. $2\frac{1}{4} \cdot \frac{2}{3} = \frac{9}{4} \cdot \frac{2}{3} = \frac{18}{12} = \frac{3}{2} = \underline{\underline{1\frac{1}{2}}}$

Rechne jetzt $\frac{2}{9} \cdot \frac{3}{5} = \ldots$

Schreibe Dein Ergebnis in Dein Heft und vergleiche es mit den Antworten auf Seite 247 B.

---

252 B

(von Seite 238 B)

Du hast das Produkt

$$244 \cdot 32\frac{3}{4} = 7991$$

richtig berechnet.

Gegenüber auf Seite 253 A geht es weiter.

(von Seite 252 B)

Wie rechnet man "gemischte Zahl mal ganze Zahl"?

Die letzten Aufgaben waren von der Art:

ganze Zahl · gemischte Zahl

Genauso wird gerechnet:

gemischte Zahl · ganze Zahl

Bei den folgenden Aufgaben ist das Ergebnis keine ganze, sondern eine gemischte Zahl. Wir rechnen Dir ein Beispiel vor:

$$87\tfrac{1}{2} \cdot 15 = \ldots$$

1. $87 \cdot 15$

$$\begin{array}{r} 87 \\ 435 \\ \hline 1305 \\ +\ 7\tfrac{1}{2} \\ \hline 1312\tfrac{1}{2} \end{array}$$

2. Nebenrechnung

$$\frac{1 \cdot 15}{2 \cdot 1} = \frac{15}{2} = 7\frac{1}{2}$$

Erklärung:

1. Schritt: $87 \cdot 15 = 1305$
2. Schritt: $\frac{1}{2} \cdot 15 = 7\frac{1}{2}$
3. Summe: $87\frac{1}{2} \cdot 15 = 1312\frac{1}{2}$

8

Prüfe an den folgenden drei Aufgaben, ob Du es schon verstanden hast:

1. $45\frac{1}{2} \cdot 25$
2. $51\frac{3}{4} \cdot 22$
3. $54\frac{1}{6} \cdot 21$

Wenn Du fertig bist, schlage bitte Seite 257 B auf.

(von Seite 256 A)

Prüfungsaufgaben

1. $\frac{3}{5} \cdot 40 = \ldots$

2. $\frac{5}{7} \cdot 52 = \ldots$

3. $12\frac{1}{2} \cdot \frac{3}{8} = \ldots$

4. $1\frac{3}{4} \cdot 2\frac{1}{5} = \ldots$

5. $10\frac{1}{3} \cdot 7\frac{1}{2} = \ldots$

6. $14 \cdot 2\frac{2}{7} = \ldots$

7. $\frac{3}{10} \cdot \frac{2}{3} = \ldots$

8. $\frac{3}{5} \cdot \frac{3}{20} = \ldots$

9. $5\frac{2}{3} \cdot 7 = \ldots$

10. $\frac{4}{5} \cdot 3\frac{3}{4} = \ldots$

Wenn Du Deine Fehler berichtigt hast, entscheide selbst:

Ich möchte dieses Kapitel sicherheitshalber wiederholen: Seite 216 A

Ich möchte das nächste Kapitel beginnen: Seite 267 A

(von Seite 241 A)

Deine Antwort: "Die Zähler werden miteinander malgenommen, und die Nenner werden miteinander malgenommen."

Das ist richtig. Unsere Vereinbarung über das Malnehmen von zwei Brüchen heißt ausführlich so:

> Zwei Brüche werden miteinander malgenommen (multipliziert), indem man ihre Zähler und ihre Nenner multipliziert. Das Produkt der Zähler ist der Zähler des Ergebnisses, das Produkt der Nenner ist der Nenner des Ergebnisses.

Du kannst Dir diese Vereinbarung kurz als Regel merken:

$$\text{Bruch mal Bruch} = \frac{\text{Zähler mal Zähler}}{\text{Nenner mal Nenner}}$$

Diese Regel kannst Du auch anwenden, wenn an Stelle eines Bruches eine ganze Zahl oder eine gemischte Zahl steht. Du brauchst diese Zahlen nur in unechte Brüche umzuwandeln. Das sieht dann so aus:

Aufgabe: $1\frac{1}{2} \cdot \frac{1}{2} = \ldots$

Umwandlung: $\frac{3}{2} \cdot \frac{1}{2} = \frac{3 \cdot 1}{2 \cdot 2} = \underline{\underline{\frac{3}{4}}}$

Von den folgenden Aufgaben ist nur eine richtig gelöst. Rechne alle Aufgaben nach und suche die richtige heraus!

1. $\frac{5}{6} \cdot 6 = \frac{5}{6} \cdot \frac{6}{1} = \frac{11}{6} = \underline{\underline{1\frac{5}{6}}}$ Seite 251 A

2. $3\frac{2}{3} \cdot \frac{1}{2} = \frac{11}{3} \cdot \frac{1}{2} = \frac{11}{6} = \underline{\underline{1\frac{5}{6}}}$ Seite 259 A

3. $5\frac{1}{2} \cdot \frac{1}{6} = \frac{11}{2} \cdot \frac{1}{6} = \frac{11}{6} = \underline{\underline{1\frac{5}{6}}}$ Seite 265 B

256 A

(von Seite 241 B)

Stimmen Deine Ergebnisse mit diesen Lösungen überein?

1. $\frac{4}{5} \cdot \frac{3}{4} = \frac{\overset{1}{\not{4}} \cdot 3}{5 \cdot \underset{1}{\not{4}}} = \underline{\underline{\frac{3}{5}}}$ 2. $4\frac{1}{2} \cdot 2\frac{3}{4} = \frac{9 \cdot 11}{2 \cdot 4} = \frac{99}{8} = \underline{\underline{12\frac{3}{8}}}$

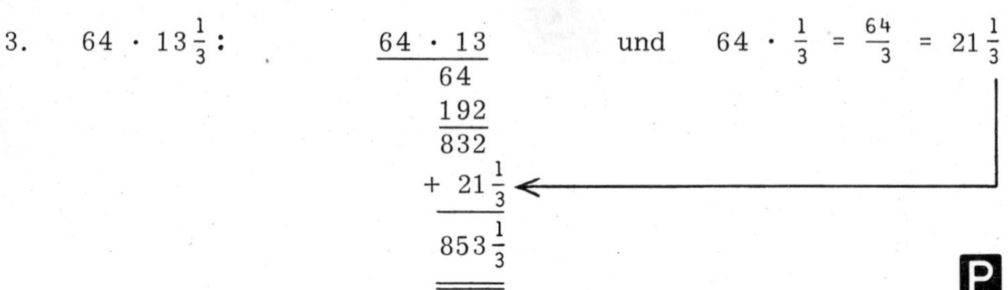

Für das Malnehmen (Multiplizieren) von Brüchen ist unsere HERKUles-Regel nicht anwendbar. Du mußt so vorgehen:

1. Gemischte Zahlen werden in unechte Brüche umgewandelt.
2. Kürze, <u>bevor</u> Du die Zähler und die Nenner malnimmst (multiplizierst).
3. Rechne: $\frac{\text{Zähler} \cdot \text{Zähler}}{\text{Nenner} \cdot \text{Nenner}}$
4. Wenn Du einen unechten Bruch erhältst, wandle ihn in eine gemischte Zahl um.

Das Malnehmen (die Multiplikation) ist leichter als das Zusammenzählen (Addieren) und Abziehen (Subtrahieren) von Brüchen, weil Du keinen Hauptnenner zu suchen brauchst. Du kannst also ungleichnamige Brüche ohne weiteres miteinander malnehmen (multiplizieren).

Nun wollen wir Prüfungsaufgaben stellen, die Dir zeigen sollen, ob Du das Kapitel 8 verstanden hast. Wenn Du Dich aber noch nicht sicher fühlst, solltest Du lieber das ganze Kapitel noch einmal durcharbeiten. Wenn Du Kapitel 8 noch einmal durcharbeiten willst, dann schlage Seite 216 A auf. Wenn Du die Prüfungsaufgaben lösen willst, dann schlage Seite 254 A auf.

257 A

(von Seite 258 B)

Deine Antwort ist richtig. Denn:

$$12\frac{1}{2} = \frac{24}{2} + \frac{1}{2} = \frac{25}{2}$$

$$\text{und} \quad 15\frac{1}{5} = \frac{75}{5} + \frac{1}{5} = \frac{76}{5}$$

Nun mußt Du auf die übliche Weise weiterrechnen; denke daran, daß Du kürzen mußt, wenn es möglich ist. Also:

$$12\frac{1}{2} \cdot 15\frac{1}{5} = \frac{25 \cdot 76}{2 \cdot 5}$$

Kannst Du kürzen? Ja! Nachdem Du gekürzt hast, schlage Seite 265 A auf.

---

257 B

(von Seite 253 A)

Welches Ergebnis ist richtig?

Die Lösung der 1. Aufgabe heißt $1138\frac{1}{2}$. Schlage Seite 249 A auf.

Die Lösung der 2. Aufgabe heißt $1138\frac{1}{2}$. Schlage Seite 260 A auf.

Die Lösung der 3. Aufgabe heißt $1138\frac{1}{2}$. Schlage Seite 262 A auf.

258 A
(von Seite 238 B)

Du hast unrecht, denn eine der drei vorgelegten Lösungen ist richtig. Vielleicht hilft es Dir, Deinen Fehler zu finden, wenn wir eine ähnliche Aufgabe vorrechnen:

$$170 \cdot 21\frac{2}{5} = \ldots$$

$$\begin{array}{r} 170 \cdot 21 \\ \hline 340 \\ 170 \\ \hline 3570 \\ +\ 68 \\ \hline 3638 \\ \hline\hline \end{array} \qquad \text{und} \qquad \frac{\overset{34}{\cancel{170}} \cdot 2}{1 \cdot \underset{1}{\cancel{5}}} = 68$$

Der Reihe nach mußt Du also

1. 170 mit 21 malnehmen,
2. 170 mit $\frac{2}{5}$ malnehmen und
3. beide Ergebnisse zusammenzählen.

Wenn Du den Fehler in Deiner Rechnung gefunden hast, kannst Du nach Seite 238 B zurückgehen, und Du wirst dort bestimmt das richtige Produkt finden.

---

258 B
(von Seite 261 A)

Wenn Du meinst, daß $12\frac{1}{2} \cdot 15\frac{1}{5} = \frac{24 \cdot 31}{2 \cdot 5}$ ist, dann schlage Seite 245 A auf.

Wenn Du meinst, daß $12\frac{1}{2} \cdot 15\frac{1}{5} = \frac{25 \cdot 76}{2 \cdot 5}$ ist, dann schlage Seite 257 A auf.

Wenn Du eine andere Lösung hast, dann schlage Seite 266 A auf.

(von Seite 255 A)

Die Aufgabe 2

$$3\frac{2}{3} \cdot \frac{1}{2} = \frac{11}{3} \cdot \frac{1}{2} = \frac{11}{6} = \underline{\underline{1\frac{5}{6}}}$$

ist richtig. Du hast die gemischte Zahl in einen unechten Bruch umgewandelt, Zähler mit Zähler und Nenner mit Nenner malgenommen und das Ergebnis als gemischte Zahl geschrieben. Hier sind noch die beiden anderen Aufgaben richtig vorgerechnet, vergleiche!

1. $\frac{5}{6} \cdot 6 = \frac{5}{6} \cdot \frac{6}{1} = \frac{30}{6} = \underline{\underline{5}}$

3. $5\frac{1}{2} \cdot \frac{1}{6} = \frac{11}{2} \cdot \frac{1}{6} = \underline{\underline{\frac{11}{12}}}$

Löse nun zur Übung folgende Aufgaben:

1. $2\frac{1}{3} \cdot \frac{3}{4} = \ldots$ 2. $1\frac{3}{4} \cdot 1\frac{1}{3} = \ldots$

3. $2\frac{1}{2} \cdot 1\frac{1}{2} = \ldots$ 4. $2\frac{1}{4} \cdot \frac{2}{3} = \ldots$

Schlage dann Seite 262 B auf.

260 A

(von Seite 257 B)

Du hast richtig gerechnet. Hier sind noch einmal alle drei Lösungen, damit Du sie mit Deinen Ergebnissen vergleichen kannst.

1. $45\frac{1}{2} \cdot 25 = \ldots$

$45 \cdot 25$ und $\frac{1}{2} \cdot 25 = 12\frac{1}{2}$

```
45 · 25
   90
  225
 1125
+  12 1/2
 1137 1/2
```

$1137\frac{1}{2}$

2. $51\frac{3}{4} \cdot 22 = \ldots$

$51 \cdot 22$ und $\frac{3}{4} \cdot 22 = \frac{3 \cdot \cancel{22}^{11}}{\cancel{4}_{2} \cdot 1} = 16\frac{1}{2}$

```
51 · 22
  102
  102
 1122
+  16 1/2
 1138 1/2
```

$1138\frac{1}{2}$

3. $54\frac{1}{6} \cdot 21 = \ldots$

$54 \cdot 21$ und $\frac{1}{6} \cdot 21 = \frac{1 \cdot \cancel{21}^{7}}{\cancel{6}_{2} \cdot 1} = \frac{7}{2} = 3\frac{1}{2}$

```
54 · 21
  108
   54
 1134
+   3 1/2
 1137 1/2
```

$1137\frac{1}{2}$

Du hast also gelernt:

> Wenn eine ganze Zahl mit einer gemischten Zahl malgenommen werden soll, so mußt Du
> 1. beide ganzen Zahlen miteinander malnehmen,
> 2. den Bruch der gemischten Zahl mit der ganzen Zahl malnehmen und dann
> 3. beide Ergebnisse zusammenzählen.

Nun geht es gegenüber auf Seite 261 A weiter.

P

(von Seite 260 A)

Wie rechnet man "gemischte Zahl mal gemischte Zahl"?

Als letztes wollen wir noch lernen, wie man große gemischte Zahlen miteinander malnimmt (multipliziert). Als Beispiel wählen wir die Aufgabe

$$87\frac{1}{2} \cdot 16\frac{2}{3}.$$

Wir wandeln die beiden gemischten Zahlen zunächst in unechte Brüche um:

Aus $87\frac{1}{2}$ wird $\frac{175}{2}$ und

aus $16\frac{2}{3}$ wird $\frac{50}{3}$.

Wir müssen also $\frac{175}{2} \cdot \frac{50}{3}$ rechnen. Wir können kürzen:

$$\frac{175 \cdot \overset{25}{\cancel{50}}}{\underset{1}{\cancel{2}} \cdot 3}$$

Und müssen nun rechnen:

$$\frac{\text{Zähler mal Zähler}}{\text{Nenner mal Nenner}} = \frac{175 \cdot 25}{1 \cdot 3} = \frac{4375}{3} = \underline{\underline{1458\frac{1}{3}}}$$

Nun rechne ebenso die Aufgabe

$$12\frac{1}{2} \cdot 15\frac{1}{5} = \ldots$$

Schreibe zunächst nur die beiden gemischten Zahlen als unechte Brüche und vergleiche dann mit den Antworten auf Seite 258 B.

8

262 A
(von Seite 257 B)

Wie kommst Du nur zu diesem Ergebnis? Hast Du am Ende gar nicht gerechnet, sondern nur geraten? Schau Dir einmal sorgfältig den Lösungsweg an:

$$54\frac{1}{6} \cdot 21 = \ldots$$

$$\begin{array}{r} 54 \cdot 21 \\ \hline 108 \\ 54 \\ \hline 1134 \\ + \quad 3\frac{1}{2} \\ \hline 1137\frac{1}{2} \end{array} \qquad \text{und} \quad \frac{1}{6} \cdot 21 = \frac{1 \cdot \overset{7}{\cancel{21}}}{\underset{2}{\cancel{6}} \cdot 1} = \frac{7}{2} = 3\frac{1}{2}$$

Wenn Du dies verstanden hast, prüfe auch die Aufgaben 1 und 2 nach. Danach geht es auf Seite 260 A weiter.

---

262 B
(von Seite 259 A)

Vergleiche Deine Lösungen mit den untenstehenden. Nur bei einer ist das Ergebnis $3\frac{3}{4}$ richtig. Welche ist es? Wenn Du meinst, daß

1. $2\frac{1}{3} \cdot \frac{3}{4} = 3\frac{3}{4}$ ist, schlage Seite 246 B auf.

2. $1\frac{3}{4} \cdot 1\frac{1}{3} = 3\frac{3}{4}$ ist, schlage Seite 250 A auf.

3. $2\frac{1}{2} \cdot 1\frac{1}{2} = 3\frac{3}{4}$ ist, schlage Seite 252 A auf.

4. $2\frac{1}{4} \cdot \frac{2}{3} = 3\frac{3}{4}$ ist, schlage Seite 264 A auf.

(von Seite 265 A)

Leider falsch. Überlege einmal: $\frac{25}{2} \cdot \frac{76}{5} = \dots$

Wir kürzen zunächst durch 5: $\frac{25 : 5}{5 : 5} = \frac{5}{1}$

In der Aufgabe steht dann: $\frac{\overset{5}{\cancel{25}} \cdot 76}{2 \cdot \underset{1}{\cancel{5}}}$

Anschließend kürzen wir durch 2: $\frac{76 : 2}{2 : 2} = \frac{38}{1}$

Die Rechnung sieht zusammengefaßt so aus: $\frac{25 \cdot 76}{2 \cdot 5} = \frac{\overset{5}{\cancel{25}} \cdot \overset{38}{\cancel{76}}}{\underset{1}{\cancel{2}} \cdot \underset{1}{\cancel{5}}}$

Nun geht es auf Seite 247 A weiter.

8

264 A

(von Seite 262 B)

Aufgabe 4 ist leider falsch. Betrachten wir noch einmal den vollständigen Gang der Rechnung:

$$2\frac{1}{4} \cdot \frac{2}{3} = \frac{9}{4} \cdot \frac{2}{3} = \frac{9 \cdot 2}{4 \cdot 3} = \frac{18}{12}$$

Jetzt kürzen wir:

$$\frac{18}{12} = \frac{18 : 6}{12 : 6} = \frac{3}{2} = \underline{\underline{1\frac{1}{2}}}$$

Berichtige Deine Rechnung. Schlage bitte wieder Seite 262 B auf und suche das richtige Ergebnis.

265 A

(von Seite 257 A)

Was ist richtig?

$$\frac{25 \cdot 76}{2 \cdot 5} = \frac{\overset{5}{\cancel{25}} \cdot \overset{38}{\cancel{76}}}{\underset{1}{\cancel{2}} \cdot \underset{1}{\cancel{5}}}$$

Seite 247 A

$$\frac{25 \cdot 76}{2 \cdot 5} = \frac{\overset{5}{\cancel{25}} \cdot \overset{38}{\cancel{76}}}{\underset{2}{\cancel{2}} \cdot \underset{5}{\cancel{5}}}$$

Seite 251 B

$$\frac{25 \cdot 76}{2 \cdot 5} = \frac{\overset{5}{\cancel{25}} \cdot \overset{2}{\cancel{76}}}{\underset{2}{\cancel{2}} \cdot \underset{5}{\cancel{5}}}$$

Seite 263 A

---

265 B

(von Seite 255 A)

Du hast Dich geirrt, wenn Du

$$3. \qquad 5\frac{1}{2} \cdot \frac{1}{6} = \frac{11}{2} \cdot \frac{1}{6} = \frac{11}{6} = \underline{\underline{1\frac{5}{6}}}$$

gerechnet hast. Du hast die Regel, die Du gerade gelernt hast, nicht richtig angewandt. Sie lautete:

Zähler mal Zähler

durch Nenner mal Nenner

In Deiner Aufgabe hast Du die Zähler richtig malgenommen; aber was geschah mit den Nennern?

$$2 \cdot 6 = 12,$$

aber nicht 6. Die Rechnung lautet also:

$$5\frac{1}{2} \cdot \frac{1}{6} = \frac{11}{2} \cdot \frac{1}{6} = \underline{\underline{\frac{11}{12}}}$$

Lies die Regel noch einmal, schlage die Seite 255 A wieder auf und suche die Aufgabe, die richtig gerechnet ist.

266 A
(von Seite 258 B)

Du mußt Dich verrechnet haben. Es wird daher gut sein, wenn wir Dir noch zwei Aufgaben vorrechnen. Wandle die gemischten Zahlen

$$22\frac{1}{3} \quad \text{und} \quad 30\frac{2}{5}$$

in unechte Brüche um:

$$22\frac{1}{3} = \frac{22 \cdot 3}{3} + \frac{1}{3} = \frac{66}{3} + \frac{1}{3} = \underline{\underline{\frac{67}{3}}}$$

$$30\frac{2}{5} = \frac{30 \cdot 5}{5} + \frac{2}{5} = \frac{150}{5} + \frac{2}{5} = \underline{\underline{\frac{152}{5}}}$$

So mußt Du auch die Zahlen aus Deiner Aufgabe umwandeln. Rechne noch einmal. Auf Seite 257 A geht es dann weiter.

9 Das Teilen (die Division) von Brüchen

Wir beginnen mit einem kurzen Rückblick auf das letzte Kapitel. Du hast gelernt, daß man beim Malnehmen (Multiplizieren) von Brüchen

Beispiel: $\frac{4}{5} \cdot \frac{2}{3} = \ldots$

1. die Zähler miteinander malnehmen muß, wenn man den neuen Zähler erhalten will: $4 \cdot 2 = 8$
2. Nenner mit Nenner multiplizieren muß, wenn man den neuen Nenner erhalten will: $5 \cdot 3 = 15$

Also ist: $\frac{4}{5} \cdot \frac{2}{3} = \underline{\underline{\frac{8}{15}}}$

Du wirst gleich sehen, daß das Teilen (die Division) von Brüchen entsprechend durchgeführt wird. Fangen wir aber erst einmal mit einer ganz einfachen Aufgabe an:

$$\frac{8}{9} : \frac{2}{9} = \ldots$$

Eine Divisionsaufgabe kann als Enthaltenseinsaufgabe angesehen werden: Wie oft sind $\frac{2}{9}$ in $\frac{8}{9}$ enthalten? Die Lösung weißt Du sofort: Es geht viermal. Also ist:

$$\frac{8}{9} : \frac{2}{9} = 4$$

Hier sind noch zwei weitere Beispiele:

a) $\frac{6}{7} : \frac{2}{7}$ bedeutet: Wie oft sind $\frac{2}{7}$ in $\frac{6}{7}$ enthalten? Dreimal, also ist

$$\frac{6}{7} : \frac{2}{7} = 3 .$$

Lies bitte auf Seite 268 A weiter.

268 A
(von Seite 267 A)

b) $\frac{8}{13} : \frac{4}{13}$ bedeutet: Wie oft sind $\frac{4}{13}$ in $\frac{8}{13}$ enthalten? Es geht zweimal, also ist

$$\frac{8}{13} : \frac{4}{13} = 2.$$

Das hast Du bestimmt schon verstanden. Rechne jetzt die Aufgabe

$$\frac{15}{16} : \frac{5}{16} = \ldots$$

Schreibe: Wie oft ist ... in ... enthalten? Es geht ...mal.

Wenn Du fertig bist, vergleiche mit Seite 272 A.

---

268 B
(von Seite 270 A)

Du hast leider falsch gerechnet. Dein Fehler liegt im letzten Schritt.

$$3\frac{1}{2} : \frac{2}{5} = \frac{7}{2} : \frac{2}{5} = \frac{35}{10} : \frac{4}{10} = \frac{\ldots}{\ldots}$$

Bevor Du diese Aufgabe zu Ende rechnest, sieh Dir zwei ähnliche Beispiele an:

$$1\frac{1}{3} : 1\frac{1}{2} = \frac{4}{3} : \frac{3}{2} = \frac{8}{6} : \frac{9}{6} = \underline{\underline{\frac{8}{9}}}$$

$$4\frac{1}{4} : 2\frac{1}{2} = \frac{17}{4} : \frac{5}{2} = \frac{17}{4} : \frac{10}{4} = \frac{17}{10} = \underline{\underline{1\frac{7}{10}}}$$

Und nun zurück zur ursprünglichen Aufgabe:

$$\frac{35}{10} : \frac{4}{10} = \ldots$$

Jetzt wirst Du bestimmt auf Seite 270 A das richtige Ergebnis finden.

(von Seite 278 B)

$$8 : \frac{3}{4} = 3\frac{2}{3}$$

ist leider falsch. Du hast offensichtlich vergessen, die ganze Zahl 8 in einen Bruch zu verwandeln, bevor Du durch $\frac{3}{4}$ teiltest.

An ähnlichen Beispielen zeigen wir Dir noch einmal, wie man das macht:

$$8 : \frac{2}{5} = \ldots$$

In diesem Fall mußt Du 8 in einen unechten Bruch mit dem Nenner 5 umwandeln:

$$8 = \frac{8}{1} = \frac{8 \cdot 5}{1 \cdot 5} = \frac{40}{5};$$

dann ist $$\frac{40}{5} : \frac{2}{5} = \frac{40}{2} = \underline{\underline{20}}.$$

Ein weiteres Beispiel: $$8 : \frac{7}{8} = \ldots$$

In diesem Fall mußt Du 8 in einen unechten Bruch mit dem Nenner 8 umwandeln:

$$8 = \frac{8}{1} = \frac{8 \cdot 8}{1 \cdot 8} = \frac{64}{8};$$

dann ist $$\frac{64}{8} : \frac{7}{8} = \frac{64}{7} = \underline{\underline{9\frac{1}{7}}}.$$

Nun zu unserer ursprünglichen Aufgabe

$$8 : \frac{3}{4} = \ldots$$

Wieder muß 8 in einen Bruch - und zwar mit dem Nenner 4 - umgewandelt werden:

$$8 = \frac{8}{1} = \frac{8 \cdot ?}{1 \cdot 4} = \frac{?}{4};$$

dann ist $$\frac{?}{4} : \frac{3}{4} = \frac{?}{3} = \ldots$$

Rechne die Aufgabe zu Ende und vergleiche erneut mit Seite 278 B.

9

270 A

(von Seite 281 A)

Heißt Dein Ergebnis $\frac{4}{35}$, dann schlage Seite 268 B auf.

Heißt Dein Ergebnis $8\frac{3}{4}$, dann schlage Seite 272 B auf.

Heißt Dein Ergebnis $17\frac{1}{2}$, dann schlage Seite 276 A auf.

Wenn Dein Ergebnis nicht dabei ist, rechne bitte noch einmal.

---

270 B

(von Seite 272 A)

Du kannst also schreiben: $\frac{15}{16} : \frac{5}{16} = 3$

Wir teilen gleichnamige Brüche

Du erinnerst Dich an unsere Regel für das Malnehmen (Multiplizieren) von Brüchen, die wir kurz so geschrieben haben:

$$\text{Bruch mal Bruch} = \frac{\text{Zähler mal Zähler}}{\text{Nenner mal Nenner}}$$

Vielleicht hast Du an den bisherigen Beispielen schon erkannt, daß man das Teilen (die Division) entsprechend schreiben muß:

$$\text{Bruch durch Bruch} = \frac{\text{Zähler durch Zähler}}{\text{Nenner durch Nenner}}$$

Wir erläutern Dir dies am besten an der letzten Aufgabe:

$$\frac{15}{16} : \frac{5}{16} = \frac{15 : 5}{16 : 16} = \frac{3}{1} = \underline{\underline{3}}$$

Hier sind noch zwei weitere Beispiele:

$$\frac{7}{8} : \frac{1}{8} = \frac{7 : 1}{8 : 8} = \frac{7}{1} = \underline{\underline{7}} \quad \text{und} \quad \frac{4}{7} : \frac{2}{7} = \frac{4 : 2}{7 : 7} = \frac{2}{1} = \underline{\underline{2}}$$

Rechne ebenso ausführlich $\frac{9}{10} : \frac{3}{10} = \dots$

und schlage dann Seite 275 B auf.

(von Seite 278 B)

$$8 : \frac{3}{4} = \frac{3}{32}$$

ist falsch. Du hast im Ergebnis Zähler und Nenner vertauscht. Zunächst mußt Du die ganze Zahl in einen unechten Bruch mit dem Nenner 4 umwandeln, damit Du gleiche Nenner erhältst:

$$8 = \frac{8}{1} = \frac{8 \cdot 4}{1 \cdot 4} = \frac{32}{4}$$

Dann heißt die Aufgabe

$$\frac{32}{4} : \frac{3}{4} = \ldots$$

Wir haben bereits gelernt, daß beim Teilen von gleichnamigen Brüchen die Nenner entfallen. Nun mußt Du noch den ersten Zähler durch den zweiten teilen:

$$32 : 3 = \frac{32}{3} = \underline{\underline{10\frac{2}{3}}} \text{ und nicht } \frac{3}{32}.$$

Wir führen Dir noch einige Beispiele vor, an denen Du das Teilen von gleichnamigen Brüchen lernen kannst:

$$\frac{7}{10} : \frac{9}{10} = 7 : 9 = \frac{7}{9}$$

$$\frac{15}{7} : \frac{2}{7} = 15 : 2 = \frac{15}{2} = \underline{\underline{7\frac{1}{2}}}$$

Nun geht es auf Seite 281 A weiter.

9

272 A

(von Seite 268 A)

Was ist Dein Ergebnis?

$\frac{5}{16}$ ist in $\frac{15}{16}$ dreimal enthalten. Seite 270 B

$\frac{15}{16}$ ist in $\frac{5}{16}$ sechzehnmal enthalten. Seite 274 A

Meine Lösung ist nicht dabei. Seite 293 B

---

272 B

(von Seite 270 A)

$$3\frac{1}{2} : \frac{2}{5} = 8\frac{3}{4}$$

ist richtig. Vergleiche aber noch einmal mit der vollständigen Rechnung:

$$3\frac{1}{2} : \frac{2}{5} = \frac{7}{2} : \frac{2}{5} = \frac{35}{10} : \frac{4}{10} = \underline{\underline{8\frac{3}{4}}}$$

Zeige jetzt, was Du kannst!

1. $\frac{9}{10} : \frac{3}{10} = \ldots$ 2. $\frac{5}{6} : \frac{1}{3} = \ldots$ 3. $7\frac{1}{2} : \frac{2}{3} = \ldots$

4. $9 : \frac{4}{5} = \ldots$ 5. $5\frac{1}{2} : 1\frac{1}{2} = \ldots$ 6. $\frac{3}{8} : 4 = \ldots$

7. $2\frac{1}{3} : 4 = \ldots$ 8. $6 : 1\frac{1}{4} = \ldots$ 9. $\frac{7}{8} : 1\frac{1}{2} = \ldots$

Wenn Du fertig bist, schlage Seite 279 B auf.

273 A
(von Seite 287 A)

Nein, Aufgabe 4 ist richtig gerechnet. Alle Regeln sind beachtet worden. Und so sieht der Lösungsweg aus:

$$9 : \frac{4}{5} = \frac{45}{5} : \frac{4}{5} = \frac{45}{4} = \underline{\underline{11\frac{1}{4}}}$$

Nun schlage wieder Seite 287 A auf und suche die Aufgabe heraus, die falsch gerechnet worden ist.

---

273 B
(von Seite 275 A)

Was hast Du herausbekommen?

$\frac{3}{10} : \frac{4}{5} = \frac{3}{8}$ — Seite 277 A

$\frac{3}{10} : \frac{4}{5} = 2\frac{2}{3}$ — Seite 282 A

$\frac{3}{10} : \frac{4}{5} = \frac{3}{4}$ — Seite 286 A

Ich finde die Lösung nicht. — Seite 299 B

274 A

(von Seite 272 A)

Jetzt hast Du alles durcheinandergebracht - leider. Nun, wir werden es auch wieder in Ordnung bekommen.

Erst einmal: Die Teilungsaufgabe 15 : 5 bedeutet: Wie oft ist 5 in 15 enthalten? Natürlich dreimal, oder etwa nicht? Entsprechend mußt Du schließen: Die Teilungsaufgabe $\frac{15}{16} : \frac{5}{16}$ bedeutet: Wie oft ist $\frac{5}{16}$ in $\frac{15}{16}$ enthalten? Ebenfalls dreimal.

Wie bist Du nur auf das Ergebnis "sechzehnmal" gekommen? Du scheinst etwas ermüdet zu sein, und vielleicht ist es besser, wenn Du eine Pause einlegst. Lege ein Lesezeichen auf diese Seite, damit Du nachher gleich auf Seite 270 B weiterarbeiten kannst.

---

274 B

(von Seite 280 A)

$$\frac{5}{7} : \frac{6}{7} = \frac{5}{6}$$

Gut so! Weil die Nenner gleich sind, brauchst Du nur den ersten Zähler durch den zweiten zu teilen (zu dividieren), und schon hast Du die Lösung:

$$5 : 6 = \frac{5}{6}$$

Du kannst jetzt gleichnamige Brüche teilen. Das Teilen (Dividieren) von ungleichnamigen Brüchen lernst Du jetzt gegenüber auf Seite 275 A.

P

Wir teilen ungleichnamige Brüche

Ungleichnamige Brüche müssen durch Erweitern gleichnamig gemacht werden.

Hier ist ein Beispiel: $\frac{7}{8} : \frac{1}{2} = \ldots$

Die Nenner sind nicht gleich, also müssen wir den Hauptnenner suchen. Das k g V von 8 und 2 ist 8, darum müssen wir $\frac{1}{2}$ in Achtel umwandeln:

$$\frac{1}{2} = \frac{4}{8}$$

Die Aufgabe heißt dann: $\frac{7}{8} : \frac{4}{8} = \ldots$

Teile die Zähler: $7 : 4 = \frac{7}{4} = 1\frac{3}{4}$

$$\frac{7}{8} : \frac{1}{2} \text{ ergibt also } 1\frac{3}{4}.$$

Nun rechne ebenso die Aufgabe $\frac{3}{10} : \frac{4}{5}$ und schlage dann Seite 273 B auf.

9

Welches Ergebnis hast Du?

$\frac{9}{10} : \frac{3}{10} = \frac{3}{10}$ Seite 276 B

$\frac{9}{10} : \frac{3}{10} = \frac{3}{1} = 3$ Seite 280 A

$\frac{9}{10} : \frac{3}{10} = \frac{6}{1} = 6$ Seite 284 A

Mein Ergebnis ist nicht dabei. Seite 295 A

276 A

(von Seite 270 A)

$$3\frac{1}{2} : \frac{2}{5} = 17\frac{1}{2}$$

Du hast nicht sorgfältig genug gerechnet. Der Pfeil zeigt die Stelle, wo Du wahrscheinlich einen Fehler gemacht hast.

↓

$$3\frac{1}{2} : \frac{2}{5} = \frac{7}{2} : \frac{2}{5} = \frac{35}{10} : \frac{?}{10} = 35 : ? = \frac{35}{?} = ?$$

Zur Übung erweitern wir noch einmal einige Brüche:

$$\frac{3}{5} = \frac{9}{15} \qquad \frac{3}{4} = \frac{9}{12}$$

$$\frac{2}{7} = \frac{6}{21} \qquad \frac{1}{6} = \frac{3}{18}$$

Nachdem Du in Deinem Heft den Fehler berichtigt hast, wirst Du auf Seite 270 A das richtige Ergebnis finden.

---

276 B

(von Seite 275 B)

Nein, das ist nicht richtig. In Deiner Rechnung

$$\frac{9}{10} : \frac{3}{10} = \frac{9 : 3}{10 : 10} = \frac{3}{10}$$

waren die Zähler richtig geteilt: $9 : 3 = 3$, aber nicht die Nenner.

Hast Du vergessen, daß eine Zahl durch sich selbst geteilt 1 ergibt?

$4 : 4 = 1 \qquad 7 : 7 = 1$

Wenn Du den Fehler im Nenner berichtigt hast, wirst Du auf Seite 275 B das richtige Ergebnis finden.

(von Seite 273 B)

So ist es richtig:

$$\frac{3}{10} : \frac{4}{5} = \frac{3}{10} : \frac{8}{10} = \frac{3 : 8}{10 : 10} = \frac{3 : 8}{1} = 3 : 8 = \underline{\underline{\frac{3}{8}}}$$

Auf diese Weise teilen (dividieren) wir auch eine ganze Zahl durch einen Bruch, z.B.:

$$6 : \frac{2}{3} = \ldots$$

Schreibe zuerst die ganze Zahl in Bruchform:

$$\frac{6}{1} : \frac{2}{3} = \ldots$$

Der Hauptnenner ist 3:

$$\frac{18}{3} : \frac{2}{3} = \ldots$$

Wir teilen (dividieren) die Zähler:

$$18 : 2 = 9$$

Du weißt ja, daß wir bei der Teilung (Division) gleichnamiger Brüche die Nenner gar nicht zu berücksichtigen brauchen. In unserer Aufgabe ist nämlich $3 : 3 = 1$. Also ist:

$$6 : \frac{2}{3} = 9$$

Rechne nun ebenso die Aufgabe

$$8 : \frac{3}{4} = \ldots$$

und vergleiche dann mit Seite 278 B.

278 A

(von Seite 297 A)

Nein,

$$\frac{4}{5} : \frac{1}{3} \text{ ist nicht } \frac{4}{5} \cdot \frac{1}{3}.$$

Die Regel heißt:

> Man teilt durch einen Bruch, indem man mit dem Kehrwert dieses Bruches malnimmt.

Der Teiler (Divisor) ist in diesem Beispiel $\frac{1}{3}$. Hast Du ihn umgekehrt? Nein, darum ist Dein Ergebnis falsch. Hier sind noch zwei Beispiele zur Übung:

$$\frac{3}{4} : \frac{2}{3} = \frac{3}{4} \cdot \frac{3}{2}$$

$$\frac{2}{5} : \frac{1}{2} = \frac{2}{5} \cdot \frac{2}{1}$$

Nun schlage wieder Seite 297 A auf und suche die richtige Gleichung.

---

278 B

(von Seite 277 A)

$8 : \frac{3}{4} = \ldots$

Das Ergebnis heißt $\frac{3}{32}$. Seite 271 A

Das Ergebnis heißt $2\frac{2}{3}$. Seite 269 A

Das Ergebnis heißt $10\frac{2}{3}$. Seite 281 A

Wenn Du ein anderes Ergebnis hast, lies Seite 277 A noch einmal aufmerksam durch und rechne dann die Aufgabe zum zweitenmal.

(von Seite 292 B)

In dieser Rechnung

$$8 : \frac{2}{3} = \frac{24}{3} : \frac{2}{3} = \frac{2}{24} = \underline{\underline{\frac{1}{12}}}$$

steckt ein Fehler. Daß $\frac{1}{12}$ falsch sein muß, hättest Du durch eine Überlegung merken können. Du hast schon mehrere Beispiele gerechnet, wo beim Teilen durch eine Zahl, die kleiner als 1 ist (hier heißt der Divisor $\frac{2}{3}$), das Ergebnis vergrößert wurde. Wenn Du 8 durch $\frac{2}{3}$ teilst, muß eine Zahl herauskommen, die größer als 8 ist. Am besten wird es sein, wenn Du Kapitel 9 wiederholst. Beim zweitenmal wirst Du mit dieser Aufgabe sicher keine Mühe mehr haben.

Kehre zurück zur Seite 267 A und wiederhole mindestens bis Seite 290 A.

(von Seite 272 B)

Vergleiche Deine Lösungen mit diesen Ergebnissen:

1. $\frac{9}{10} : \frac{3}{10} = 3$ 2. $\frac{5}{6} : \frac{1}{3} = 2\frac{1}{2}$ 3. $7\frac{1}{2} : \frac{2}{3} = 11\frac{1}{4}$

Wenn Du meinst, daß hier ein Ergebnis falsch ist, schlage Seite 283 B auf.

4. $9 : \frac{4}{5} = 11\frac{1}{4}$ 5. $5\frac{1}{2} : 1\frac{1}{2} = 3\frac{2}{3}$ 6. $\frac{3}{8} : 4 = 10\frac{2}{3}$

Wenn Du meinst, daß hier ein Ergebnis falsch ist, schlage Seite 287 A auf.

7. $2\frac{1}{3} : 4 = \frac{7}{12}$ 8. $6 : 1\frac{1}{4} = 4\frac{4}{5}$ 9. $\frac{7}{8} : 1\frac{1}{2} = \frac{7}{12}$

Wenn Du meinst, daß hier ein Ergebnis falsch ist, schlage Seite 302 A auf.

9

(von Seite 275 B)

Richtig!

$$\frac{9}{10} : \frac{3}{10} = \frac{9 : 3}{10 : 10} = \frac{3}{1} = \underline{\underline{3}}$$

Gleichnamige Brüche kann man leicht teilen (dividieren); man teilt nur Zähler durch Zähler, denn der neue Nenner heißt ja immer 1. Wir brauchen also in diesem Fall die Nenner gar nicht zu berücksichtigen. Hier sind drei Beispiele:

$$\frac{8}{9} : \frac{2}{9} = 4 \qquad \frac{5}{6} : \frac{1}{6} = 5 \qquad \frac{10}{12} : \frac{5}{12} = 2$$

Was geschieht aber nun, wenn der erste Zähler nicht durch den zweiten teilbar ist? Du weißt, daß man jede Teilung (Division) als Bruch schreiben kann:

$$3 : 4 = \frac{3}{4}$$

$$8 : 7 = \frac{8}{7}$$

Wenn der erste Zähler nicht durch den zweiten teilbar ist, kannst Du daher so verfahren:

$$\frac{3}{8} : \frac{5}{8} = \frac{3 : 5}{8 : 8} = \frac{3 : 5}{1} = 3 : 5 = \underline{\underline{\frac{3}{5}}}$$

$$\frac{5}{8} : \frac{3}{8} = \frac{5 : 3}{8 : 8} = \frac{5 : 3}{1} = 5 : 3 = \frac{5}{3} = \underline{\underline{1\frac{2}{3}}}$$

Kannst Du jetzt schon solche Aufgaben rechnen? Welche von diesen drei Aufgaben ist richtig gerechnet?

1. $\frac{5}{7} : \frac{6}{7} = \frac{5}{6}$ Seite 274 B

2. $\frac{5}{8} : \frac{5}{9} = \frac{8}{9}$ Seite 283 A

3. $\frac{8}{9} : \frac{5}{9} = \frac{5}{8}$ Seite 287 B

(von Seite 278 B)

Du hast richtig gerechnet. Die ausführliche Rechnung sieht so aus:

$$8 : \frac{3}{4} = \frac{8}{1} : \frac{3}{4} = \frac{32}{4} : \frac{3}{4} = \frac{32}{3} = \underline{\underline{10\frac{2}{3}}}$$

Auf dieselbe Weise werden auch gemischte Zahlen durch Brüche geteilt (dividiert). Zum Beispiel:

$$3\frac{1}{3} : \frac{3}{4} = \ldots$$

Wir schreiben zuerst die gemischte Zahl als unechten Bruch:

$$\frac{10}{3} : \frac{3}{4}$$

Jetzt können wir wieder unsere HERKUles-Regel anwenden.

H	Der Hauptnenner von 3 und 4 ist 12.
E	Durch Erweitern erhältst Du $\frac{10}{3} = \frac{40}{12}$ und $\frac{3}{4} = \frac{9}{12}$.
R	Rechne: $\frac{40}{12} : \frac{9}{12} = 40 : 9 = \frac{40}{9}$.
K	Kürzen ist in dieser Aufgabe nicht möglich.
U	Durch Umwandeln in eine gemischte Zahl erhältst Du $\frac{40}{9} = 4\frac{4}{9}$.

Wenn Du diese Aufgabe als Gleichungskette schreibst, sieht sie so aus:

$$3\frac{1}{3} : \frac{3}{4} = \frac{10}{3} : \frac{3}{4} = \frac{40}{12} : \frac{9}{12} = 40 : 9 = \frac{40}{9} = \underline{\underline{4\frac{4}{9}}}$$

Nun zeige an der folgenden Aufgabe, was Du gelernt hast!

$$3\frac{1}{2} : \frac{2}{5} = \ldots$$

Rechne und vergleiche dann mit Seite 270 A.

9

282 A

(von Seite 273 B)

Leider falsch; Du hast das Ergebnis umgekehrt. Die Reihenfolge der Zahlen darf beim Teilen nicht geändert werden; denn 3 : 8 ist nicht gleich 8 : 3; es ist doch $3 : 8 = \frac{3}{8}$ und $8 : 3 = \frac{8}{3} = 2\frac{2}{3}$.

Das kannst Du auch an diesen Beispielen nachprüfen:

$$3 : 4 = \frac{3}{4} \qquad \text{und daher} \qquad \frac{3}{5} : \frac{4}{5} = \underline{\underline{\frac{3}{4}}}$$

$$4 : 3 = \frac{4}{3} = 1\frac{1}{3} \qquad \text{und daher} \qquad \frac{4}{5} : \frac{3}{5} = \frac{4}{3} = \underline{\underline{1\frac{1}{3}}}$$

Am besten ist es, wenn Du noch einmal Seite 275 A sorgfältig durchliest.

---

282 B

(von Seite 292 B)

$$\frac{3}{4} : 8 = \frac{3}{4} : \frac{8}{1} = \frac{3}{4} \cdot \frac{1}{8} = \frac{3}{8}$$

ist falsch. Du kannst selbst die Probe machen. Wenn

$$\frac{3}{4} : 8 = \frac{3}{8}$$

wäre, dann müßte doch

$$8 \cdot \frac{3}{8} = \frac{3}{4}$$

sein. Aber tatsächlich ist

$$8 \cdot \frac{3}{8} = \underline{\underline{3}}\,.$$

Du solltest den 2. Lösungsweg wiederholen. Beim zweitenmal wirst Du diesen Fehler bestimmt nicht mehr machen. Kehre zurück nach Seite 291 A.

283 A

(von Seite 280 A)

$$2.\quad \frac{5}{8} : \frac{5}{9} = \frac{8}{9}$$

ist falsch. Du hast übersehen, daß die Brüche in dieser Aufgabe nicht gleichnamig sind. Wie man solche Teilungsaufgaben lösen kann, wirst Du gleich lernen. Vorher prüfe aber noch einmal die Aufgaben 1 und 3 auf Seite 280 A.

---

283 B

(von Seite 279 B)

Hoffentlich hast Du nicht geraten? Denn alle drei Aufgaben waren richtig gerechnet. Vergleiche Deine Rechnungen und suche Deinen Fehler:

$$1.\quad \frac{9}{10} : \frac{3}{10} = \frac{9}{3} = \underline{\underline{3}}$$

$$2.\quad \frac{5}{6} : \frac{1}{3} = \frac{5}{6} : \frac{2}{6} = \frac{5}{2} = \underline{\underline{2\frac{1}{2}}}$$

$$3.\quad 7\frac{1}{2} : \frac{2}{3} = \frac{15}{2} : \frac{2}{3} = \frac{45}{6} : \frac{4}{6} = \frac{45}{4} = \underline{\underline{11\frac{1}{4}}}$$

Schlage wieder Seite 279 B auf und vergleiche die Aufgaben 4 bis 9.

9

284 A

(von Seite 275 B)

$$\frac{9}{10} : \frac{3}{10} = \frac{6}{1} = \underline{\underline{6}}$$

ist falsch. Den neuen Nenner hast Du richtig errechnet:

$$10 : 10 = 1$$

Der Fehler hat sich beim Teilen der Zähler eingeschlichen. Ist

$$9 : 3 = 6\ ?$$

Hast Du etwa $9 - 3 = 6$ gerechnet?

Wenn Du Deinen Fehler berichtigt hast, wirst Du auf Seite 275 B das richtige Ergebnis finden können.

---

284 B

(von Seite 300 A)

Hier ist kein Fehler. Wir zeigen Dir die Lösungswege:

7. $4\frac{1}{4} : 8\frac{1}{2} = \frac{17}{4} : \frac{17}{2} = \frac{\overset{1}{\cancel{17}}}{\underset{2}{\cancel{4}}} \cdot \frac{\overset{1}{\cancel{2}}}{\underset{1}{\cancel{17}}} = \underline{\underline{\frac{1}{2}}}$

8. $2\frac{2}{3} : \frac{3}{4} = \frac{8}{3} : \frac{3}{4} = \frac{8}{3} \cdot \frac{4}{3} = \frac{32}{9} = \underline{\underline{3\frac{5}{9}}}$

Oder nach unserer 1. Methode:

7. $4\frac{1}{4} : 8\frac{1}{2} = \frac{17}{4} : \frac{17}{2} = \frac{17}{4} : \frac{34}{4} = 17 : 34 = \frac{17}{34} = \underline{\underline{\frac{1}{2}}}$

8. $2\frac{2}{3} : \frac{3}{4} = \frac{8}{3} : \frac{3}{4} = \frac{32}{12} : \frac{9}{12} = 32 : 9 = \frac{32}{9} = \underline{\underline{3\frac{5}{9}}}$

Schlage nun wieder Seite 300 A auf und suche den Fehler.

285 A
(von Seite 295 B)

Nein, die Aufgabe 5 ist richtig gerechnet. Hier sind die vollständigen Rechnungen:

$$25 : 3\tfrac{1}{3} = \frac{25}{1} : \frac{10}{3} = \frac{\overset{5}{\cancel{25}}}{1} \cdot \frac{3}{\underset{2}{\cancel{10}}} = \frac{15}{2} = \underline{\underline{7\tfrac{1}{2}}}$$

Oder: $$25 : 3\tfrac{1}{3} = \frac{25}{1} : \frac{10}{3} = \frac{75}{3} : \frac{10}{3} = \frac{75}{10} = \frac{15}{2} = \underline{\underline{7\tfrac{1}{2}}}$$

Rechne noch einmal Aufgabe 6 und schlage dann Seite 292 B auf.

---

285 B
(von Seite 302 B)

Diese Antwort ist nicht richtig. Bei

$$5 : \frac{3}{5} = \frac{1}{5} \cdot \frac{3}{5} = \underline{\underline{\frac{3}{25}}}$$

hast Du nicht den Divisor $\frac{3}{5}$ umgekehrt, sondern Du hast die zu teilende Zahl umgekehrt. (Der Kehrwert von $\frac{3}{5}$ ist $\frac{5}{3}$.)

In den folgenden Aufgaben zeigt Dir der Pfeil, welche Brüche umgekehrt werden müssen:

$$4 : \frac{2}{3} = \frac{\overset{2}{\cancel{4}}}{1} \cdot \frac{3}{\underset{1}{\cancel{2}}} = \underline{\underline{6}}$$

$$7 : \frac{3}{4} = \frac{7}{1} \cdot \frac{4}{3} = \frac{28}{3} = \underline{\underline{9\tfrac{1}{3}}}$$

Nun suche die richtige Rechnung auf Seite 302 B.

286 A
(von Seite 273 B)

$$\frac{3}{10} : \frac{4}{5} = \frac{3}{4}$$

ist falsch. Du hast gerechnet, als seien die Brüche gleichnamig, aber sie haben doch verschiedene Nenner.

Vor dem Teilen mußt Du die Brüche gleichnamig machen. So ist es richtig:

$$\frac{3}{10} : \frac{4}{5} = \ldots$$

Erweitere den zweiten Bruch mit 2:

$$\frac{3}{10} : \frac{8}{10} = \ldots$$

Nun kannst Du die Aufgabe allein zu Ende rechnen. Die Lösung findest Du danach auf Seite 277 A.

---

286 B
(von Seite 292 B)

$$\frac{5}{8} : \frac{1}{2} = \frac{5}{8} : \frac{4}{8} = \frac{5}{4} = \underline{\underline{1\frac{1}{4}}}$$

ist richtig. Prüfe nun diese drei Aufgaben und suche die richtige Rechnung heraus:

1. $\frac{2}{3} : 1\frac{1}{4} = \frac{2}{3} : \frac{5}{4} = \underline{\underline{\frac{2}{5}}}$ Seite 291 B

2. $5 : 1\frac{1}{2} = \frac{10}{2} : \frac{3}{2} = \frac{10}{3} = \underline{\underline{3\frac{1}{3}}}$ Seite 298 B

3. $3\frac{1}{2} : 5 = \frac{7}{2} : \frac{1}{5} = \frac{7}{2} \cdot \frac{5}{1} = \frac{35}{2} = \underline{\underline{17\frac{1}{2}}}$ Seite 301 A

287 A
(von Seite 279 B)

Du hast richtig herausgefunden, daß hier eine Aufgabe falsch ist. Welche ist es?

4. $9 : \frac{4}{5} = 11\frac{1}{4}$ ist falsch. Schlage Seite 273 A auf.

5. $5\frac{1}{2} : 1\frac{1}{2} = 3\frac{2}{3}$ ist falsch. Schlage Seite 289 B auf.

6. $\frac{3}{8} : 4 = 10\frac{2}{3}$ ist falsch. Schlage Seite 290 A auf.

---

287 B
(von Seite 280 A)

Die Aufgabe 3 ist nicht richtig gerechnet, die Zahlen des Ergebnisses sind vertauscht. So ist es richtig:

$$3. \quad \frac{8}{9} : \frac{5}{9} = \frac{8}{5},$$

also nicht $\frac{5}{8}$. Du mußt den ersten Zähler durch den zweiten teilen, nicht umgekehrt. Das siehst Du auch an diesen Beispielen:

$3 : 8 = \frac{3}{8}$ $4 : 8 = \frac{4}{8}$ $10 : 3 = \frac{10}{3}$

Schlage wieder Seite 280 A auf und prüfe die Aufgaben 1 und 2.

9

288 A

(von Seite 291 A)

$$15 : 3 = 15 \cdot 3$$

ist nicht richtig. Eine Zahl durch 3 teilen kann niemals dasselbe sein wie eine Zahl mit 3 malnehmen:

$$15 \cdot 3 = 45$$

$$15 : 3 = 5$$

45 ist aber nicht gleich 5. Darum ist

$$15 : 3 \neq 15 \cdot 3.$$

Das Zeichen $\neq$ bedeutet "ist nicht gleich".

Nun suche auf Seite 291 A die richtige Gleichung.

---

288 B

(von Seite 297 A)

Du hast nicht richtig überlegt: In Deiner Antwort

$$\frac{4}{5} : \frac{1}{3} = \frac{5}{4} \cdot \frac{1}{3}$$

hast Du den falschen Bruch umgekehrt. $\frac{4}{5}$ ist nicht der Teiler (Divisor). Der Divisor steht immer hinter dem Teilungszeichen; in unserem Beispiel ist $\frac{1}{3}$ der Divisor. Hier sind noch zwei Beispiele:

$$\frac{3}{8} : \frac{1}{8} = \frac{3}{8} \cdot \frac{8}{1}$$

$$\frac{4}{5} : \frac{3}{4} = \frac{4}{5} \cdot \frac{4}{3}$$

Nun suche auf Seite 297 A die richtige Gleichung.

289 A

(von Seite 300 A)

Hier ist kein Fehler. Sieh Dir die Lösungswege an:

1. $10 : \frac{5}{6} = \frac{\overset{2}{\cancel{10}}}{1} \cdot \frac{6}{\underset{1}{\cancel{5}}} = \frac{12}{1} = \underline{\underline{12}}$

2. $\frac{3}{4} : 2 = \frac{3}{4} \cdot \frac{1}{2} = \underline{\underline{\frac{3}{8}}}$

Oder nach unserer 1. Methode:

1. $10 : \frac{5}{6} = \frac{10}{1} : \frac{5}{6} = \frac{60}{6} : \frac{5}{6} = 60 : 5 = \underline{\underline{12}}$

2. $\frac{3}{4} : 2 = \frac{3}{4} : \frac{2}{1} = \frac{3}{4} : \frac{8}{4} = 3 : 8 = \underline{\underline{\frac{3}{8}}}$

Suche noch einmal auf Seite 300 A den dort versteckten Fehler.

---

289 B

(von Seite 287 A)

Nein, Aufgabe 5 ist richtig gerechnet. Sieh Dir die Lösung an:

$$5\frac{1}{2} : 1\frac{1}{2} = \frac{11}{2} : \frac{3}{2} = \frac{11}{3} = \underline{\underline{3\frac{2}{3}}}$$

Nun schlage wieder Seite 287 A auf und suche die Aufgabe heraus, die falsch gerechnet worden ist.

(von Seite 287 A)

Du hast recht; $\frac{3}{8}$: 4 ist nicht $10\frac{2}{3}$. So sieht die Rechnung aus:

6. $\frac{3}{8} : 4 = \frac{3}{8} : \frac{32}{8} = \underline{\underline{\frac{3}{32}}}$

Hier folgen noch einmal die Lösungen der übrigen acht Aufgaben; vergleiche bitte mit Deinen Rechnungen:

1. $\frac{9}{10} : \frac{3}{10} = 9 : 3 = \underline{\underline{3}}$

2. $\frac{5}{6} : \frac{1}{3} = \frac{5}{6} : \frac{2}{6} = \underline{\underline{2\frac{1}{2}}}$

3. $7\frac{1}{2} : \frac{2}{3} = \frac{15}{2} : \frac{2}{3} = \frac{45}{6} : \frac{4}{6} = \underline{\underline{11\frac{1}{4}}}$

4. $9 : \frac{4}{5} = \frac{45}{5} : \frac{4}{5} = \underline{\underline{11\frac{1}{4}}}$

5. $5\frac{1}{2} : 1\frac{1}{2} = \frac{11}{2} : \frac{3}{2} = \underline{\underline{3\frac{2}{3}}}$

7. $2\frac{1}{3} : 4 = \frac{7}{3} : \frac{12}{3} = \underline{\underline{\frac{7}{12}}}$

8. $6 : 1\frac{1}{4} = \frac{24}{4} : \frac{5}{4} = \underline{\underline{4\frac{4}{5}}}$

9. $\frac{7}{8} : 1\frac{1}{2} = \frac{7}{8} : \frac{12}{8} = \underline{\underline{\frac{7}{12}}}$

Du wirst hoffentlich alles fehlerfrei gerechnet haben. Dann sollst Du gegenüber auf Seite 291 A weiterarbeiten.

Fühlst Du Dich unsicher oder hattest Du sonst Schwierigkeiten mit diesen Aufgaben, wird es besser sein, wenn Du dieses Kapitel von Seite 267 A an noch einmal wiederholst.

(von Seite 290 A)

Ein zweiter Weg für das Teilen von Brüchen

Wir zeigen Dir jetzt ein zweites Verfahren, nach dem Brüche geteilt (dividiert) werden können. Wenn Du es gelernt hast, kannst Du selbst entscheiden, ob Du nach der ersten oder zweiten Art arbeiten willst.

Dieser Lösungsweg geht davon aus, daß

das Teilen einer Zahl durch 2 dem Malnehmen mit $\frac{1}{2}$,

das Teilen einer Zahl durch 3 dem Malnehmen mit $\frac{1}{3}$

entspricht. Beispiele:

a) $8 : 2 = 4$ und $8 \cdot \frac{1}{2} = 4$, also ist $8 : \frac{2}{1} = 8 \cdot \frac{1}{2}$.

b) $21 : 3 = 7$ und $21 \cdot \frac{1}{3} = 7$, also ist $21 : \frac{3}{1} = 21 \cdot \frac{1}{3}$.

Das hast Du sicherlich bereits verstanden. Dann findest Du auch die richtige Gleichung heraus:

$15 : 3 = 15 \cdot 3$ Seite 288 A

$15 : 3 = 15 \cdot \frac{1}{3}$ Seite 296 A

$15 : 3 = \frac{1}{15} \cdot 3$ Seite 299 A

(von Seite 286 B)

$$\frac{2}{3} : 1\frac{1}{4} = \frac{2}{3} : \frac{5}{4} = \underline{\underline{\frac{2}{5}}}$$

ist falsch. Das beste wäre, wenn Du Kapitel 9, mindestens aber den ersten Teil noch einmal durcharbeitetest. Erst wenn Du das Teilen von Brüchen wie im Schlaf kannst, verstehst Du die folgenden Abschnitte richtig.

Kehre zurück zur Seite 267 A und wiederhole mindestens bis Seite 290 A.

292 A
(von Seite 302 B)

$$5 : \frac{3}{5} = \frac{\overset{1}{\not{5}}}{1} \cdot \frac{3}{\underset{1}{\not{5}}} = \frac{3}{1} = \underline{\underline{3}}$$

ist falsch. Du hast den Teiler (Divisor) $\frac{3}{5}$ nicht umgekehrt.

Man teilt durch einen Bruch, indem man mit seinem Kehrwert malnimmt.

An einer ähnlichen Aufgabe kannst Du es Dir noch einmal klarmachen:

$$7 : \frac{2}{7} = \frac{7}{1} \cdot \frac{7}{2} = \frac{49}{2} = \underline{\underline{24\frac{1}{2}}}$$

Auf Seite 302 B solltest Du jetzt die richtige Rechnung finden können.

---

292 B
(von Seite 295 B)

Du hast recht. Das Ergebnis der Aufgabe 6 ist falsch. Hier ist die Lösung:

$$2\frac{1}{4} : \frac{4}{9} = \frac{9}{4} \cdot \frac{9}{4} = \frac{81}{16} = \underline{\underline{5\frac{1}{16}}}$$

Auch die erste Methode (Hauptnenner suchen) führt zu diesem Ergebnis:

$$2\frac{1}{4} : \frac{4}{9} = \frac{9}{4} : \frac{4}{9} = \frac{81}{36} : \frac{16}{36} = \frac{81}{16} = \underline{\underline{5\frac{1}{16}}}$$

Suche jetzt aus diesen Aufgaben die richtige Rechnung heraus:

1. $8 : \frac{2}{3} = \frac{24}{3} : \frac{2}{3} = \frac{2}{24} = \underline{\underline{\frac{1}{12}}}$ Seite 279 A

2. $\frac{3}{4} : 8 = \frac{3}{4} : \frac{8}{1} = \frac{3}{4} \cdot \frac{1}{8} = \underline{\underline{\frac{3}{8}}}$ Seite 282 B

3. $\frac{5}{8} : \frac{1}{2} = \frac{5}{8} : \frac{4}{8} = \underline{\underline{1\frac{1}{4}}}$ Seite 286 B

293 A

(von Seite 300 A)

Hier ist kein Fehler. Sieh Dir diese Rechnungen an:

3. $$\frac{9}{10} : \frac{1}{2} = \frac{9}{\cancel{10}_{\,5}} \cdot \frac{\cancel{2}^{\,1}}{1} = \frac{9}{5} = \underline{\underline{1\frac{4}{5}}}$$

4. $$\frac{3}{8} : 1\frac{1}{2} = \frac{3}{8} : \frac{3}{2} = \frac{\cancel{3}^{\,1}}{\cancel{8}_{\,4}} \cdot \frac{\cancel{2}^{\,1}}{\cancel{3}_{\,1}} = \underline{\underline{\frac{1}{4}}}$$

Oder nach unserer 1. Methode:

3. $$\frac{9}{10} : \frac{1}{2} = \frac{9}{10} : \frac{5}{10} = 9 : 5 = \frac{9}{5} = \underline{\underline{1\frac{4}{5}}}$$

4. $$\frac{3}{8} : 1\frac{1}{2} = \frac{3}{8} : \frac{3}{2} = \frac{3}{8} : \frac{12}{8} = 3 : 12 = \frac{3}{12} = \underline{\underline{\frac{1}{4}}}$$

Schlage wieder Seite 300 A auf und suche das dort versteckte falsche Ergebnis.

---

293 B

(von Seite 272 A)

Du mußt auf der ersten Seite dieses Kapitels irgend etwas nicht verstanden haben. Wir empfehlen Dir deswegen, noch einmal die Seite 267 A sorgfältig durchzuarbeiten. Du wirst dann bestimmt gleich die Lösung finden, die Aufgabe ist gar nicht schwer.

(von Seite 297 A)

Du hast richtig überlegt. Du hast den zweiten Bruch umgekehrt und mit diesem Kehrwert den ersten Bruch malgenommen (multipliziert):

$$\frac{4}{5} : \frac{1}{3} = \frac{4}{5} \cdot \frac{3}{1}$$

Wir rechnen jetzt weiter:

$$\frac{4}{5} \cdot \frac{3}{1} = \frac{12}{5} = \underline{\underline{2\tfrac{2}{5}}}$$

> Du mußt stets darauf achten, daß **nur** der Teiler (Divisor) vor dem Malnehmen umgekehrt wird. Der Divisor ist die Zahl, die hinter dem Teilungszeichen steht.

Unsere erste Methode führt natürlich zu demselben Ergebnis:

$$\frac{4}{5} : \frac{1}{3} = \frac{12}{15} : \frac{5}{15} = \frac{12}{5} = \underline{\underline{2\tfrac{2}{5}}}$$

Wir verfolgen noch einmal den zweiten Lösungsweg bei einer anderen Aufgabe:

$$12 : \frac{2}{3} = \ldots$$

Wir bilden den Kehrwert des Divisors und nehmen mal:

$$\frac{12}{1} \cdot \frac{3}{2}$$

Wir kürzen:

$$\frac{\overset{6}{\cancel{12}}}{1} \cdot \frac{3}{\underset{1}{\cancel{2}}}$$

Wir nehmen Zähler mit Zähler und Nenner mit Nenner mal:

$$\frac{6 \cdot 3}{1 \cdot 1} = \frac{18}{1} = \underline{\underline{18}}$$

Also ist

$$12 : \frac{2}{3} = \underline{\underline{18}}.$$

Versuche es jetzt einmal selbst:

$$5 : \frac{3}{5} = \ldots$$

Schlage dann Seite 302 B auf.

295 A

(von Seite 275 B)

Du mußt irgend etwas falsch gemacht haben. Wir wollen gemeinsam nach Deinem Fehler suchen.

Für $\frac{9}{10} : \frac{3}{10}$ kannst Du auch schreiben: Wie oft ist $\frac{3}{10}$ in $\frac{9}{10}$ enthalten? Schreibe bitte das Ergebnis auf.

Du erinnerst Dich an unsere neue Regel:

$$\text{Bruch durch Bruch} = \frac{\text{Zähler durch Zähler}}{\text{Nenner durch Nenner}}$$

Rechnen wir einmal die Aufgabe auf diese Art:

$$\frac{9}{10} : \frac{3}{10} = \frac{9 : 3}{10 : 10} = \ldots$$

Kannst Du dies jetzt selbst ausrechnen? Selbstverständlich muß dies Ergebnis mit dem Ergebnis von oben übereinstimmen.

Vergleiche dann mit Seite 280 A.

---

295 B

(von Seite 300 A)

Du hast recht. Ein Ergebnis ist falsch. Aber welches ist es?

5. $25 : 3\frac{1}{3} = 7\frac{1}{2}$ ist falsch. Seite 285 A

6. $2\frac{1}{4} : \frac{4}{9} = 20\frac{1}{4}$ ist falsch. Seite 292 B

(von Seite 291 A)

$$15 : 3 = 15 \cdot \frac{1}{3}$$

ist richtig. Man kann eine Zahl, statt sie durch 3 zu teilen, auch mit $\frac{1}{3}$ malnehmen (multiplizieren). Denn:

$$15 : 3 = 5 \qquad \text{und} \qquad 15 \cdot \frac{1}{3} = 5$$

Also ist

$$15 : 3 = 15 \cdot \frac{1}{3}$$

Schreiben wir alle Zahlen als Brüche:

$$\frac{15}{1} : \frac{3}{1} = \frac{15}{1} \cdot \frac{1}{3},$$

so können wir folgende Regel aufstellen:

> Man teilt (dividiert) durch einen Bruch, indem man mit dem Kehrwert dieses Bruches malnimmt (multipliziert).

Diese Regel gilt nicht nur für unechte Brüche wie $\frac{15}{1}$ oder $\frac{3}{1}$, sondern für alle Brüche. Du wirst später an mehreren Beispielen sehen, daß beide Methoden

a) gleichnamig machen (HERKUles-Regel)

b) mit dem Kehrwert des zweiten Bruches multiplizieren

dasselbe Ergebnis liefern.

Kehrwert bedeutet, daß Zähler und Nenner ihre Plätze tauschen.

Der Kehrwert von $\frac{2}{3}$ ist also $\frac{3}{2}$,

der Kehrwert von $\frac{3}{4}$ ist also $\frac{4}{3}$,

der Kehrwert von $\frac{7}{6}$ ist also $\frac{6}{7}$ u.s.w.

P

Lies bitte gegenüber auf Seite 297 A weiter.

297 A

(von Seite 296 A)

Welche Gleichung ist richtig?

$\frac{4}{5} : \frac{1}{3} = \frac{4}{5} \cdot \frac{1}{3}$ Seite 278 A

$\frac{4}{5} : \frac{1}{3} = \frac{5}{4} \cdot \frac{1}{3}$ Seite 288 B

$\frac{4}{5} : \frac{1}{3} = \frac{4}{5} \cdot \frac{3}{1}$ Seite 294 A

$\frac{4}{5} : \frac{1}{3} = \frac{5}{4} \cdot \frac{3}{1}$ Seite 301 B

---

297 B

(von Seite 298 B)

Prüfungsaufgaben

Rechne die folgenden Aufgaben nach der zweiten Methode (Kehrwert) und schreibe die Ergebnisse in Dein Heft:

1. $\frac{7}{12} : \frac{1}{4} = \ldots$
2. $15 : \frac{5}{8} = \ldots$
3. $33\frac{1}{3} : 2\frac{1}{2} = \ldots$
4. $37\frac{1}{2} : 7\frac{1}{2} = \ldots$
5. $16\frac{2}{3} : \frac{2}{3} = \ldots$
6. $12\frac{1}{2} : 10 = \ldots$

Das nächste Kapitel beginnt auf Seite 303 A.

298 A
(von Seite 302 B)

Gut so!

$$5 : \frac{3}{5} = \frac{5}{1} \cdot \frac{5}{3} = \frac{25}{3} = 8\frac{1}{3}$$

Die einzelnen Lösungsschritte der zweiten Methode sind also:

1. Den Kehrwert des Divisors bilden.
2. Malnehmen (multiplizieren).
3. Vereinfachen.

Rechne nun die folgenden Übungsaufgaben auf diese Art, damit Du noch sicherer wirst:

1. $10 : \frac{5}{6} = \ldots$
2. $\frac{3}{4} : 2 = \ldots$
3. $\frac{9}{10} : \frac{1}{2} = \ldots$
4. $\frac{3}{8} : 1\frac{1}{2} = \ldots$
5. $25 : 3\frac{1}{3} = \ldots$
6. $2\frac{1}{4} : \frac{4}{9} = \ldots$
7. $4\frac{1}{4} : 8\frac{1}{2} = \ldots$
8. $2\frac{2}{3} : \frac{3}{4} = \ldots$

Rechne dann zur Kontrolle alle Aufgaben auf die erste Art (gleichnamig machen). Wenn Du fertig bist, schlage bitte Seite 300 A auf.

---

298 B
(von Seite 286 B)

Du hast richtig überlegt:

$$5 : 1\frac{1}{2} = \frac{10}{2} : \frac{3}{2} = \frac{10}{3} = 3\frac{1}{3}$$

Die Schlußprüfung findest Du auf Seite 297 B.

P

299 A

(von Seite 291 A)

$$15 : 3 = \frac{1}{15} \cdot 3$$

ist falsch. Du hast Dich verwirren lassen. Denn:

$$15 : 3 = \underline{\underline{5}} \qquad \text{und} \qquad \frac{1}{15} \cdot 3 = \frac{1}{\cancel{15}_{5}} \cdot \frac{\cancel{3}^{1}}{1} = \underline{\underline{\frac{1}{5}}}$$

Weil 5 nicht gleich $\frac{1}{5}$ ist, ist

$$15 : 3 \neq \frac{1}{15} \cdot 3 .$$

Das Zeichen $\neq$ bedeutet "ist nicht gleich".

Nun suche auf Seite 291 A die richtige Gleichung.

---

299 B

(von Seite 273 B)

Wahrscheinlich wirst Du die Aufgabe

$$\frac{3}{10} : \frac{4}{5} = \ldots$$

rechnen können, wenn wir Dir etwas helfen. Die Nenner der Brüche sind 10 und 5, der Hauptnenner ist also 10. Du mußt den zweiten Bruch mit 2 erweitern:

$$\frac{4}{5} = \frac{4 \cdot 2}{5 \cdot 2} = \frac{8}{10}$$

und kannst dann so weiterrechnen:

$$\frac{3}{10} : \frac{4}{5} = \frac{3}{10} : \frac{8}{10} = \frac{3 : 8}{10 : 10} = \frac{3 : 8}{1} = \ldots$$

Beende die Aufgabe und vergleiche wieder mit Seite 273 B.

9

300 A

(von Seite 298 A)

Vergleiche Deine Ergebnisse:

1. $10 : \frac{5}{6} = 12$

2. $\frac{3}{4} : 2 = \frac{3}{8}$

Wenn Du meinst, daß eines von diesen Ergebnissen falsch ist, schlage Seite 289 A auf.

3. $\frac{9}{10} : \frac{1}{2} = 1\frac{4}{5}$

4. $\frac{3}{8} : 1\frac{1}{2} = \frac{1}{4}$

Wenn Du meinst, daß eines von diesen Ergebnissen falsch ist, schlage Seite 293 A auf.

5. $25 : 3\frac{1}{3} = 7\frac{1}{2}$

6. $2\frac{1}{4} : \frac{4}{9} = 20\frac{1}{4}$

Wenn Du meinst, daß eines von diesen Ergebnissen falsch ist, schlage Seite 295 B auf.

7. $4\frac{1}{4} : 8\frac{1}{2} = \frac{1}{2}$

8. $2\frac{2}{3} : \frac{3}{4} = 3\frac{5}{9}$

Wenn Du meinst, daß eines von diesen Ergebnissen falsch ist, schlage Seite 284 B auf.

301 A

(von Seite 286 B)

$$3\frac{1}{2} : 5 = \frac{7}{2} : \frac{1}{5} = \frac{7}{2} \cdot \frac{5}{1} = \frac{35}{2} = \underline{\underline{17\frac{1}{2}}}$$

ist falsch. Du solltest daher den zweiten Lösungsweg wiederholen. Dein Fehler steckt gleich am Beginn:

$$3\frac{1}{2} : 5 = \frac{7}{2} : \frac{5}{1}$$

Du hättest auch durch eine Überlegung sehen können, daß das Ergebnis nicht stimmen kann. Wenn Du eine Zahl (hier ist es $3\frac{1}{2}$) durch eine Zahl, die größer als 1 ist (hier ist es 5), teilst, muß das Ergebnis kleiner als $3\frac{1}{2}$ sein.

Beim zweitenmal wirst Du diesen Fehler sicher nicht mehr machen; kehre nun zurück zur Seite 291 A.

---

301 B

(von Seite 297 A)

$$\frac{4}{5} : \frac{1}{3} = \frac{5}{4} \cdot \frac{3}{1}$$

ist falsch. Denn Du hast beide Brüche umgekehrt. Die Regel sagt aber, daß Du nur den Divisor umkehren sollst. Der Divisor ist die Zahl, die hinter dem Teilungszeichen steht.

Sieh Dir diese beiden Beispiele genau an:

Divisor — Kehrwert des Divisors

$$\frac{2}{3} : \frac{4}{3} = \frac{2}{3} \cdot \frac{3}{4}$$

$$\frac{7}{8} : \frac{1}{4} = \frac{7}{8} \cdot \frac{4}{1}$$

Nun wirst Du bestimmt auf Seite 297 A die richtige Gleichung finden.

302 A
(von Seite 279 B)

Pech gehabt, denn alle drei Aufgaben sind richtig gerechnet. Vergleiche Deine Rechnungen und suche Deinen Fehler!

7. $2\frac{1}{3} : 4 = \frac{7}{3} : \frac{12}{3} = \underline{\underline{\frac{7}{12}}}$

8. $6 : 1\frac{1}{4} = \frac{24}{4} : \frac{5}{4} = \frac{24}{5} = \underline{\underline{4\frac{4}{5}}}$

9. $\frac{7}{8} : 1\frac{1}{2} = \frac{7}{8} : \frac{3}{2} = \frac{7}{8} : \frac{12}{8} = \underline{\underline{\frac{7}{12}}}$

Du mußt also wieder Seite 279 B aufschlagen und noch einmal nach dem dort versteckten Fehler suchen.

---

302 B
(von Seite 294 A)

Welche Rechnung ist richtig?

$5 : \frac{3}{5} = \frac{5}{1} : \frac{3}{5} = \frac{1}{5} \cdot \frac{3}{5} = \underline{\underline{\frac{3}{25}}}$ Seite 285 B

$5 : \frac{3}{5} = \frac{5}{1} \cdot \frac{3}{5} = \frac{3}{1} = \underline{\underline{3}}$ Seite 292 A

$5 : \frac{3}{5} = \frac{5}{1} \cdot \frac{5}{3} = \frac{25}{3} = \underline{\underline{8\frac{1}{3}}}$ Seite 298 A

Wenn Dein Ergebnis nicht dabei ist, arbeite noch einmal sorgfältig Seite 294 A durch und rechne dann die Aufgabe zum zweitenmal.

10 Wiederholung und Vertiefung

Jedes Kapitel, das Du bisher durchgearbeitet hast, enthielt irgend etwas Neues. Jetzt kannst Du aufatmen: In diesem Kapitel wird nur wiederholt, was Du schon kannst.

Der Zweck dieses Kapitels ist es, Dir das Gefühl zu geben, daß Du mit Brüchen "im Schlaf" rechnen kannst. Die folgenden Übungsaufgaben werden Dir dabei helfen. Wenn Du sie sorgfältig bearbeitest, wirst Du

1. noch sicherer und schneller rechnen lernen,
2. feststellen, wo vielleicht noch Schwierigkeiten oder Unklarheiten liegen.

Wir beginnen mit einer Wiederholung der vier Grundrechnungsarten:

1. $1\frac{1}{2} + \frac{3}{4} = \dots$

2. $1\frac{1}{2} - \frac{3}{4} = \dots$

3. $1\frac{1}{2} \cdot \frac{3}{4} = \dots$

4. $1\frac{1}{2} : \frac{3}{4} = \dots$

Wenn Du alle Aufgaben gerechnet hast, vergleiche Deine Ergebnisse mit den Lösungen auf Seite 305 A.

304 A
(von Seite 323 B)

Jetzt wird es etwas schwieriger, aber keine Angst vor großen Zahlen.

1. $13\frac{1}{2} \cdot 3\frac{1}{3} = \ldots$

2. $13\frac{1}{2} - 3\frac{1}{3} = \ldots$

3. $13\frac{1}{2} : 3\frac{1}{3} = \ldots$

4. $13\frac{1}{2} + 3\frac{1}{3} = \ldots$

Rechne die Aufgaben 2 bis 4 zur Sicherheit auf zwei Arten.

Wenn Du fertig bist, vergleiche Seite 306 A mit Deinen Ergebnissen.

---

304 B
(von Seite 312 A)

Jetzt kannst Du an diesen neun Aufgaben zeigen, daß Du ein sicherer Rechner bist:

1. a) $\frac{3}{4} \cdot 16$ b) $\frac{2}{3} \cdot 16$ c) $\frac{1}{5} \cdot 16$

2. a) $\frac{5}{8} \cdot 16$ b) $\frac{5}{6} \cdot 16$ c) $\frac{1}{4} \cdot 16$

3. a) $\frac{1}{3} \cdot 16$ b) $\frac{4}{5} \cdot 16$ c) $\frac{7}{8} \cdot 16$

Einige Aufgaben kannst Du auch im Kopf rechnen. Die übrigen Aufgaben rechne schriftlich. Prüfe auch immer, ob Du noch kürzen kannst. Schreibe das Ergebnis als ganze oder als gemischte Zahl.

Wenn Du fertig bist, vergleiche bitte mit Seite 306 B.

305 A

(von Seite 303 A)

Vergleiche Deine Lösungen:

1. $1\frac{1}{2} + \frac{3}{4} = 2\frac{1}{4}$

2. $1\frac{1}{2} - \frac{3}{4} = \frac{3}{4}$

Wenn Du meinst, daß hier ein Ergebnis falsch ist, schlage Seite 307 A auf.

3. $1\frac{1}{2} \cdot \frac{3}{4} = 1\frac{1}{8}$

4. $1\frac{1}{2} : \frac{3}{4} = \frac{3}{4}$

Wenn Du meinst, daß hier ein Ergebnis falsch ist, schlage Seite 309 A auf.

---

305 B

(von Seite 319 A)

Rechne jetzt diese vier Aufgaben:

1. $2\frac{1}{3} \cdot 1\frac{1}{2} = \ldots$

2. $2\frac{1}{3} + 1\frac{1}{2} = \ldots$

3. $2\frac{1}{3} : 1\frac{1}{2} = \ldots$

4. $2\frac{1}{3} - 1\frac{1}{2} = \ldots$

Wenn Du fertig bist, vergleiche Deine Ergebnisse mit Seite 307 B.

306 A
(von Seite 304 A)

Was hast Du herausbekommen?

1. $13\frac{1}{2} \cdot 3\frac{1}{3} = 45$

2. $13\frac{1}{2} - 3\frac{1}{3} = 10\frac{1}{6}$

Wenn Du meinst, daß eine von diesen Aufgaben falsch gerechnet ist, schlage bitte Seite 308 A auf.

3. $13\frac{1}{2} : 3\frac{1}{3} = 8\frac{1}{10}$

4. $13\frac{1}{2} + 3\frac{1}{3} = 16\frac{5}{6}$

Wenn Du meinst, daß eine von diesen Aufgaben falsch gerechnet ist, schlage bitte Seite 310 A auf.

---

306 B
(von Seite 304 B)

Auch hier hat sich wieder einmal mindestens ein Fehler versteckt. Suche ihn!

1. a) 12 b) $10\frac{2}{3}$ c) $3\frac{1}{5}$

Wenn Du meinst, daß hier ein Ergebnis falsch ist, schlage bitte Seite 308 B auf.

2. a) 10 b) $13\frac{1}{3}$ c) 4

Wenn Du meinst, daß hier ein Ergebnis falsch ist, schlage bitte Seite 310 B auf.

3. a) $5\frac{1}{16}$ b) $12\frac{4}{5}$ c) 14

Wenn Du meinst, daß hier ein Ergebnis falsch ist, schlage bitte Seite 314 B auf.

307 A
(von Seite 305 A)

Deine Rechnung kann nicht stimmen, denn beide Aufgaben sind richtig gerechnet. Sieh Dir hier die Lösungswege an:

1. $1\frac{1}{2} + \frac{3}{4} = \frac{3}{2} + \frac{3}{4} = \frac{6+3}{4} = \frac{9}{4} = \underline{\underline{2\frac{1}{4}}}$

2. $1\frac{1}{2} - \frac{3}{4} = \frac{3}{2} - \frac{3}{4} = \frac{6-3}{4} = \underline{\underline{\frac{3}{4}}}$

Schlage jetzt bitte Seite 309 A auf.

---

307 B
(von Seite 305 B)

Vergleiche Deine Ergebnisse:

1. $2\frac{1}{3} \cdot 1\frac{1}{2} = 3\frac{1}{2}$
2. $2\frac{1}{3} + 1\frac{1}{2} = 3\frac{1}{3}$

Wenn Du meinst, daß eine dieser Aufgaben falsch gerechnet ist, schlage Seite 309 B auf.

3. $2\frac{1}{3} : 1\frac{1}{2} = 1\frac{5}{9}$
4. $2\frac{1}{3} - 1\frac{1}{2} = \frac{5}{6}$

Wenn Du meinst, daß eine dieser Aufgaben falsch gerechnet ist, schlage Seite 311 B auf.

308 A

(von Seite 306 A)

Irrtum! Die Aufgaben 1 und 2 sind richtig gerechnet. Hier kannst Du Dir noch einmal die Lösungswege ansehen:

1. $$13\frac{1}{2} \cdot 3\frac{1}{3} = \frac{\overset{9}{\cancel{27}} \cdot \overset{5}{\cancel{10}}}{\underset{1}{\cancel{2}} \cdot \underset{1}{\cancel{3}}} = \underline{\underline{45}}$$

2. $$13\frac{1}{2} - 3\frac{1}{3} = \frac{27}{2} - \frac{10}{3} = \frac{81 - 20}{6} = \frac{61}{6} = \underline{\underline{10\frac{1}{6}}}$$

Aufgabe 2 kannst Du auch so rechnen:

$$\begin{array}{rr} 13\frac{1}{2} = & 13\frac{3}{6} \\ -\ 3\frac{1}{3} & -\ 3\frac{2}{6} \\ \hline & \underline{\underline{10\frac{1}{6}}} \end{array}$$

Schlage nun Seite 310 A auf.

---

308 B

(von Seite 306 B)

Nein, Du hast nicht richtig gerechnet. Denn die Aufgaben 1 a) bis c) sind richtig gelöst. So werden diese Aufgaben gerechnet:

1. a) $$\frac{3}{\underset{1}{\cancel{4}}} \cdot \frac{\overset{4}{\cancel{16}}}{1} = \underline{\underline{12}}$$

b) $$\frac{2}{3} \cdot \frac{16}{1} = \frac{32}{3} = \underline{\underline{10\frac{2}{3}}}$$

c) $$\frac{1}{5} \cdot \frac{16}{1} = \frac{16}{5} = \underline{\underline{3\frac{1}{5}}}$$

Jetzt schlage wieder Seite 306 B auf und suche noch einmal nach dem Fehler.

(von Seite 305 A)

3. $1\frac{1}{2} \cdot \frac{3}{4} = 1\frac{1}{8}$

4. $1\frac{1}{2} : \frac{3}{4} = \frac{3}{4}$

Du hast recht; eine von diesen Aufgaben ist falsch gerechnet. Aber welche ist es?

Wenn Du meinst, daß Aufgabe 3 falsch gerechnet ist, schlage Seite 311 A auf.

Wenn Du meinst, daß Aufgabe 4 falsch gerechnet ist, schlage Seite 313 A auf.

---

309 B

(von Seite 307 B)

Hier ist ein Fehler versteckt! Aber welche von den beiden Aufgaben ist falsch gerechnet?

1. $2\frac{1}{3} \cdot 1\frac{1}{2} = 3\frac{1}{2}$

Wenn Du meinst, daß dieses Ergebnis falsch ist, schlage bitte Seite 313 B auf.

2. $2\frac{1}{3} + 1\frac{1}{2} = 3\frac{1}{3}$

Wenn Du meinst, daß dieses Ergebnis falsch ist, schlage bitte Seite 315 B auf.

310 A
(von Seite 306 A)

Eine von diesen beiden Aufgaben ist falsch gerechnet:

3. $13\frac{1}{2} : 3\frac{1}{3} = 8\frac{1}{10}$ 4. $13\frac{1}{2} + 3\frac{1}{3} = 16\frac{5}{6}$

Welche ist es?

Aufgabe 3. Schlage Seite 312 A auf.

Aufgabe 4. Schlage Seite 314 A auf.

---

310 B
(von Seite 306 B)

Irrtum! Die Aufgaben 2 a) bis c) sind richtig gelöst. So werden sie gerechnet:

2. a) $\frac{5}{\cancel{8}_{1}} \cdot \frac{\cancel{16}^{2}}{1} = \underline{\underline{10}}$

b) $\frac{5}{\cancel{6}_{3}} \cdot \frac{\cancel{16}^{8}}{1} = \frac{40}{3} = \underline{\underline{13\frac{1}{3}}}$

c) $\frac{1}{\cancel{4}_{1}} \cdot \frac{\cancel{16}^{4}}{1} = \underline{\underline{4}}$

Schlage wieder Seite 306 B auf und versuche noch einmal, den Fehler zu finden.

311 A
(von Seite 309 A)

Nein. Die dritte Aufgabe war richtig gerechnet. Sieh Dir hier noch einmal den Lösungsweg an:

$$1\frac{1}{2} \cdot \frac{3}{4} = \frac{3}{2} \cdot \frac{3}{4} = \frac{9}{8} = \underline{\underline{1\frac{1}{8}}}$$

Finde nun den Fehler in der 4. Aufgabe auf Seite 309 A heraus.

---

311 B
(von Seite 307 B)

Du hast Dich verrechnet, denn die Lösungen im Buch waren in Ordnung. Sieh Dir die Ausrechnung noch einmal an:

3. $$2\frac{1}{3} : 1\frac{1}{2} = \frac{7}{3} : \frac{3}{2} = \frac{7}{3} \cdot \frac{2}{3} = \frac{14}{9} = \underline{\underline{1\frac{5}{9}}}$$

4. $$2\frac{1}{3} - 1\frac{1}{2} = \frac{7}{3} - \frac{3}{2} = \frac{14}{6} - \frac{9}{6} = \underline{\underline{\frac{5}{6}}}$$

Lies jetzt auf Seite 309 B weiter.

10

(von Seite 310 A)

Die Gleichung

$$13\frac{1}{2} : 3\frac{1}{3} = 8\frac{1}{10}$$

ist falsch. Das hast Du sicherlich gleich gemerkt. Vergleiche Deine Rechnung:

3. $13\frac{1}{2} : 3\frac{1}{3} = \frac{27}{2} : \frac{10}{3} = \frac{27}{2} \cdot \frac{3}{10} = \frac{81}{20} = \underline{\underline{4\frac{1}{20}}}$

Oder Du kannst auch so rechnen:

$$13\frac{1}{2} : 3\frac{1}{3} = \frac{27}{2} : \frac{10}{3} = \frac{81}{6} : \frac{20}{6} = \frac{81}{20} = \underline{\underline{4\frac{1}{20}}}$$

Vergleiche nun auch die übrigen Aufgaben von Seite 304 A:

1. $13\frac{1}{2} \cdot 3\frac{1}{3} = \frac{\overset{9}{\cancel{27}}}{\underset{1}{\cancel{2}}} \cdot \frac{\overset{5}{\cancel{10}}}{\underset{1}{\cancel{3}}} = \frac{45}{1} = \underline{\underline{45}}$

2. $13\frac{1}{2} - 3\frac{1}{3} = \frac{27}{2} - \frac{10}{3} = \frac{81 - 20}{6} = \frac{61}{6} = \underline{\underline{10\frac{1}{6}}}$

Oder:

$$\begin{array}{rr} 13\frac{1}{2} = & 13\frac{3}{6} \\ -\ 3\frac{1}{3} & -\ 3\frac{2}{6} \\ \hline & \underline{\underline{10\frac{1}{6}}} \end{array}$$

4. $13\frac{1}{2} + 3\frac{1}{3} = \frac{27}{2} + \frac{10}{3} = \frac{81 + 20}{6} = \frac{101}{6} = \underline{\underline{16\frac{5}{6}}}$

Oder:

$$\begin{array}{rr} 13\frac{1}{2} = & 13\frac{3}{6} \\ +\ 3\frac{1}{3} & +\ 3\frac{2}{6} \\ \hline & \underline{\underline{16\frac{5}{6}}} \end{array}$$

P

Auf Seite 304 B findest Du neue Aufgaben.

313 A

(von Seite 309 A)

Gut! Du hast die Aufgabe herausgefunden, die falsch gerechnet war. Eines von den folgenden Ergebnissen ist richtig. Welches ist es?

$1\frac{1}{2} : \frac{3}{4} = \frac{1}{2}$ Seite 315 A

$1\frac{1}{2} : \frac{3}{4} = 1\frac{1}{8}$ Seite 317 A

$1\frac{1}{2} : \frac{3}{4} = 2$ Seite 319 A

---

313 B

(von Seite 309 B)

Hoffentlich hast Du nicht geraten, denn die Gleichung

$$2\frac{1}{3} \cdot 1\frac{1}{2} = 3\frac{1}{2}$$

ist richtig. So wird diese Aufgabe gerechnet:

$$1. \qquad 2\frac{1}{3} \cdot 1\frac{1}{2} = \frac{7}{\cancel{3}_1} \cdot \frac{\cancel{3}^1}{2} = \frac{7}{2} = \underline{\underline{3\frac{1}{2}}}$$

Lies jetzt auf Seite 315 B weiter.

314 A

(von Seite 310 A)

Nein. Die Gleichung

$$13\frac{1}{2} + 3\frac{1}{3} = 16\frac{5}{6}$$

ist richtig. Sieh Dir noch einmal die Ausrechnung an:

$$4. \qquad 13\frac{1}{2} + 3\frac{1}{3} = \frac{27}{2} + \frac{10}{3} = \frac{81 + 20}{6} = \frac{101}{6} = \underline{\underline{16\frac{5}{6}}}$$

Oder Du kannst auch so rechnen:

$$\begin{array}{rcr} 13\frac{1}{2} & = & 13\frac{3}{6} \\ +\ 3\frac{1}{3} & & +\ 3\frac{2}{6} \\ \hline & & \underline{\underline{16\frac{5}{6}}} \end{array}$$

Die andere Gleichung war also falsch. Schlage Seite 312 A auf. Dort wird Dir gezeigt, wie die richtige Rechnung aussehen muß.

---

314 B

(von Seite 306 B)

Du hast recht. Wo steckt nun aber der Fehler?

a) $\frac{1}{3} \cdot 16 = 5\frac{1}{16}$ — Meinst Du, daß dieses Ergebnis falsch ist? Dann schlage Seite 316 B auf.

b) $\frac{4}{5} \cdot 16 = 12\frac{4}{5}$ — Meinst Du, daß dieses Ergebnis falsch ist? Dann schlage Seite 318 B auf.

c) $\frac{7}{8} \cdot 16 = 14$ — Meinst Du, daß dieses Ergebnis falsch ist? Dann schlage Seite 320 B auf.

(von Seite 313 A)

Nein, die Gleichung, die Du herausgesucht hast, ist falsch. Offensichtlich hast Du in Deiner Rechnung den ersten Bruch umgekehrt:

$$\frac{3}{2} : \frac{3}{4} = \frac{2}{3} \cdot \frac{3}{4}$$

Das ist falsch. Du mußt den zweiten Bruch, den Teiler, umkehren.

$$\frac{3}{2} : \frac{3}{4} = \frac{3}{2} \cdot \frac{4}{3} = \ldots$$

Sicher kannst Du nun die Aufgabe allein zu Ende rechnen.

Dann schlage bitte wieder Seite 313 A auf und suche die richtige Gleichung heraus.

(von Seite 309 B)

2. $2\frac{1}{3} + 1\frac{1}{2} = 3\frac{1}{3}$

Diese Aufgabe ist tatsächlich falsch gerechnet. Das kannst Du sofort durch eine Überschlagsrechnung einsehen. Bedenke:

$$2\frac{1}{3} + 1 = 3\frac{1}{3},$$

also muß $2\frac{1}{3} + 1\frac{1}{2}$

größer als $3\frac{1}{3}$ sein. Wie heißt das richtige Ergebnis?

Rechne und vergleiche dann mit Seite 317 B.

316 A

(von Seite 318 A)

Nein, die drei Lösungen waren in Ordnung. Hier sind die Rechnungen:

a) $\frac{1}{8}$ von 40 ist 5; $\frac{3}{8}$ von 40 sind $\underline{\underline{15}}$.

$$\text{Oder: } \frac{3}{8} \cdot 40 = \frac{3 \cdot \overset{5}{\cancel{40}}}{\underset{1}{\cancel{8}} \cdot 1} = \frac{15}{1} = \underline{\underline{15}}$$

b) $\frac{1}{8}$ von 16 ist 2; $\frac{3}{8}$ von 16 sind dann $\underline{\underline{6}}$.

$$\text{Oder: } \frac{3}{8} \cdot 16 = \frac{3 \cdot \overset{2}{\cancel{16}}}{\underset{1}{\cancel{8}} \cdot 1} = \frac{6}{1} = \underline{\underline{6}}$$

c) $\frac{1}{8}$ von 24 ist 3; dann sind $\frac{3}{8}$ von 24 aber 9.

$$\text{Oder: } \frac{3}{8} \cdot 24 = \frac{3 \cdot \overset{3}{\cancel{24}}}{\underset{1}{\cancel{8}} \cdot 1} = \frac{9}{1} = \underline{\underline{9}}$$

Suche jetzt auf Seite 318 A, ob ein Fehler in Aufgabe 2 oder 3 steckt.

---

316 B

(von Seite 314 B)

Gut! Du hast die Aufgabe mit dem falschen Ergebnis herausgefunden. Wie heißt nun aber die Lösung?

$\frac{1}{3} \cdot 16 = 48$ Seite 322 B

$\frac{1}{3} \cdot 16 = \frac{3}{16}$ Seite 324 B

$\frac{1}{3} \cdot 16 = 5\frac{1}{3}$ Seite 326 B

317 A
(von Seite 313 A)

Du hast Dich verrechnet und daher nicht das richtige Ergebnis herausgefunden. Man kann die Aufgabe $1\frac{1}{2} : \frac{3}{4}$ auf zwei Arten lösen, durch Umkehren des Teilers:

$$1\frac{1}{2} : \frac{3}{4} = \frac{3}{2} \cdot \frac{4}{3} = \dots$$

oder durch Gleichnamigmachen der Brüche:

$$1\frac{1}{2} : \frac{3}{4} = \frac{3}{2} : \frac{3}{4} = \frac{6}{4} : \frac{3}{4} = \dots$$

Rechne sicherheitshalber nach beiden Methoden.

Wenn Du die Aufgabe zu Ende gerechnet hast, wirst Du bestimmt auf Seite 313 A das richtige Ergebnis herausfinden.

---

317 B
(von Seite 315 B)

Vergleiche Dein Ergebnis:

$2\frac{1}{3} + 1\frac{1}{2} = 3\frac{1}{2}$ Wenn Du meinst, daß diese Gleichung richtig ist, schlage Seite 321 B auf.

$2\frac{1}{3} + 1\frac{1}{2} = 3\frac{5}{6}$ Wenn Du meinst, daß diese Gleichung richtig ist, schlage Seite 323 B auf.

$2\frac{1}{3} + 1\frac{1}{2} = 3\frac{1}{6}$ Wenn Du meinst, daß diese Gleichung richtig ist, schlage Seite 325 B auf.

Wenn Du ein anderes Ergebnis hast, rechne bitte noch einmal.

318 A

(von Seite 327 A)

Hier hat sich mindestens ein Fehler eingeschlichen. Ob Du ihn findest?

1. a) 15 b) 6 c) 9

Wenn Du meinst, daß hier ein Fehler steckt, schlage bitte Seite 316 A auf.

2. a) 24 b) 3 c) $1\frac{1}{2}$

Wenn Du meinst, daß hier ein Fehler steckt, schlage bitte Seite 320 A auf.

3. a) $37\frac{1}{2}$ b) $2\frac{1}{4}$ c) $9\frac{3}{8}$

Wenn Du meinst, daß hier ein Fehler steckt, schlage bitte Seite 322 A auf.

---

318 B

(von Seite 314 B)

Nein, Du hast Dich verrechnet. So ist es richtig:

$$\frac{4}{5} \cdot \frac{16}{1} = \frac{64}{5} = 12\frac{4}{5}$$

Schlage wieder Seite 314 B auf, überprüfe Deine Ausrechnung noch einmal und suche dann die Gleichung heraus, die falsch ist.

(von Seite 313 A)

Du hast richtig gerechnet. Hier sind noch einmal beide Lösungswege:

1. Der erste Bruch wird mit dem Kehrwert des zweiten (des Teilers) malgenommen:

$$1\frac{1}{2} : \frac{3}{4} = \frac{3}{2} \cdot \frac{4}{3} = \frac{\overset{1}{\cancel{3}}}{\underset{1}{\cancel{2}}} \cdot \frac{\overset{2}{\cancel{4}}}{\underset{1}{\cancel{3}}} = \underline{\underline{2}}$$

2. Beide Brüche werden gleichnamig gemacht (der Hauptnenner von 2 und 4 ist 4):

$$1\frac{1}{2} : \frac{3}{4} = \frac{3}{2} : \frac{3}{4} = \frac{6}{4} : \frac{3}{4} = \frac{6}{3} = \underline{\underline{2}}$$

Vergleiche sicherheitshalber auch noch die Ausrechnung der anderen drei Aufgaben von Seite 303 A:

1. $1\frac{1}{2} + \frac{3}{4} = \frac{3}{2} + \frac{3}{4} = \frac{6}{4} + \frac{3}{4} = \frac{9}{4} = \underline{\underline{2\frac{1}{4}}}$

2. $1\frac{1}{2} - \frac{3}{4} = \frac{3}{2} - \frac{3}{4} = \frac{6}{4} - \frac{3}{4} = \underline{\underline{\frac{3}{4}}}$

3. $1\frac{1}{2} \cdot \frac{3}{4} = \frac{3}{2} \cdot \frac{3}{4} = \frac{9}{8} = \underline{\underline{1\frac{1}{8}}}$

Auf Seite 305 B findest Du noch einmal vier Aufgaben.

P

(von Seite 322 A)

10

Nein, Du hast Dich verrechnet. Das Ergebnis ist richtig:

3. a) $\frac{3}{\underset{2}{\cancel{8}}} \cdot \frac{\overset{25}{\cancel{100}}}{1} = \frac{75}{2} = \underline{\underline{37\frac{1}{2}}}$

Schlage wieder Seite 322 A auf und prüfe die Ergebnisse von b) und c).

320 A

(von Seite 318 A)

Nein, Du hast Dich geirrt. Die Aufgabe 2 enthielt keinen Fehler. Rechne bitte mit:

a) $\frac{1}{8}$ von 64 ist 8; $\frac{3}{8}$ von 64 sind dann $\underline{\underline{24}}$.

$$\text{Oder: } \frac{3}{8} \cdot 64 = \frac{3 \cdot \overset{8}{\cancel{64}}}{\underset{1}{\cancel{8}} \cdot 1} = \frac{24}{1} = \underline{\underline{24}}$$

b) $\frac{1}{8}$ von 8 ist 1; daraus folgt, daß $\frac{3}{8}$ von 8 = $\underline{\underline{3}}$ sind.

$$\text{Oder: } \frac{3}{8} \cdot 8 = \frac{3 \cdot \overset{1}{\cancel{8}}}{\underset{1}{\cancel{8}} \cdot 1} = \frac{3}{1} = \underline{\underline{3}}$$

c) $\frac{1}{8}$ von 4 ist $\frac{1}{2}$; dann sind $\frac{3}{8}$ von 4 aber $\frac{3}{2} = \underline{\underline{1\frac{1}{2}}}$.

$$\text{Oder: } \frac{3}{8} \cdot 4 = \frac{3 \cdot \overset{1}{\cancel{4}}}{\underset{2}{\cancel{8}} \cdot 1} = \frac{3}{2} = \underline{\underline{1\frac{1}{2}}}$$

Suche jetzt auf Seite 318 A erneut nach dem Fehler.

---

320 B

(von Seite 314 B)

Du hast Dich verrechnet. Die Gleichung

$$\frac{7}{8} \cdot 16 = 14$$

ist richtig. So wird die Aufgabe gerechnet:

$$\frac{7}{\underset{1}{\cancel{8}}} \cdot \frac{\overset{2}{\cancel{16}}}{1} = \underline{\underline{14}}$$

Nun versuche es noch einmal auf Seite 314 B.

321 A

(von Seite 325 A)

Du mußt Dich verrechnet haben. Diese drei Aufgaben waren richtig gerechnet. Hier sind die Lösungen:

1. $$\frac{2}{16} = \frac{2 : 2}{16 : 2} = \underline{\underline{\frac{1}{8}}}$$

2. $$\frac{8}{24} = \frac{8 : 8}{24 : 8} = \underline{\underline{\frac{1}{3}}}$$

3. $$\frac{15}{25} = \frac{15 : 5}{25 : 5} = \underline{\underline{\frac{3}{5}}}$$

Schlage wieder Seite 325 A auf und suche den versteckten Fehler in den Aufgaben 4 bis 9.

---

321 B

(von Seite 317 B)

Die Aufgabe

$$2\frac{1}{3} + 1\frac{1}{2} = 3\frac{1}{2}$$

hast Du leider falsch gerechnet. Bedenke:

$$2 + 1\frac{1}{2} = 3\frac{1}{2},$$

also muß $\quad 2\frac{1}{3} + 1\frac{1}{2}$

größer als $3\frac{1}{2}$ sein. Hast Du etwa vergessen, wie man das kleinste gemeinsame Vielfache (den Hauptnenner) findet?

$$2\frac{1}{3} + 1\frac{1}{2} = \frac{7}{3} + \frac{3}{2} = \frac{14 + 9}{6} = \ldots$$

Wenn Du die Aufgabe zu Ende gerechnet hast, schlage wieder Seite 317 B auf und suche die richtige Gleichung heraus.

10

322 A

(von Seite 318 A)

Du hast recht. In der Aufgabe 3 steckt ein Fehler. Welches von den drei Ergebnissen ist aber falsch?

3. a) $\frac{3}{8}$ von 100 ist $37\frac{1}{2}$ — Wenn Du meinst, daß hier der Fehler steckt, schlage Seite 319 B auf.

b) $\frac{3}{8}$ von 12 ist $2\frac{1}{4}$ — Wenn Du meinst, daß hier der Fehler steckt, schlage Seite 324 A auf.

c) $\frac{3}{8}$ von 25 ist $9\frac{3}{8}$ — Wenn Du meinst, daß hier der Fehler steckt, schlage Seite 328 A auf.

---

322 B

(von Seite 316 B)

Leider falsch. $\frac{1}{3}$ von 16 ist ein Teil von den drei gleichen Teilen der Zahl 16, es muß also weniger als 16 sein. Du hast aber 16 mit 3 malgenommen, also das Dreifache von 16 ausgerechnet.

Hier sind noch einmal zwei Musteraufgaben:

$$\frac{1}{4} \cdot 9 = \frac{1}{4} \cdot \frac{9}{1} = \frac{9}{4} = \underline{\underline{2\frac{1}{4}}}$$

$$\frac{1}{5} \cdot 17 = \frac{1}{5} \cdot \frac{17}{1} = \frac{17}{5} = \underline{\underline{3\frac{2}{5}}}$$

Nun rechne noch einmal $\frac{1}{3} \cdot 16$ und vergleiche Dein Ergebnis mit Seite 316 B.

323 A

(von Seite 338 A)

Du hast richtig gerechnet. Wenn $\frac{2}{5}$ einer Zahl 12 sind, so hast Du ganz richtig erst einmal $\frac{1}{5}$ errechnet, nämlich $12 : 2 = 6$. Diese Zahl hast Du dann mit 5 malgenommen und so die gesuchte Zahl erhalten: $6 \cdot 5 = 30$. Nun übe weiter:

1. $\frac{2}{3}$ einer Zahl sind 8, wie heißt diese Zahl?

2. $\frac{1}{8}$ einer Zahl ist 2, wie heißt diese Zahl?

3. $\frac{7}{10}$ einer Zahl sind 35, wie heißt diese Zahl?

4. $\frac{3}{4}$ einer Zahl sind 33, wie heißt diese Zahl?

Wenn Du fertig bist, vergleiche Deine Ergebnisse mit Seite 328 B.

---

323 B

(von Seite 317 B)

Du hast richtig gerechnet. Sieh Dir hier noch einmal den vollständigen Lösungsweg an:

2. $2\frac{1}{3} + 1\frac{1}{2} = \frac{7}{3} + \frac{3}{2} = \frac{14}{6} + \frac{9}{6} = \frac{23}{6} = \underline{\underline{3\frac{5}{6}}}$

Vergleiche sicherheitshalber auch Deine anderen Aufgaben von Seite 305 B mit diesen Lösungswegen:

1. $2\frac{1}{3} \cdot 1\frac{1}{2} = \frac{7}{\cancel{3}_{1}} \cdot \frac{\cancel{3}^{1}}{2} = \frac{7}{2} = \underline{\underline{3\frac{1}{2}}}$

3. $2\frac{1}{3} : 1\frac{1}{2} = \frac{7}{3} : \frac{3}{2} = \frac{7}{3} \cdot \frac{2}{3} = \frac{14}{9} = \underline{\underline{1\frac{5}{9}}}$

4. $2\frac{1}{3} - 1\frac{1}{2} = \frac{7}{3} - \frac{3}{2} = \frac{14}{6} - \frac{9}{6} = \underline{\underline{\frac{5}{6}}}$

Schlage jetzt bitte Seite 304 A auf.

324 A
(von Seite 322 A)

Du hast recht:

$$3.\ b)\quad \frac{3}{8} \text{ von } 12 \text{ ist } 2\frac{1}{4}$$

ist falsch. Wie heißt aber das richtige Ergebnis?

$\frac{3}{8}$ von 12 ist 9 Seite 330 A

$\frac{3}{8}$ von 12 ist $4\frac{1}{2}$ Seite 332 A

$\frac{3}{8}$ von 12 ist $1\frac{1}{2}$ Seite 334 A

---

324 B
(von Seite 316 B)

Jetzt hast Du alles durcheinandergebracht. Du hast $3 \cdot \frac{1}{16}$ statt $\frac{1}{3} \cdot 16$ gerechnet. Hier sind noch einmal zwei Musteraufgaben:

$$\frac{1}{5} \cdot 11 = \frac{1}{5} \cdot \frac{11}{1} = \frac{11}{5} = \underline{\underline{2\frac{1}{5}}}$$

$$\frac{1}{4} \cdot 23 = \frac{1}{4} \cdot \frac{23}{1} = \frac{23}{4} = \underline{\underline{5\frac{3}{4}}}$$

Nun rechne ebenso

$$\frac{1}{3} \cdot 16 = \frac{1}{3} \cdot \frac{16}{1} = \ldots$$

und vergleiche Dein Ergebnis mit Seite 316 B.

(von Seite 329 A)

Vergleiche bitte Deine Lösungen:

1. 2 ist $\underline{\underline{\frac{1}{8}}}$ von 16
2. 8 ist $\underline{\underline{\frac{1}{3}}}$ von 24
3. 15 sind $\underline{\underline{\frac{3}{5}}}$ von 25

Wenn Du meinst, daß hier ein Ergebnis falsch ist, schlage Seite 321 A auf.

4. 16 sind $\underline{\underline{\frac{3}{4}}}$ von 20
5. 35 sind $\underline{\underline{\frac{5}{6}}}$ von 42
6. 25 ist $\underline{\underline{\frac{1}{4}}}$ von 100

Wenn Du meinst, daß hier ein Ergebnis falsch ist, schlage Seite 330 B auf.

7. 70 sind $\underline{\underline{\frac{7}{10}}}$ von 100
8. 100 ist $\underline{\underline{\frac{1}{5}}}$ von 500
9. 18 sind $\underline{\underline{\frac{9}{16}}}$ von 32

Wenn Du meinst, daß hier ein Ergebnis falsch ist, schlage Seite 337 B auf.

(von Seite 317 B)

Du hast falsch gerechnet. Verfolge noch einmal den Lösungsweg und beende die Aufgabe:

$$2\frac{1}{3} + 1\frac{1}{2} = \frac{7}{3} + \frac{3}{2} = \frac{14 + 9}{6} = \ldots$$

Schlage dann wieder Seite 317 B auf und finde die richtige Gleichung heraus.

326 A
(von Seite 332 B)

Falsch! Überlege einmal mit:

Der zehnte Teil ($\frac{1}{10}$) einer Zahl ist 10;

dann sind $\frac{2}{10}$ also $2 \cdot 10 = 20$;

dann sind $\frac{3}{10}$ also $3 \cdot 10 = 30$;

dann sind $\frac{4}{10}$ also $4 \cdot 10 = 40$ usw.

Die Zahl ist $\frac{10}{10}$. Kommst Du jetzt allein weiter?

Schreibe Dein Ergebnis auf und vergleiche mit Seite 332 B.

---

326 B
(von Seite 316 B)

Du hast richtig gerechnet:

3. a) $\frac{1}{3} \cdot \frac{16}{1} = \frac{16}{3} = 16 : 3 = \underline{\underline{5\frac{1}{3}}}$

Hier findest Du die Lösungswege für die übrigen acht Aufgaben von Seite 304 B. Bitte vergleiche:

1. a) $\frac{3}{\cancel{4}_1} \cdot \frac{\cancel{16}^{4}}{1} = \frac{12}{1} = \underline{\underline{12}}$

   b) $\frac{2}{3} \cdot \frac{16}{1} = \frac{32}{3} = \underline{\underline{10\frac{2}{3}}}$

   c) $\frac{1}{5} \cdot \frac{16}{1} = \frac{16}{5} = \underline{\underline{3\frac{1}{5}}}$

2. a) $\frac{5}{\cancel{8}_1} \cdot \frac{\cancel{16}^{2}}{1} = \frac{10}{1} = \underline{\underline{10}}$

   b) $\frac{5}{\cancel{6}_3} \cdot \frac{\cancel{16}^{8}}{1} = \frac{40}{3} = \underline{\underline{13\frac{1}{3}}}$

   c) $\frac{1}{\cancel{4}_1} \cdot \frac{\cancel{16}^{4}}{1} = \frac{4}{1} = \underline{\underline{4}}$

3. b) $\frac{4}{5} \cdot \frac{16}{1} = \frac{64}{5} = \underline{\underline{12\frac{4}{5}}}$

   c) $\frac{7}{\cancel{8}_1} \cdot \frac{\cancel{16}^{2}}{1} = \frac{14}{1} = \underline{\underline{14}}$

Jetzt geht es gegenüber auf Seite 327 A weiter.

P

(von Seite 326 B)

Was bedeutet " $\frac{3}{8}$ von " ?

Rechne jetzt folgende Aufgaben:

1. Wieviel ist

a) $\frac{3}{8}$ von 40 b) $\frac{3}{8}$ von 16 c) $\frac{3}{8}$ von 24?

Du kannst diese Aufgaben im Kopf lösen. Zuerst mußt Du ein Achtel der angegebenen Zahl finden und dann dieses Zwischenergebnis verdreifachen.

2. Rechne ebenso im Kopf:

a) $\frac{3}{8}$ von 64 b) $\frac{3}{8}$ von 8 c) $\frac{3}{8}$ von 4

Wir zeigen Dir die einzelnen Rechenschritte an dem Beispiel:

$\frac{3}{8}$ von 48 = ... $\frac{1}{8}$ von 48 = 6 $\frac{3}{8}$ von 48 = 3 · 6 = $\underline{\underline{18}}$

Dieses Ergebnis erhältst Du auch, wenn Du $\frac{3}{8}$ mit 48 malnimmst:

$$\frac{3}{8} \cdot 48 = \frac{3 \cdot \overset{6}{\cancel{48}}}{\underset{1}{\cancel{8}} \cdot 1} = \frac{18}{1} = \underline{\underline{18}}$$

▌ " $\frac{3}{8}$ von" bedeutet also: "Nimm mit $\frac{3}{8}$ mal!"

3. Diese Aufgaben rechnest Du am besten schriftlich:

a) $\frac{3}{8}$ von 100 b) $\frac{3}{8}$ von 12 c) $\frac{3}{8}$ von 25

Die Aufgabe 3 a) wird so begonnen:

$$\frac{3}{8} \text{ von } 100 = \frac{3}{8} \cdot \frac{100}{1} = \ldots$$

Vergiß nicht zu kürzen und verwandle die Ergebnisse in gemischte Zahlen.

Wenn Du alle neun Aufgaben gerechnet hast, vergleiche Deine Ergebnisse mit Seite 318 A.

328 A
(von Seite 322 A)

Du mußt Dich verrechnet haben. Die Aufgabe

3. c) $\frac{3}{8}$ von 25 ist $9\frac{3}{8}$

stimmt. So wird sie gerechnet:

$$\frac{3}{8} \cdot \frac{25}{1} = \frac{75}{8} = \underline{\underline{9\frac{3}{8}}}$$

Schlage wieder Seite 322 A auf und suche noch einmal nach dem Fehler.

---

328 B
(von Seite 323 A)

Zähle Deine vier Ergebnisse zusammen.

Wenn Du als Summe eine gemischte Zahl erhältst, schlage Seite 334 B auf.

Wenn Du als Summe die ganze Zahl 122 erhältst, schlage Seite 340 A auf.

Wenn Du als Summe eine ganze Zahl größer als 150 erhältst, schlage Seite 336 A auf.

Wenn Dein Ergebnis nicht dabei ist, schlage Seite 339 A auf.

329 A

(von Seite 335 B)

Du hast diese neue Art von Aufgaben jetzt bereits verstanden. Übe aber zur Sicherheit weiter.

1. Der wievielte Teil von 16 ist 2 ?
2. Der wievielte Teil von 24 ist 8 ?
3. Der wievielte Teil von 25 ist 15 ?
4. Der wievielte Teil von 20 ist 16 ?
5. Der wievielte Teil von 42 ist 35 ?
6. Der wievielte Teil von 100 ist 25 ?
7. Der wievielte Teil von 100 ist 70 ?
8. Der wievielte Teil von 500 ist 100 ?
9. Der wievielte Teil von 32 ist 18 ?

Vergiß bei Deinen Antworten nicht das Kürzen! Du erinnerst Dich doch:

> Man kürzt einen Bruch, indem man Zähler und Nenner durch die gleiche Zahl teilt.

Wenn Du alle Deine Ergebnisse aufgeschrieben hast, schlage Seite 325 A auf.

---

329 B

(von Seite 332 B)

10

Nein, das ist nicht richtig. Überlege einmal mit:

Wenn der zehnte Teil ($\frac{1}{10}$) einer Zahl 10 ist, dann sind $\frac{2}{10}$ also $2 \cdot 10 = 20$; dann sind $\frac{3}{10}$ also $3 \cdot 10 = 30$; $\frac{4}{10}$ sind dann $4 \cdot 10 = 40$.

Die Zahl besteht aus $\frac{10}{10}$, sie ist also 10mal so groß wie ihr zehnter Teil. Wenn $\frac{1}{10}$ der gesuchten Zahl 10 ist, wie groß ist dann diese Zahl?

Schreibe Dein Ergebnis auf und vergleiche mit Seite 332 B.

330 A
(von Seite 324 A)

Nein, Du hast falsch gerechnet. Wahrscheinlich hast Du die 2 im Nenner übersehen, die nach dem Kürzen übrigblieb.

$$\frac{3}{8} \cdot 12 = \frac{3}{\underset{2}{\not{8}}} \cdot \frac{\overset{3}{\not{12}}}{1} = \ldots$$

Beende die Aufgabe und schlage dann Seite 332 A auf.

---

330 B
(von Seite 325 A)

Du hast recht. Der Fehler steckt in der 4. Aufgabe. Denn 16 ist nicht $\frac{3}{4}$ von 20. Der vierte Teil von 20 ist 5, und $\frac{3}{4}$ von 20 sind dann $3 \cdot 5 = 15$. 16 ist vielmehr $\frac{16}{20}$ oder $\frac{4}{5}$ von 20.

Vergleiche jetzt noch Deine übrigen Ergebnisse von Seite 329 A.

1. $\frac{2}{16} = \frac{2 : 2}{16 : 2} = \underline{\underline{\frac{1}{8}}}$

2. $\frac{8}{24} = \frac{8 : 8}{24 : 8} = \underline{\underline{\frac{1}{3}}}$

3. $\frac{15}{25} = \frac{15 : 5}{25 : 5} = \underline{\underline{\frac{3}{5}}}$

5. $\frac{35}{42} = \frac{35 : 7}{42 : 7} = \underline{\underline{\frac{5}{6}}}$

6. $\frac{25}{100} = \frac{25 : 25}{100 : 25} = \underline{\underline{\frac{1}{4}}}$

7. $\frac{70}{100} = \frac{70 : 10}{100 : 10} = \underline{\underline{\frac{7}{10}}}$

8. $\frac{100}{500} = \frac{100 : 100}{500 : 100} = \underline{\underline{\frac{1}{5}}}$

9. $\frac{18}{32} = \frac{18 : 2}{32 : 2} = \underline{\underline{\frac{9}{16}}}$

P

Arbeite jetzt gegenüber auf Seite 331 A weiter.

(von Seite 330 B)

Eine Zahl ist gesucht

Wie findet man eine Zahl, wenn ein bestimmter Teil von ihr bekannt ist? Zum Beispiel wird eine Zahl gesucht, von der ein Drittel 8 ist. Wie heißt diese Zahl?

Überlege einmal mit: Eine Menge Nüsse kann gleichmäßig so unter drei Schülern verteilt werden, daß jeder 8 Nüsse erhält. Die Ausgangsmenge muß dann dreimal so groß gewesen sein, also $3 \cdot 8$ Nüsse = 24 Nüsse. Wenn also $\frac{1}{3}$ einer Zahl 8 ergibt, so heißt diese Zahl 24.

Kannst Du jetzt schon solche Aufgaben rechnen? Wenn $\frac{1}{10}$ einer Zahl 10 ist, wie heißt dann diese Zahl?

Schreibe Deine Antwort auf und vergleiche dann mit Seite 332 B.

(von Seite 338 A)

Du bist schon auf dem richtigen Weg. Denn Deine erste Antwort ist richtig:

$\frac{2}{5}$ einer gesuchten Zahl sind 12, $\frac{1}{5}$ ist dann 6.

Deine zweite Antwort war aber falsch.

> Die gesuchte Zahl besteht aus $\frac{5}{5}$.
> Mit welcher Zahl mußt Du die 6 also multiplizieren?
> Wie heißt die gesuchte Zahl?

Rechne und schlage dann Seite 323 A auf.

332 A

(von Seite 324 A)

Dieses Ergebnis stimmt.

3. b) $\frac{3}{8}$ von 12 $= \frac{3}{8} \cdot 12 = \frac{3 \cdot \overset{3}{\cancel{12}}}{\underset{2}{\cancel{8}} \cdot 1} = \frac{9}{2} = \underline{\underline{4\frac{1}{2}}}$

Vergleiche auch die übrigen acht Aufgaben von Seite 327 A:

1. a) $\frac{3}{8}$ von 40 $= \frac{3}{8} \cdot 40 = \frac{3 \cdot \overset{5}{\cancel{40}}}{\underset{1}{\cancel{8}} \cdot 1} = \frac{15}{1} = \underline{\underline{15}}$

   b) $\frac{3}{8}$ von 16 $= \frac{3}{8} \cdot 16 = \frac{3 \cdot \overset{2}{\cancel{16}}}{\underset{1}{\cancel{8}} \cdot 1} = \frac{6}{1} = \underline{\underline{6}}$

   c) $\frac{3}{8}$ von 24 $= \frac{3}{8} \cdot 24 = \frac{3 \cdot \overset{3}{\cancel{24}}}{\underset{1}{\cancel{8}} \cdot 1} = \frac{9}{1} = \underline{\underline{9}}$

2. a) $\frac{3}{8}$ von 64 $= \frac{3}{8} \cdot 64 = \frac{3 \cdot \overset{8}{\cancel{64}}}{\underset{1}{\cancel{8}} \cdot 1} = \frac{24}{1} = \underline{\underline{24}}$

   b) $\frac{3}{8}$ von 8 $= \frac{3}{8} \cdot 8 = \frac{3 \cdot \overset{1}{\cancel{8}}}{\underset{1}{\cancel{8}} \cdot 1} = \frac{3}{1} = \underline{\underline{3}}$

   c) $\frac{3}{8}$ von 4 $= \frac{3}{8} \cdot 4 = \frac{3 \cdot \overset{1}{\cancel{4}}}{\underset{2}{\cancel{8}} \cdot 1} = \frac{3}{2} = \underline{\underline{1\frac{1}{2}}}$

3. a) $\frac{3}{8}$ von 100 $= \frac{3 \cdot \overset{25}{\cancel{100}}}{\underset{2}{\cancel{8}} \cdot 1} = \underline{\underline{37\frac{1}{2}}}$ c) $\frac{3}{8}$ von 25 $= \frac{3 \cdot 25}{8 \cdot 1} = \underline{\underline{9\frac{3}{8}}}$

P

Gegenüber auf Seite 333 A geht es weiter.

---

332 B

(von Seite 331 A)

Was hast Du herausbekommen?

Die gesuchte Zahl heißt $\underline{\underline{11}}$. Schlage Seite 326 A auf.

Die gesuchte Zahl heißt $\underline{\underline{20}}$. Schlage Seite 329 B auf.

Die gesuchte Zahl heißt $\underline{\underline{100}}$. Schlage Seite 338 A auf.

Ich kann die Lösung nicht finden. Schlage Seite 335 A auf.

(von Seite 332 A)

Wie findet man Bruchteile?

Jetzt sollst Du eine neue Aufgabenform kennenlernen:

Der wievielte Teil von 7 ist 1?

An dem Ausdruck "der wievielte Teil" erkennst Du, daß ein Teil eines Ganzen gesucht wird und daß die Antwort darauf ein Bruch sein muß.

Im 1. Kapitel hast Du folgendes gelernt:

> Der Nenner sagt Dir, in wie viele gleiche Teile eine Menge geteilt ist, und der Zähler gibt an, wie viele solcher Teile Du nehmen sollst.

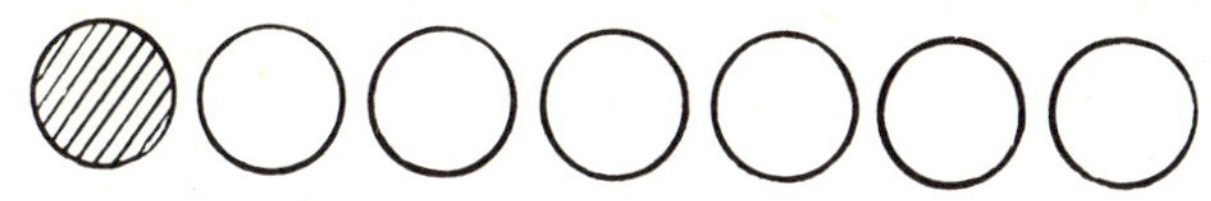

Ein Teil von sieben gleichen Teilen ist $\frac{1}{7}$; also:
1 ist $\frac{1}{7}$ von 7; oder: $\frac{1}{7}$ von 7 ist 1.

Diese neue Aufgabenform wird Dir nach ein paar Beispielen bald geläufig sein.

Der wievielte Teil von 10 ist 1? $\frac{1}{10}$ von 10 ist 1.

Der wievielte Teil von 10 ist 3? $\frac{3}{10}$ von 10 sind 3.

Der wievielte Teil von 10 ist 5? $\frac{5}{10} = \frac{1}{2}$ von 10 sind 5.

Kannst Du es schon? Der wievielte Teil von 10 ist 8?

Schreibe Deine Antwort auf und vergleiche dann mit Seite 335 B.

334 A

(von Seite 324 A)

Du hast Dich verrechnet. Hast Du auch wirklich die Zähler multipliziert? Prüfe noch einmal Deine Rechnung:

$$\frac{3}{8} \cdot 12 = \frac{3}{\cancel{8}_{2}} \cdot \frac{\cancel{12}^{3}}{1} = \frac{\dots}{2} = \dots$$

Nun rechne die Aufgabe zu Ende und schlage dann Seite 332 A auf.

---

334 B

(von Seite 328 B)

Nein, Du hast nicht richtig gerechnet. Überlege und rechne noch einmal mit:

1. $\frac{2}{3}$ einer gesuchten Zahl sind 8, dann ist
   $\frac{1}{3}$ der gesuchten Zahl 4, dann ist die gesuchte Zahl dreimal so groß, also: $3 \cdot 4 = 12$.

2. $\frac{1}{8}$ einer gesuchten Zahl ist 2, dann ist die gesuchte Zahl achtmal so groß. Wie heißt sie also?

3. $\frac{7}{10}$ einer gesuchten Zahl sind 35,
   $\frac{1}{10}$ dieser Zahl ist dann 5.
   Wie heißt also die gesuchte Zahl?

4. $\frac{3}{4}$ einer gesuchten Zahl sind 33,
   $\frac{1}{4}$ dieser Zahl ist dann $33 : 3 = 11$.
   Wie heißt also die gesuchte Zahl?

Wenn Du diese Aufgaben noch einmal durchgerechnet hast, zähle die vier Ergebnisse zusammen und schlage wieder Seite 328 B auf.

335 A

(von Seite 332 B)

Wir wollen Dir gerne bei Deinen Schwierigkeiten helfen. Schau Dir noch einmal diese Beispiele an:

Die Hälfte einer unbekannten Zahl ist 31. Dann heißt diese Zahl 62.

Ein Fünftel einer unbekannten Zahl ergibt 9. Die Zahl heißt dann 45.

Ein Zwölftel einer gesuchten Zahl ist 7. Die Zahl muß dann 84 sein.

Hast Du dies verstanden? Deine Aufgabe hieß:
Ein Zehntel einer Zahl ist 10. Wie heißt dann diese Zahl?

Schreibe Dein Ergebnis auf und vergleiche dann mit Seite 332 B.

---

335 B

(von Seite 333 A)

Der wievielte Teil von 10 ist 8?

$\frac{8}{10}$ oder $\frac{4}{5}$ von 10 sind 8. Seite 329 A

$\frac{10}{8}$ oder $\frac{5}{4}$ von 10 sind 8. Seite 337 A

Ich kann die Aufgabe nicht lösen. Seite 339 B

336 A
(von Seite 328 B)

Nein, Du hast es diesmal nicht ganz geschafft. Überlege und rechne noch einmal mit, dann wirst Du das nächste Mal sicher die richtige Antwort finden!

1. $\frac{2}{3}$ einer gesuchten Zahl sind 8, dann ist $\frac{1}{3}$ der gesuchten Zahl 4, dann ist die gesuchte Zahl dreimal so groß, also: $3 \cdot 4 = 12$.

2. $\frac{1}{8}$ einer gesuchten Zahl ist 2, dann ist die gesuchte Zahl achtmal so groß. Wie heißt sie also?

3. $\frac{7}{10}$ einer gesuchten Zahl sind 35, $\frac{1}{10}$ der gesuchten Zahl ist dann 5. Wie heißt also die gesuchte Zahl?

4. $\frac{3}{4}$ einer gesuchten Zahl sind 33, dann ist $\frac{1}{4}$ der gesuchten Zahl $33 : 3 = 11$. Wie heißt also die gesuchte Zahl?

Nun rechne die vier Aufgaben noch einmal durch. Dann wirst Du bestimmt die richtige Antwort auf Seite 328 B herausfinden.

---

336 B
(von Seite 338 A)

Falsch. Überlege noch einmal:

$\frac{1}{5}$ ist die Hälfte von $\frac{2}{5}$. Wenn $\frac{2}{5}$ einer Zahl 12 sind, dann ist $\frac{1}{5}$ dieser Zahl $12 : 2 = 6$ und nicht 10.

Wie heißt nun die Zahl selbst, von der der fünfte Teil 6 ist?

Rechne, schlage dann wieder Seite 338 A auf und suche dort die richtige Antwort heraus.

337 A

(von Seite 335 B)

Nein, das stimmt nicht. Du hattest im 1. Kapitel gelernt (und wir haben es in diesem Kapitel auf Seite 333 A wiederholt), daß der Nenner Dir sagt, in wie viele gleiche Teile eine Menge geteilt ist, und der Zähler angibt, wie viele solcher Teile Du nehmen sollst. Deine Aufgabe hieß:

Der wievielte Teil von 10 ist 8 ?

> Die ganze Menge soll also in 10 gleiche Teile aufgeteilt werden, und 8 Teile sollst Du davon nehmen.

Die Antwort heißt also $\frac{8}{10}$ oder $\frac{4}{5}$.

Nun arbeite auf Seite 329 A weiter.

---

337 B

(von Seite 325 A)

Nein, Du hast Dich geirrt. Die Aufgaben 7 bis 9 sind alle richtig gelöst. Hier sind die Lösungswege:

7. $$\frac{70}{100} = \frac{70 : 10}{100 : 10} = \underline{\underline{\frac{7}{10}}}$$

8. $$\frac{100}{500} = \frac{100 : 100}{500 : 100} = \underline{\underline{\frac{1}{5}}}$$

9. $$\frac{18}{32} = \frac{18 : 2}{32 : 2} = \underline{\underline{\frac{9}{16}}}$$

Schlage wieder Seite 325 A auf und suche den Fehler.

338 A

(von Seite 332 B)

Richtig. Wenn 10 der zehnte Teil (oder $\frac{1}{10}$) einer Zahl ist, dann ist die gesuchte Zahl 100.

Hier ist nun eine ähnliche Aufgabe, über die Du einmal nachdenken sollst:

Wenn $\frac{3}{4}$ einer Zahl 15 sind, wie groß ist dann die Zahl?

Überlege einmal mit:

Wenn $\frac{3}{4}$ einer Zahl 15 sind, dann ist

$\frac{1}{4}$ der dritte Teil von 15, also: $15 : 3 = 5$.

Wenn $\frac{1}{4}$ der Zahl 5 ist, dann sind

$\frac{4}{4}$ viermal soviel, also: $4 \cdot 5 = 20$.

Versuche nun, die folgende Aufgabe zu lösen:

$\frac{2}{5}$ einer Zahl sind 12. Wie heißt die Zahl?

Du mußt Dir dazu zwei Fragen stellen:

1. Wie groß ist $\frac{1}{5}$ der gesuchten Zahl?
2. Wie heißt die gesuchte Zahl?

Wähle nun das richtige Ergebnispaar: Wenn $\frac{2}{5}$ einer Zahl 12 sind, dann ist

1. $\frac{1}{5}$ der Zahl 10
2. die Zahl 50

} Seite 336 B

1. $\frac{1}{5}$ der Zahl 6
2. die Zahl 18

} Seite 331 B

1. $\frac{1}{5}$ der Zahl 6
2. die Zahl 30

} Seite 323 A

339 A

(von Seite 328 B)

Vergleiche Deine Ergebnisse:

1. $\frac{1}{3}$ der gesuchten Zahl ist 4, $\frac{3}{3}$ sind dann $\underline{\underline{12}}$.

2. $\frac{8}{8}$ sind $8 \cdot 2 = \underline{\underline{16}}$.

3. $\frac{1}{10}$ der gesuchten Zahl ist 5, $\frac{10}{10}$ sind dann $\underline{\underline{50}}$.

4. $\frac{1}{4}$ der gesuchten Zahl ist 11, $\frac{4}{4}$ sind dann $\underline{\underline{44}}$.

Hast Du Deinen Fehler gefunden?

Nun kommt eine Prüfungsarbeit auf Seite 341 A. Es ist die letzte in diesem Buch, und wir wünschen Dir guten Erfolg dazu.

---

339 B

(von Seite 335 B)

Die Aufgabe hieß: Der wievielte Teil von 10 ist 8? Du hattest Schwierigkeiten mit dieser Aufgabe, und daher geben wir Dir eine ausführliche Erklärung. Überlege bitte einmal mit:

Der wievielte Teil von 36 ist 12? $\frac{12}{36} = \frac{1}{3}$ von 36 ist 12.

Der wievielte Teil von 50 ist 25? $\frac{25}{50} = \frac{1}{2}$ von 50 ist 25.

Der wievielte Teil von 24 ist 16? $\frac{16}{24} = \frac{2}{3}$ von 24 sind 16.

Der wievielte Teil von 100 ist 30? $\frac{30}{100} = \frac{3}{10}$ von 100 sind 30.

Der wievielte Teil von 44 ist 33? $\frac{33}{44} = \frac{3}{4}$ von 44 sind 33.

Genauso mußt Du alle Aufgaben dieser Art rechnen. Also: Der wievielte Teil von 10 ist 8?

Schreibe Dein Ergebnis auf und vergleiche mit Seite 335 B.

340 A

(von Seite 328 B)

Du hast gut gearbeitet. Die Summe der vier Ergebnisse ist 122.

Sieh Dir trotzdem noch einmal genau an, wie man diese Aufgaben schriftlich rechnet:

1. $\frac{2}{3}$ von einer Zahl sind 8,

   $\frac{1}{3}$ von dieser Zahl ist $8 : 2 = 4$,

   $\frac{3}{3}$ von dieser Zahl sind $3 \cdot 4 = \underline{\underline{12}}$

2. $\frac{1}{8}$ von einer Zahl ist 2,

   $\frac{8}{8}$ von dieser Zahl sind $8 \cdot 2 = \underline{\underline{16}}$

3. $\frac{7}{10}$ von einer Zahl sind 35,

   $\frac{1}{10}$ von dieser Zahl ist $35 : 7 = 5$,

   $\frac{10}{10}$ von dieser Zahl sind $10 \cdot 5 = \underline{\underline{50}}$

4. $\frac{3}{4}$ von einer Zahl sind 33,

   $\frac{1}{4}$ von dieser Zahl ist $33 : 3 = 11$,

   $\frac{4}{4}$ von dieser Zahl sind $11 \cdot 4 = \underline{\underline{44}}$

Du bist jetzt am Ende von Kapitel 10. Wir wollen wieder mit einer kurzen Prüfungsarbeit schließen, die Du gegenüber auf Seite 341 A findest.

P

(von Seite 340 A)

Prüfungsaufgaben

1. $1\frac{1}{2} + 2\frac{1}{3} + 3\frac{3}{4} + 1\frac{5}{12} = \ldots$

2. $43\frac{1}{4} - 12\frac{5}{8} = \ldots$

3. $\frac{3}{5} \cdot 7\frac{1}{2} = \ldots$

4. $42\frac{1}{2} \cdot 35 = \ldots$

5. $5\frac{1}{2} : 3 = \ldots$

6. $18 : 2\frac{1}{4} = \ldots$

7. $13\frac{1}{3} \cdot 21\frac{3}{4} = \ldots$

8. Der wievielte Teil von 84 ist 36 ?

9. $\frac{4}{9} = \frac{\ldots}{36}$

Prüfe zum Schluß noch einmal Deine Ergebnisse, ob Du noch weiter vereinfachen kannst.

10

Dies waren die letzten Prüfungsaufgaben in diesem Buch. Trotzdem kannst Du noch weiterüben. Kapitel 11 beginnt auf Seite 342 A und enthält 25 Übungen. Weitere Übungen und Anwendungsbeispiele (Textaufgaben) findest Du im Anhang.

P

11 25 Übungen

In diesem letzten Kapitel geht es noch einmal kreuz und quer durch die ganze Bruchrechnung. In 25 Übungen kannst Du zeigen, daß Du nun alle Arten der Bruchrechnung beherrschst.

Du wirst aber bald merken, daß sich dieses Kapitel von den vorhergehenden unterscheidet. Hier werden Dir nämlich nicht nur Deine Fehler erklärt - wie in den anderen Kapiteln -, sondern es wird sich schnell herausstellen, wo Du etwa noch Lücken hast. Wir verweisen Dich dann auf das Kapitel oder auf die Seiten des Programms, in dem Aufgaben dieser Art zum erstenmal erklärt wurden.

Manchmal lassen wir Dir aber auch die Wahl: Du kannst die nächste Übung aufschlagen oder zuerst das genannte Kapitel durcharbeiten. Frage Dich dann ehrlich, ob Du alles verstanden hast. Entschließe Dich lieber, einen kleinen Umweg zu wählen, denn dann wirst Du die folgenden Übungen dieses Kapitels viel leichter lösen.

Wenn Du die von uns genannten Seiten oder Kapitel des Programms noch einmal durchgearbeitet hast, kehre zu der Übung zurück, von der Du ausgegangen warst. Schreibe Dir die Nummer also auf! Das folgende Verzeichnis der Übungen soll Dir die Übersicht erleichtern:

Übung	Seite	Übung	Seite	Übung	Seite
1:	357 C	10:	346 A	18:	370 A
2:	354 B	11:	349 B	19:	380 A
3:	366 A	12:	367 A	20:	373 B
4:	348 A	13:	374 B	21:	375 B
5:	350 B	14:	361 A	22:	385 B
6:	357 A	15:	360 A	23:	376 B
7:	356 B	16:	363 B	24:	379 B
8:	343 B	17:	362 B	25:	381 A
9:	344 B				

Beginne nun mit Übung 1 auf Seite 357 C.

343 A
(von Seite 350 C)

Du hast nicht nachgedacht. Bei dieser Aufgabe hast Du 27 Ganze von den 38 Ganzen abzuziehen. Der Bruch bleibt davon unberührt und muß also unverändert im Ergebnis wieder erscheinen.

$$1. \quad 38\frac{2}{3} - 27 = 11\frac{2}{3}$$

Rechne nun die beiden anderen Aufgaben auf Seite 348 A noch einmal.

---

343 B
(von Seite 351 B)

Übung 8

1. $\frac{7}{8} : \frac{1}{2} = \ldots$ 2. $\frac{3}{4} : 6 = \ldots$ 3. $\frac{9}{10} : 1\frac{1}{5} = \ldots$

Für das Teilen (die Division) von Brüchen hast Du zwei Verfahren gelernt. Rechne diese Aufgaben nach beiden Lösungswegen, damit Du selbst eine Kontrolle hast. Schlage dann Seite 354 C auf.

---

343 C
(von Seite 350 B)

Hast Du auch sorgfältig gerechnet? Dann hast Du aus einer der drei Aufgaben als Ergebnis 12 herausbekommen. Welche Aufgabe ist es?

Aufgabe 1 Siehe Seite 344 A.

Aufgabe 2 Siehe Seite 347 A.

Aufgabe 3 Siehe Seite 391 A.

11

344 A
(von Seite 343 C)

Du hast Dich leider verrechnet. Die 6 im Nenner läßt sich zwar durch 3 kürzen, es bleibt aber eine 2 stehen.

$$1.\quad \frac{5}{\not{6}_{2}} \cdot \frac{\not{15}^{5}}{1} = \frac{25}{2} = \underline{\underline{12\frac{1}{2}}}$$

Rechne nun die beiden anderen Aufgaben auf Seite 350 B noch einmal. Nur Mut! Du wirst die Aufgabe mit dem richtigen Ergebnis schon finden.

---

344 B
(von Seite 353 A)

Übung 9

1. $24 : 2\frac{1}{2} = \ldots$ 2. $6\frac{2}{3} : \frac{5}{9} = \ldots$ 3. $12\frac{1}{2} : 1\frac{1}{4} = \ldots$

Wir raten Dir: Verwandle zuerst die gemischten Zahlen in unechte Brüche. Rechne zur Kontrolle und Übung nach beiden Verfahren. Schlage dann Seite 348 C auf.

---

344 C
(von Seite 346 A)

Welches ist nach Deiner Rechnung das richtige Ergebnis der Aufgabe?

$1\frac{2}{3}$ Siehe Seite 349 B.

$1\frac{2}{5}$ Siehe Seite 352 B.

$\frac{3}{5}$ Siehe Seite 362 A.

Wenn Dein Ergebnis nicht dabei ist, schlage Seite 371 C auf.

345 A

(von Seite 350 C)

Leider falsch. In dieser Aufgabe sollst Du nicht nur 2 Ganze von 14 abziehen, sondern auch noch $\frac{1}{3}$. $\frac{3}{3} - \frac{1}{3} = \frac{2}{3}$. Es kann also niemals $11\frac{1}{3}$ herauskommen.

$$2.\quad 14 = 13\frac{3}{3}$$
$$-2\frac{1}{3} \quad -2\frac{1}{3}$$
$$\underline{\underline{11\frac{2}{3}}}$$

Rechne nun die beiden anderen Aufgaben auf Seite 348 A noch einmal.

---

345 B

(von Seite 346 C)

Du hast die Aufgabe 1 richtig gerechnet. Hier kannst Du alle Ergebnisse überprüfen:

Ergebnisse der Übung 1

1. $\frac{3}{4} + \frac{2}{3} + \frac{5}{6} + \frac{1}{2} = \frac{9 + 8 + 10 + 6}{12} = \frac{33}{12} = \frac{11}{4} = \underline{\underline{2\frac{3}{4}}}$

2. $\frac{5}{8} + \frac{3}{4} + \frac{3}{8} + \frac{1}{2} = \frac{5 + 6 + 3 + 4}{8} = \frac{18}{8} = \frac{9}{4} = \underline{\underline{2\frac{1}{4}}}$

3. $\frac{3}{5} + \frac{3}{4} + \frac{1}{2} + \frac{3}{10} = \frac{12 + 15 + 10 + 6}{20} = \frac{43}{20} = \underline{\underline{2\frac{3}{20}}}$

Wenn Du einen Fehler gemacht hast, ist es das beste, wenn Du noch einmal Kapitel 4 und 5 aufschlägst. In diesen Kapiteln wird Dir ausführlich erklärt, wie man den Hauptnenner findet und wie man Brüche zusammenzählt. Schlage also Seite 98 A auf und kehre danach zu dieser Übung zurück (merke Dir die Seitenzahl!).

Wenn aber alle drei Ergebnisse richtig waren, setze Deine Arbeit auf Seite 354 B mit Übung 2 fort.

346 A
(von Seite 358 B)

Übung 10

$$62\frac{1}{2} : 37\frac{1}{2} = \ldots$$

Keine Angst vor den großen Zahlen! Rechne sorgfältig und schlage dann Seite 344 C auf.

---

346 B
(von Seite 352 C)

Du hast leider zu flüchtig gearbeitet. Du hast 325 · 15 richtig berechnet, dann aber vergessen, noch etwas hinzuzufügen. Du solltest ja eine gemischte Zahl mit 15 malnehmen. Rechne noch einmal sorgfältig die Aufgabe von Seite 349 B.

---

346 C
(von Seite 357 C)

Eine der drei Aufgaben hat als Ergebnis $2\frac{3}{4}$ Welche ist es?

Aufgabe 1 Siehe Seite 345 B.

Aufgabe 2 Siehe Seite 348 B.

Aufgabe 3 Siehe Seite 351 A.

347 A

(von Seite 343 C)

Richtig. Du kannst zufrieden sein. - Hier sind die Ergebnisse der drei Aufgaben:

<u>Ergebnisse der Übung 5</u>

1. $\frac{5}{6} \cdot 15 = \frac{5}{\cancel{6}_{2}} \cdot \frac{\cancel{15}^{5}}{1} = \frac{25}{2} = \underline{\underline{12\frac{1}{2}}}$

2. $\frac{3}{8} \cdot 32 = \frac{3}{\cancel{8}_{1}} \cdot \frac{\cancel{32}^{4}}{1} = \frac{12}{1} = \underline{\underline{12}}$

3. $20 \cdot \frac{2}{3} = \frac{20}{1} \cdot \frac{2}{3} = \frac{40}{3} = \underline{\underline{13\frac{1}{3}}}$

Hattest Du Schwierigkeiten mit diesen Aufgaben? Dann solltest Du von Seite 304 B bis Seite 326 B weitere Aufgaben dieser Art rechnen. Andernfalls geht es auf Seite 357 A (Übung 6) weiter.

P

---

347 B

(von Seite 355 C)

Du hast leider die 2 im Nenner, die Du gekürzt hattest, wieder mitgerechnet. So hast Du $\frac{1300}{6}$ anstatt $\frac{1300}{3}$ erhalten. Vielleicht wärst Du durch den Überschlag auch selbst auf Deinen Fehler aufmerksam geworden: Das Ergebnis dieser Aufgabe ist auf jeden Fall größer als $30 \cdot 10 = 300$. Es kann also niemals $216\frac{2}{3}$ herauskommen.

Schlage nun wieder Seite 356 B auf und rechne die Aufgabe noch einmal.

348 A
(von Seite 359 B)

Übung 4

1. $38\frac{2}{3} - 27$

2. $14 - 2\frac{1}{3}$

3. $38\frac{1}{2} - 27\frac{1}{6}$

Kannst Du diese großen Zahlen voneinander abziehen? (Unser Tip: Wähle hier nicht den Weg über unechte Brüche.)

Versuche es einmal und schlage dann Seite 350 C auf.

---

348 B
(von Seite 346 C)

Leider falsch. Der Hauptnenner ist 8. Prüfe, ob Du beim Erweitern der Brüche einen Flüchtigkeitsfehler gemacht hast. Bei der 2. Aufgabe muß nämlich das Ergebnis $\frac{18}{8} = 2\frac{1}{4}$ herauskommen.

Schlage wieder Seite 357 C auf und rechne alle drei Aufgaben noch einmal nach.

---

348 C
(von Seite 344 B)

Ein Ergebnis ist falsch. Welches ist es?

1. $24 : 2\frac{1}{2} = 9\frac{3}{5}$ ist falsch. Siehe Seite 350 A.

2. $6\frac{2}{3} : \frac{5}{9} = 12$ ist falsch. Siehe Seite 354 A.

3. $12\frac{1}{2} : 1\frac{1}{4} = 20$ ist falsch. Siehe Seite 358 B.

349 A

(von Seite 354 C)

Du hast wohl geraten und auf gut Glück diese Seite aufgeschlagen? So etwas solltest Du nicht tun.

Wir wollen Dir die erste Aufgabe vorrechnen:

$$\frac{7}{8} : \frac{1}{2} = \frac{7}{8} : \frac{4}{8} = \frac{7}{4} = \underline{\underline{1\frac{3}{4}}} \quad \text{oder:} \quad \frac{7}{8} : \frac{1}{2} = \frac{7}{\cancel{8}_4} \cdot \frac{\cancel{2}^1}{1} = \frac{7}{4} = \underline{\underline{1\frac{3}{4}}}$$

Wie willst Du zum Ergebnis $\frac{1}{8}$ gekommen sein? Rechne jetzt ebenso auf beide Arten die Aufgaben 2 und 3 von Seite 343 B.

---

349 B

(von Seite 344 C)

Ausgezeichnet! - Hier kannst Du beide Lösungswege vergleichen:

Ergebnis der Übung 10

$$62\frac{1}{2} : 37\frac{1}{2} = \frac{125}{2} : \frac{75}{2} = \frac{125}{75} = \frac{5}{3} = \underline{\underline{1\frac{2}{3}}}$$

Oder:

$$62\frac{1}{2} : 37\frac{1}{2} = \frac{125}{2} : \frac{75}{2} = \frac{\cancel{125}^5}{\cancel{2}_1} \cdot \frac{\cancel{2}^1}{\cancel{75}_3} = \frac{5}{3} = \underline{\underline{1\frac{2}{3}}}$$

Du siehst, daß bei dieser Aufgabe der erste Lösungsweg etwas bequemer ist.

Diesmal findest Du die nächste Übung gleich auf dieser Seite:

Übung 11

$$325\frac{2}{3} \cdot 15 = \ldots$$

Du erinnerst Dich noch an den Lösungsweg? Wenn nicht, schlage vorher schnell noch einmal Seite 223 A auf.

Rechne und vergleiche dann mit Seite 352 C.

11

350 A

(von Seite 348 C)

Hast Du wirklich auf beide Arten gerechnet? Vergleiche:

$$1. \quad 24 : 2\frac{1}{2} = \frac{24}{1} : \frac{5}{2} = \frac{48}{2} : \frac{5}{2} = \frac{48}{5} = 9\frac{3}{5}$$

$$\text{Oder:} \quad 24 : 2\frac{1}{2} = \frac{24}{1} : \frac{5}{2} = \frac{24}{1} \cdot \frac{2}{5} = \frac{48}{5} = 9\frac{3}{5}$$

Hast Du Deinen Fehler gefunden? Nun rechne ebenso ausführlich die Aufgaben 2 und 3 von Seite 344 B.

---

350 B

(von Seite 352 A)

Übung 5

1. $\frac{5}{6} \cdot 15 = \ldots$ 2. $\frac{3}{8} \cdot 32 = \ldots$ 3. $20 \cdot \frac{2}{3} = \ldots$

Bevor Du diese Aufgaben rechnest, noch ein Hinweis: Du weißt, daß man jede ganze Zahl als Scheinbruch mit dem Nenner 1 schreiben kann, z. B. $3 = \frac{3}{1}$. Wenn Du die drei Aufgaben gerechnet hast, schlage Seite 343 C auf.

---

350 C

(von Seite 348 A)

Welche der drei Aufgaben hat nach Deiner Rechnung als Ergebnis $11\frac{1}{3}$?

Aufgabe 1 Siehe Seite 343 A.

Aufgabe 2 Siehe Seite 345 A.

Aufgabe 3 Siehe Seite 352 A.

351 A
(von Seite 346 C)

Du hast Dich geirrt. Der Hauptnenner von 5, 4, 2 und 10 ist 20. Denn 20 ist die kleinste Zahl, die sich durch 5, 4, 2 und 10 teilen läßt. Hast Du vielleicht einen Fehler beim Erweitern oder beim Zusammenzählen der Brüche gemacht? Prüfe noch einmal Deine Rechnung. Das Ergebnis muß $2\frac{3}{20}$ sein und nicht $2\frac{3}{4}$ Wenn Du Deinen Fehler in der Aufgabe 3 gefunden hast, rechne die Aufgaben 1 und 2 von Seite 357 C noch einmal nach.

---

351 B
(von Seite 355 C)

Gut! Du hast natürlich sofort erkannt, daß $433\frac{1}{3}$ das gesuchte Ergebnis ist. Überprüfe sicherheitshalber noch einmal Deine Rechnung.

Ergebnis der Übung 7

$$34\frac{2}{3} \cdot 12\frac{1}{2} = \frac{\overset{52}{\cancel{104}}}{3} \cdot \frac{25}{\underset{1}{\cancel{2}}} = \frac{1300}{3} = \underline{\underline{433\frac{1}{3}}}$$

Eine weitere Aufgabe mit großen gemischten Zahlen findest Du auf Seite 261 A, falls Du noch mehr üben willst. Sonst findest Du auf Seite 343 B die Übung 8. Aber vielleicht willst Du lieber einmal etwas ausruhen? Du hast nun fast ein Drittel dieses Kapitels durchgearbeitet, und Du solltest nie zu lange ohne Pause arbeiten, weil Du sonst nur müde wirst und Flüchtigkeitsfehler machst.

P

352 A
(von Seite 350 C)

Richtig. Du hast gut gearbeitet. Hier sind noch einmal die drei Ergebnisse.

Ergebnisse der Übung 4

1. $$\begin{array}{r} 38\frac{2}{3} \\ -\ 27 \\ \hline 11\frac{2}{3} \end{array}$$

2. $$14 = 13\frac{3}{3} \qquad \begin{array}{r} 13\frac{3}{3} \\ -\ 2\frac{1}{3} \\ \hline 11\frac{2}{3} \end{array}$$
$$-\ 2\frac{1}{3}$$

3. $$38\frac{1}{2} = 38\frac{3}{6} \qquad \begin{array}{r} 38\frac{3}{6} \\ -\ 27\frac{1}{6} \\ \hline 11\frac{1}{3} \end{array}$$
$$-\ 27\frac{1}{6}$$

Wenn Du noch einmal genau wissen willst, wie man große gemischte Zahlen voneinander abzieht (subtrahiert), dann lies Seite 193 A durch. Dort kannst Du auch noch drei weitere Aufgaben dieser Art rechnen. Danach geht es auf Seite 350 B mit Übung 5 weiter.

Wenn Du Dich aber sicher fühlst, übe jetzt das Malnehmen (Multiplizieren) von Brüchen und schlage gleich Seite 350 B (Übung 5) auf.

---

352 B
(von Seite 344 C)

Du hast Dich geirrt. Wo steckt Dein Fehler? Hast Du Dich etwa beim Kürzen versehen? Schlage wieder Seite 346 A auf und rechne noch einmal.

---

352 C
(von Seite 349 B)

Welches ist nach Deiner Rechnung die Lösung der Aufgabe?

4875	Siehe Seite 346 B.
4885	Siehe Seite 355 B.
$5091\frac{2}{3}$	Siehe Seite 364 B.
Ich habe ein anderes Ergebnis.	Siehe Seite 377 C.

(von Seite 354 C)

Gut! Du hast sorgfältig gearbeitet. Hier kannst Du Deine drei Ergebnisse an Hand beider Lösungswege noch einmal überprüfen.

Ergebnisse der Übung 8

1. $\frac{7}{8} : \frac{1}{2} = \frac{7}{8} : \frac{4}{8} = \frac{7}{4} = \underline{\underline{1\frac{3}{4}}}$

Oder: $\frac{7}{8} : \frac{1}{2} = \frac{7}{\cancel{8}_{4}} \cdot \frac{\cancel{2}^{1}}{1} = \frac{7}{4} = \underline{\underline{1\frac{3}{4}}}$

2. $\frac{3}{4} : 6 = \frac{3}{4} : \frac{24}{4} = \frac{3}{24} = \underline{\underline{\frac{1}{8}}}$

Oder: $\frac{3}{4} : 6 = \frac{\cancel{3}^{1}}{4} \cdot \frac{1}{\cancel{6}_{2}} = \underline{\underline{\frac{1}{8}}}$

3. $\frac{9}{10} : 1\frac{1}{5} = \frac{9}{10} : \frac{6}{5} = \frac{9}{10} : \frac{12}{10} = \frac{9}{12} = \underline{\underline{\frac{3}{4}}}$

Oder: $\frac{9}{10} : 1\frac{1}{5} = \frac{\cancel{9}^{3}}{\cancel{10}_{2}} \cdot \frac{\cancel{5}^{1}}{\cancel{6}_{2}} = \underline{\underline{\frac{3}{4}}}$

Das Teilen von Brüchen ist - wenn man es einmal verstanden hat - nicht schwer. Insbesondere sollte man beide Lösungswege kennen, damit man immer den wählt, der schneller zum Ziel führt. Wenn Du bei diesen drei Aufgaben Schwierigkeiten hattest, so entscheide selbst, wo Du nun weiterarbeiten willst:

Wenn Du zur Sicherheit das ganze Kapitel über die Teilung von Brüchen wiederholen willst, schlage Seite 267 A auf. Wenn Dir der erste Lösungsweg Schwierigkeiten bereitet hat, arbeite Seite 275 A bis Seite 290 A durch; wenn es der zweite war, Seite 291 A bis Seite 298 B. Kehre dann in jedem Fall wieder hierher zurück. Hast Du alle Aufgaben richtig gerechnet, findest Du auf Seite 344 B die nächste Übung.

354 A

(von Seite 348 C)

Hast Du wirklich auf beide Arten gerechnet? Vergleiche:

$$2. \quad 6\frac{2}{3} : \frac{5}{9} = \frac{20}{3} : \frac{5}{9} = \frac{60}{9} : \frac{5}{9} = \frac{60}{5} = \underline{\underline{12}}$$

Oder:

$$6\frac{2}{3} : \frac{5}{9} = \frac{20}{3} : \frac{5}{9} = \frac{\overset{4}{\cancel{20}}}{\underset{1}{\cancel{3}}} \cdot \frac{\overset{3}{\cancel{9}}}{\underset{1}{\cancel{5}}} = \underline{\underline{12}}$$

Hast Du Deinen Fehler gefunden? Nun rechne ebenso ausführlich die beiden anderen Aufgaben von Seite 344 B.

---

354 B

(von Seite 345 B)

Übung 2

1. $5\frac{1}{6} + 1\frac{1}{3} + 1\frac{5}{6} + 1\frac{2}{3} = \ldots$

2. $4\frac{1}{9} + 3\frac{1}{3} + 3\frac{1}{2} = \ldots$

3. $2\frac{1}{2} + 6\frac{5}{6} + 1\frac{4}{9} = \ldots$

Diese drei Aufgaben rechnest Du am bequemsten, wenn Du jeweils die ganzen Zahlen und die Brüche für sich zusammenzählst. Rechne und schlage dann Seite 356 C auf.

---

354 C

(von Seite 343 B)

Welche der drei Aufgaben hat als Ergebnis $\frac{1}{8}$?

Aufgabe 1 — Siehe Seite 349 A.

Aufgabe 2 — Siehe Seite 353 A.

Aufgabe 3 — Siehe Seite 357 B.

355 A
(von Seite 363 C)

Leider hast Du zu flüchtig gearbeitet. Du mußt Dich verrechnet haben. Schlage Seite 357 A auf und rechne noch einmal alle drei Aufgaben.

---

355 B
(von Seite 352 C)

Sehr gut! Du hast richtig gerechnet. - Stimmt Dein Lösungsweg mit diesem überein?

Ergebnis der Übung 11

$$\begin{array}{r} 325 \cdot 15 \\ \hline 325 \\ 1625 \\ \hline 4875 \\ 10 \\ \hline 4885 \end{array} \quad \text{und} \quad \frac{2}{3} \cdot 15 = \frac{2}{\not{3}_{1}} \cdot \frac{\not{15}^{5}}{1} = 10$$

Eine weitere Aufgabe dieser Art findest Du auf Seite 228 A. Wenn Du Dich unsicher fühlst, rechne sie schnell durch und kehre dann wieder hierher zurück. Übung 12 auf Seite 367 A bringt dagegen eine Teilungsaufgabe.

P

---

355 C
(von Seite 356 B)

Welches ist das richtige Ergebnis?

$216\frac{2}{3}$ Siehe Seite 347 B.

$433\frac{1}{3}$ Siehe Seite 351 B.

1300 Siehe Seite 359 A.

Wenn Du eine andere Lösung hast, schlage bitte Seite 370 C auf.

11

356 A
(von Seite 361 C)

Du hast nicht sorgfältig genug gearbeitet. Dabei ist diese Aufgabe doch ganz leicht:

$$1. \quad \frac{15}{16} - \frac{3}{16} = \frac{12}{16} = \underline{\underline{\frac{3}{4}}}$$

Hast Du Deinen Flüchtigkeitsfehler gefunden? Dann rechne bitte auf Seite 366 A die Aufgaben 2 und 3 noch einmal.

---

356 B
(von Seite 365 A)

Übung 7

Bei der folgenden Aufgabe mußt Du zuerst die gemischten Zahlen in unechte Brüche umwandeln.

$$34\frac{2}{3} \cdot 12\frac{1}{2} = \ldots$$

Wenn Du die Aufgabe gelöst hast, überprüfe noch einmal sorgfältig, ob sich auch kein Flüchtigkeitsfehler eingeschlichen hat. Schlage dann Seite 355 C auf.

---

356 C
(von Seite 354 B)

Welche der drei Aufgaben hat als Ergebnis $10\frac{7}{9}$?

Aufgabe 1 Siehe Seite 358 A.

Aufgabe 2 Siehe Seite 361 B.

Aufgabe 3 Siehe Seite 364 A.

357 A

(von Seite 347 A)

Übung 6

Für das Malnehmen (Multiplizieren) einer großen gemischten Zahl mit einer ganzen Zahl gibt es ein besonderes Rechenverfahren. Du kannst dies - wenn nötig - auf Seite 223 A nachschlagen.

1. $24 \cdot 14\frac{1}{4} = \ldots$ 2. $28\frac{5}{8} \cdot 12 = \ldots$ 3. $32 \cdot 10\frac{3}{4} = \ldots$

Nun schlage Seite 363 C auf.

---

357 B

(von Seite 354 C)

Du hast wohl geraten und auf gut Glück diese Seite aufgeschlagen? So etwas solltest Du nicht tun.

Wir wollen Dir die dritte Aufgabe vorrechnen:

$$\frac{9}{10} : 1\frac{1}{5} = \frac{9}{10} : \frac{6}{5} = \frac{9}{10} : \frac{12}{10} = \frac{9}{12} = \underline{\underline{\frac{3}{4}}}$$

Oder:

$$\frac{9}{10} : 1\frac{1}{5} = \frac{9}{10} : \frac{6}{5} = \frac{\overset{3}{\cancel{9}} \cdot \overset{1}{\cancel{5}}}{\underset{2}{\cancel{10}} \cdot \underset{2}{\cancel{6}}} = \underline{\underline{\frac{3}{4}}}$$

Rechne jetzt ebenso Aufgabe 1 und 2 auf beide Arten. Schlage noch einmal Seite 343 B auf.

---

357 C

(von Seite 342 A)

Weißt Du noch, wie man den Hauptnenner findet? Das wird sich gleich zeigen in der

Übung 1

1. $\frac{3}{4} + \frac{2}{3} + \frac{5}{6} + \frac{1}{2} = \ldots$ 2. $\frac{5}{8} + \frac{3}{4} + \frac{3}{8} + \frac{1}{2} = \ldots$

3. $\frac{3}{5} + \frac{3}{4} + \frac{1}{2} + \frac{3}{10} = \ldots$

Rechne diese drei Aufgaben und schlage dann Seite 346 C auf.

358 A

(von Seite 356 C)

Falsch. Der Hauptnenner ist 6; also kann der Nenner des Ergebnisses nur 6, 3 oder 2 sein, auf keinen Fall aber führt die Rechnung auf Neuntel.

Rechne die drei Aufgaben auf Seite 354 B noch einmal und versuche, Deinen Fehler zu finden.

---

358 B

(von Seite 348 C)

Du hast sicherlich gleich gemerkt, daß das Ergebnis von Aufgabe 3 falsch war. Die Lösung ist 10. - Vergleiche vorsichtshalber Deine Rechnungen:

Ergebnisse der Übung 9

1. $24 : 2\frac{1}{2} = \frac{24}{1} : \frac{5}{2} = \frac{48}{2} : \frac{5}{2} = \frac{48}{5} = \underline{\underline{9\frac{3}{5}}}$

Oder: $24 : 2\frac{1}{2} = \frac{24}{1} : \frac{5}{2} = \frac{24}{1} \cdot \frac{2}{5} = \frac{48}{5} = \underline{\underline{9\frac{3}{5}}}$

2. $6\frac{2}{3} : \frac{5}{9} = \frac{20}{3} : \frac{5}{9} = \frac{60}{9} : \frac{5}{9} = \frac{60}{5} = \underline{\underline{12}}$

Oder: $6\frac{2}{3} : \frac{5}{9} = \frac{20}{3} : \frac{5}{9} = \frac{\overset{4}{\cancel{20}}}{\underset{1}{\cancel{3}}} \cdot \frac{\overset{3}{\cancel{9}}}{\underset{1}{\cancel{5}}} = \frac{12}{1} = \underline{\underline{12}}$

3. $12\frac{1}{2} : 1\frac{1}{4} = \frac{25}{2} : \frac{5}{4} = \frac{50}{4} : \frac{5}{4} = \frac{50}{5} = \underline{\underline{10}}$

Oder: $12\frac{1}{2} : 1\frac{1}{4} = \frac{25}{2} : \frac{5}{4} = \frac{\overset{5}{\cancel{25}}}{\underset{1}{\cancel{2}}} \cdot \frac{\overset{2}{\cancel{4}}}{\underset{1}{\cancel{5}}} = \frac{10}{1} = \underline{\underline{10}}$

Auf Seite 346 A findest Du noch einmal eine Teilungsaufgabe. Oder willst Du lieber doch Kapitel 9 wiederholen? Dann schlage erst Seite 267 A auf und danach Seite 346 A.

359 A

(von Seite 355 C)

Du hast leider die 3 im Nenner übersehen. Es ist gut, wenn Du einen groben Überschlag machst. In dieser Aufgabe z. B. muß das Ergebnis auf jeden Fall kleiner als 40 · 20 = 800 sein, es kann also niemals 1300 herauskommen.

Schlage nun wieder Seite 356 B auf und versuche, die Aufgabe zu lösen.

---

359 B

(von Seite 361 C)

Gut! Mach so weiter! Hier kannst Du noch einmal Deine drei Ergebnisse überprüfen.

Ergebnisse der Übung 3

1. $\frac{15}{16} - \frac{3}{16} = \frac{12}{16} = \underline{\underline{\frac{3}{4}}}$

2. $4\frac{1}{2} - 3\frac{5}{8} = \frac{9}{2} - \frac{29}{8} = \frac{36}{8} - \frac{29}{8} = \underline{\underline{\frac{7}{8}}}$

3. $2\frac{1}{3} - 1\frac{3}{4} = \frac{7}{3} - \frac{7}{4} = \frac{28}{12} - \frac{21}{12} = \underline{\underline{\frac{7}{12}}}$

Hat Dir das Abziehen (Subtrahieren) von Brüchen Schwierigkeiten gemacht? Dann entscheide selbst, ob Du lieber Kapitel 7 (Seite 185 A) noch einmal wiederholen und dann hier weiterarbeiten willst oder ob Du versuchen willst, die weiteren Subtraktionsaufgaben von Übung 4 auf Seite 348 A zu lösen.

P

360 A
(von Seite 368 B)

Übung 15

Zur Erholung jetzt einige ganz leichte Aufgaben:

1. $\frac{1}{3} \cdot 48 = \ldots$ 2. $\frac{3}{4} \cdot 24 = \ldots$ 3. $\frac{2}{3} \cdot 27 = \ldots$

Rechne und schlage dann Seite 362 C auf.

---

360 B
(von Seite 363 C)

Hoffentlich hast Du nicht einfach geraten. Denn aus der 2. Aufgabe kann keine ganze Zahl herauskommen. Ohne lange zu rechnen, kann man gleich sehen, daß die 8 im Nenner sich zwar durch 4 kürzen läßt, aber eine 2 bleibt im Nenner stehen.

2. $$28\frac{5}{8} \cdot 12 = \frac{229 \cdot \overset{3}{\cancel{12}}}{\underset{2}{\cancel{8}} \cdot 1} = \frac{687}{2} = \underline{\underline{343\frac{1}{2}}}$$

Oder: $28\frac{5}{8} \cdot 12 = 28 \cdot 12 + \frac{5}{8} \cdot 12$

Nebenrechnung: $$\frac{5}{8} \cdot 12 = \frac{5 \cdot \overset{3}{\cancel{12}}}{\underset{2}{\cancel{8}} \cdot 1} = \frac{15}{2} = \underline{\underline{7\frac{1}{2}}}$$

$$\begin{array}{r} \underline{28 \cdot 12} \\ 28 \\ \underline{56} \\ 336 \\ \underline{7\frac{1}{2}} \\ \underline{\underline{343\frac{1}{2}}} \end{array}$$

Rechne nun die beiden anderen Aufgaben auf Seite 357 A ebenso. Du wirst es sicher schaffen.

361 A

(von Seite 377 A)

Übung 14

1. $2\frac{1}{3} \cdot 2\frac{1}{3} = \ldots$ 2. $2\frac{1}{3} \cdot \frac{3}{7} = \ldots$ 3. $2\frac{1}{3} \cdot \frac{1}{3} = \ldots$

Schlage nun Seite 373 C auf.

---

361 B

(von Seite 356 C)

Irgendwo hast Du $\frac{3}{18}$ unterschlagen. Die 2.. Aufgabe ergibt nämlich $10 + \frac{2}{18} + \frac{6}{18} + \frac{9}{18} = 10\frac{17}{18}$ und nicht $10\frac{14}{18} = 10\frac{7}{9}$. Schlage also wieder Seite 354 B auf und überprüfe Deine Rechnungen.

---

361 C

(von Seite 366 A)

Eine der drei Aufgaben hat als Ergebnis $\frac{7}{8}$. Welche ist es?

Aufgabe 1 Siehe Seite 356 A.

Aufgabe 2 Siehe Seite 359 B.

Aufgabe 3 Siehe Seite 363 A.

362 A
(von Seite 344 C)

Du hast leider einen Fehler gemacht, denn Du hast den falschen Kehrwert gebildet; man teilt aber einen Bruch durch einen Bruch, indem man mit dem Kehrwert des zweiten Bruches (des Teilers) malnimmt.

Rechne die Aufgabe auf Seite 346 A noch einmal. Verliere nur den Mut nicht!

---

362 B
(von Seite 371 B)

Übung 17

Auch diese drei Aufgaben sind nicht schwer:

1. $\frac{3}{8} + \frac{1}{4} = \ldots$ 2. $\frac{1}{2} + \frac{1}{8} = \ldots$ 3. $\frac{3}{4} + \frac{1}{8} = \ldots$

Rechne und schlage dann Seite 366 C auf.

---

362 C
(von Seite 360 A)

Zwei Aufgaben haben dieselbe Lösung. Welche sind es?

Aufgabe 1 und Aufgabe 2 Siehe Seite 367 B.

Aufgabe 1 und Aufgabe 3 Siehe Seite 369 B.

Aufgabe 2 und Aufgabe 3 Siehe Seite 372 A.

Die drei Aufgaben haben verschiedene Lösungen. Siehe Seite 384 C.

363 A
(von Seite 361 C)

Du hast Dich geirrt. Eine kurze Überlegung zeigt Dir: Der Hauptnenner ist 12, durch Kürzen kann nur der Nenner 6, 4, 3 oder 2 entstehen, jedoch nicht der Nenner 8.

$$3. \quad 2\frac{1}{3} - 1\frac{3}{4} = \frac{7}{3} - \frac{7}{4} = \frac{28 - 21}{12} = \underline{\underline{\frac{7}{12}}}$$

Rechne nun die beiden anderen Aufgaben auf Seite 366 A noch einmal, dann wirst Du die gesuchte Lösung sicher finden.

---

363 B
(von Seite 372 A)

Übung 16

Auch diese drei Teilungsaufgaben sind nicht schwer:

1. $\frac{3}{4} : \frac{3}{5} = \ldots$ 2. $\frac{2}{3} : \frac{1}{2} = \ldots$ 3. $\frac{5}{8} : \frac{1}{2} = \ldots$

Rechne und schlage dann Seite 367 C auf.

---

363 C
(von Seite 357 A)

Eine der drei Aufgaben hat als Ergebnis 344. Welche ist es?

Aufgabe 1 Siehe Seite 355 A.

Aufgabe 2 Siehe Seite 360 B.

Aufgabe 3 Siehe Seite 365 A.

364 A

(von Seite 356 C)

Richtig. Hier kannst Du auch die beiden anderen Ergebnisse überprüfen.

Ergebnisse der Übung 2

1. $5\frac{1}{6} + 1\frac{1}{3} + 1\frac{5}{6} + 1\frac{2}{3} = 8 + \frac{1 + 2 + 5 + 4}{6} = 8 + \frac{12}{6} = \underline{\underline{10}}$

2. $4\frac{1}{9} + 3\frac{1}{3} + 3\frac{1}{2} = 10 + \frac{2 + 6 + 9}{18} = \underline{\underline{10\frac{17}{18}}}$

3. $2\frac{1}{2} + 6\frac{5}{6} + 1\frac{4}{9} = 9 + \frac{9 + 15 + 8}{18} = 9 + \frac{32}{18} = 10 + \frac{14}{18} = \underline{\underline{10\frac{7}{9}}}$

Hast Du eine dieser drei Aufgaben nicht lösen können? Dann schlage bitte Seite 155 A auf. In diesem Kapitel wird das Zusammenzählen (Addieren) von gemischten Zahlen Schritt für Schritt erklärt. Arbeite anschließend hier wieder weiter.

Wenn Du aber alles einwandfrei verstanden hast, kannst Du auf Seite 366 A mit Übung 3 fortfahren.

---

364 B

(von Seite 352 C)

Du solltest konzentrierter arbeiten. Aus dieser Aufgabe muß eine ganze Zahl herauskommen, denn 15 ist durch 3 teilbar, folglich verschwindet beim Kürzen die 3 im Nenner.

Rechne die Aufgabe noch einmal. Schlage dazu wieder Seite 349 B auf.

(von Seite 363 C)

Sicherlich hast Du sofort erkannt, daß bei der 3. Aufgabe 344 herauskommt. Vergleiche aber zur Sicherheit noch einmal alle Deine Rechnungen:

Ergebnisse der Übung 6

1. $24 \cdot 14\frac{1}{4} = 24 \cdot 14 + 24 \cdot \frac{1}{4}$

$24 \cdot 14$: 24, 96, 336, + 6 = 342

Nebenrechnung: $24 \cdot \frac{1}{4} = \frac{\overset{6}{\cancel{24}} \cdot 1}{1 \cdot \underset{1}{\cancel{4}}} = 6$

2. $28\frac{5}{8} \cdot 12 = 28 \cdot 12 + \frac{5}{8} \cdot 12$

$28 \cdot 12$: 28, 56, 336, + $7\frac{1}{2}$ = $343\frac{1}{2}$

Nebenrechnung: $\frac{5}{8} \cdot 12 = \frac{5 \cdot \overset{3}{\cancel{12}}}{\underset{2}{\cancel{8}} \cdot 1} = \frac{15}{2} = 7\frac{1}{2}$

3. $32 \cdot 10\frac{3}{4} = 32 \cdot 10 + 32 \cdot \frac{3}{4}$

$32 \cdot 10$: 320, + 24 = 344

Nebenrechnung: $32 \cdot \frac{3}{4} = \frac{\overset{8}{\cancel{32}} \cdot 3}{1 \cdot \underset{1}{\cancel{4}}} = 24$

Willst Du noch mehr Aufgaben dieser Art rechnen? Dann schlage Seite 253 A auf. Sonst geht es auf Seite 356 B (Übung 7) weiter.

11

P

366 A
(von Seite 364 A)

Übung 3

Ob Du wohl noch abziehen kannst? Versuche es einmal!

1. $\frac{15}{16} - \frac{3}{16} = \ldots$ 2. $4\frac{1}{2} - 3\frac{5}{8} = \ldots$ 3. $2\frac{1}{3} - 1\frac{3}{4} = \ldots$

Verwandle bei Aufgabe 2 und 3 die gemischten Zahlen in unechte Brüche. Rechne und schlage dann Seite 361 C auf.

---

366 B
(von Seite 373 C)

Du hast $2\frac{1}{3} : 2\frac{1}{3} = 1$ gerechnet. Das ist richtig, aber Deine Aufgabe hieß $2\frac{1}{3} \cdot 2\frac{1}{3}$. Durch eine Überschlagsrechnung siehst Du, daß das Ergebnis größer als $2 \cdot 2 = 4$ sein muß. - Rechne bitte noch einmal alle drei Aufgaben von Seite 361 A.

---

366 C
(von Seite 362 B)

Zwei Aufgaben haben dieselbe Lösung. Welche sind es?

Aufgabe 1 und Aufgabe 2 Siehe Seite 369 A.

Aufgabe 2 und Aufgabe 3 Siehe Seite 372 B.

Aufgabe 1 und Aufgabe 3 Siehe Seite 375 A.

Die drei Aufgaben haben verschiedene Lösungen. Siehe Seite 389 C.

367 A
(von Seite 355 B)

Übung 12

$$475 : 7\frac{1}{2} = \ldots$$

Rechne und schlage dann Seite 372 C auf.

---

367 B
(von Seite 362 C)

Du scheinst mit dem Malnehmen von Brüchen doch noch größere Schwierigkeiten zu haben, als Du selbst glaubtest. Du solltest dagegen etwas tun, nämlich Kapitel 8 noch einmal durcharbeiten. Hast Du es schon einmal wiederholt, so empfehlen wir Dir, auch einmal einige falsche Ergebnisse von Kapitel 8 durchzulesen, denn dort erhältst Du noch zusätzliche Erklärungen. Manchmal ist es ja nur ein Wort oder ein Satz, und plötzlich "geht einem ein Licht auf"! Schlage also Seite 216 A auf und kehre dann zu Übung 15 auf Seite 360 A zurück.

---

367 C
(von Seite 363 B)

Zwei Aufgaben haben dieselbe Lösung. Welche sind es?

Aufgabe 1 und Aufgabe 2 Siehe Seite 368 A.

Aufgabe 1 und Aufgabe 3 Siehe Seite 371 B.

Aufgabe 2 und Aufgabe 3 Siehe Seite 374 A.

Die drei Aufgaben haben verschiedene Lösungen. Siehe Seite 388 C.

368 A
(von Seite 367 C)

Du hast Dich leider verrechnet. Ist Dir der Lösungsweg wieder entfallen? Schlage noch einmal Seite 363 B auf und überprüfe Deine Rechnung. Wenn Du aber lieber das Teilen von Brüchen wiederholen willst, wäre es gut, wenn Du Kapitel 9 noch einmal durcharbeitetest. Mache einen Abstecher nach Seite 267 A und kehre erst dann auf Seite 363 B zurück.

---

368 B
(von Seite 373 C)

Gut! Du hast sicher gleich gesehen, daß die 2. Aufgabe als Ergebnis 1 hat. - Hier sind noch einmal die drei Rechnungen:

Ergebnisse der Übung 14

1. $2\frac{1}{3} \cdot 2\frac{1}{3} = \frac{7}{3} \cdot \frac{7}{3} = \frac{49}{9} = \underline{\underline{5\frac{4}{9}}}$

2. $2\frac{1}{3} \cdot \frac{3}{7} = \frac{\overset{1}{\cancel{7}}}{\underset{1}{\cancel{3}}} \cdot \frac{\overset{1}{\cancel{3}}}{\underset{1}{\cancel{7}}} = \underline{\underline{1}}$

3. $2\frac{1}{3} \cdot \frac{1}{3} = \frac{7}{3} \cdot \frac{1}{3} = \underline{\underline{\frac{7}{9}}}$

Bevor Du die nächste Übung beginnst, frage Dich noch einmal ehrlich: hast Du alle drei Aufgaben der Übung 14 richtig und ohne Zögern ausgerechnet? Dann kannst Du auf Seite 360 A mit Übung 15 weitermachen. Aber wenn Du irgendwelche Zweifel hast, wenn Du "mogeln" mußtest, um das richtige Ergebnis zu finden, dann wäre es besser, Du würdest das Malnehmen ab Seite 216 A gründlich wiederholen und erst anschließend hier wieder weiterarbeiten. Denn wenn Du bei den nächsten Übungsaufgaben Fehler machst, mußt Du sowieso Kapitel 8 wiederholen.

369 A

(von Seite 366 C)

Du hast die beiden gleichen Ergebnisse richtig herausgefunden. Gut!

Ergebnisse der Übung 17

1. $\frac{3}{8} + \frac{1}{4} = \frac{3 + 2}{8} = \underline{\underline{\frac{5}{8}}}$

2. $\frac{1}{2} + \frac{1}{8} = \frac{4 + 1}{8} = \underline{\underline{\frac{5}{8}}}$

3. $\frac{3}{4} + \frac{1}{8} = \frac{6 + 1}{8} = \underline{\underline{\frac{7}{8}}}$

Die Aufgaben 1 und 2 haben dasselbe Ergebnis. - Nun wird Dir das Abziehen (Subtrahieren) von Brüchen in der Übung 18 auf Seite 370 A auch nicht schwerfallen.

P

---

369 B

(von Seite 362 C)

Meinst Du wirklich, daß die Aufgaben 1 und 3 dasselbe Ergebnis haben?

Dir scheint das Malnehmen doch noch größere Schwierigkeiten zu machen, als Du dachtest. Damit Dir beim nächsten Mal kein Fehler mehr unterläuft, ist es das beste, Du wiederholst das Kapitel 8. Lies dabei auch ab und zu die Erklärungen für falsche Ergebnisse nach - sie helfen Dir vielleicht weiter. Schlage also zunächst Seite 216 A auf und dann wieder Übung 15 auf Seite 360 A. Laß den Kopf nicht hängen - Du verstehst es sicher bald!

370 A
(von Seite 369 A)

Übung 18

Verwandle die gemischten Zahlen in unechte Brüche und rechne:

1. $2\frac{1}{8} - 1\frac{1}{2} = \ldots$ 2. $\frac{2}{3} - \frac{1}{6} = \ldots$ 3. $4\frac{1}{4} - 3\frac{3}{4} = \ldots$

Vergleiche Deine Ergebnisse mit Seite 375 C.

---

370 B
(von Seite 372 C)

Diesmal hättest Du die Probe im Kopf machen können:

Wenn $475 : 7\frac{1}{2} = 60$ wäre, dann müßte $60 \cdot 7\frac{1}{2} = 475$ sein. Rechne einmal mit:

$$60 \cdot 7\frac{1}{2} = 60 \cdot 7 + 60 \cdot \frac{1}{2} = 420 + 30 = 450$$

und nicht 475. Daher muß Dein Ergebnis falsch sein. Versuche es noch einmal. Schlage dazu wieder Seite 367 A auf.

---

370 C
(von Seite 355 C)

Du mußt einen Fehler gemacht haben. Vergleiche bitte den Beginn der Rechnung:

$$34\frac{2}{3} \cdot 12\frac{1}{2} = \frac{104}{3} \cdot \frac{25}{2} = \ldots$$

Jetzt mußt Du mit 2 kürzen. Rechne die Aufgabe zu Ende und schlage wieder Seite 355 C auf.

(von Seite 373 C)

Du hast Dich leider geirrt. Schlage wieder Seite 361 A auf und rechne noch einmal alle Aufgaben sorgfältig nach.

---

371 B
(von Seite 367 C)

In Ordnung. Du hast richtig gerechnet. - Hast Du dieselben Lösungswege?

Ergebnisse der Übung 16

1. $\frac{3}{4} : \frac{3}{5} = \frac{\overset{1}{\not 3}}{4} \cdot \frac{5}{\underset{1}{\not 3}} = \frac{5}{4} = 1\frac{1}{4}$

2. $\frac{2}{3} : \frac{1}{2} = \frac{2}{3} \cdot \frac{2}{1} = \frac{4}{3} = 1\frac{1}{3}$

3. $\frac{5}{8} : \frac{1}{2} = \frac{5}{\underset{4}{\not 8}} \cdot \frac{\overset{1}{\not 2}}{1} = \frac{5}{4} = 1\frac{1}{4}$

Die Aufgaben 1 und 3 haben also dieselbe Lösung.

Du hast das Teilen von Brüchen gut behalten. Ob Du das Zusammenzählen (Addieren) auch noch so gut kannst? Schlage dazu die Übung 17 auf Seite 362 B auf.

P

---

371 C
(von Seite 344 C)

11

Du hast Dich verrechnet. Wo steckt Dein Fehler?

$$62\tfrac{1}{2} : 37\tfrac{1}{2} = \frac{125}{2} : \frac{75}{2} = \ldots$$

Du weißt, wie man gleichnamige Brüche teilt: Zähler durch Zähler. Hast Du richtig gekürzt? 125 und 75 haben als größten gemeinsamen Teiler 25. Rechne zu Ende und schlage dann wieder Seite 344 C auf.

372 A
(von Seite 362 C)

Übung macht den Meister. Du hast richtig gerechnet. Gut!

<u>Ergebnisse der Übung 15</u>

1. $\frac{1}{3} \cdot 48 = \frac{1}{\not 3_1} \cdot \frac{\not 48^{16}}{1} = \underline{\underline{16}}$

2. $\frac{3}{4} \cdot 24 = \frac{3}{\not 4_1} \cdot \frac{\not 24^{6}}{1} = \underline{\underline{18}}$

3. $\frac{2}{3} \cdot 27 = \frac{2}{\not 3_1} \cdot \frac{\not 27^{9}}{1} = \underline{\underline{18}}$

Kannst Du die Teilungsaufgaben auch noch so gut wie das Malnehmen? Schlage Seite 363 B (Übung 16) auf.

---

372 B
(von Seite 366 C)

Deine Rechnung ist falsch. Wenn Du Dir die beiden Summen genau ansiehst, müßtest Du eigentlich, auch ohne zu rechnen, gleich entdecken, daß sie nicht gleich groß sein können.
Überlege, ob Du nicht noch einmal das Zusammenzählen von Brüchen in den Kapiteln 4 und 5 üben solltest. Das geht bestimmt sehr schnell, denn Du weißt ja schon ungefähr, wie man das macht. Du hast sicher nur eine Regel vergessen oder etwas verwechselt. Beginne auf Seite 98 A und kehre dann wieder nach Seite 362 B zurück.

---

372 C
(von Seite 367 A)

Was hast Du herausbekommen?

60 — Siehe Seite 370 B.

$63\frac{1}{3}$ — Siehe Seite 374 B.

Mein Ergebnis ist nicht dabei. Siehe Seite 376 C.

373 A

(von Seite 375 C)

Hast Du diese Seite auf gut Glück aufgeschlagen? Vielleicht ist es doch besser, wenn Du noch einmal das Abziehen von Brüchen wiederholst. Schlage bitte Seite 185 A auf, arbeite Kapitel 7 durch und löse dann die Übung 18 auf Seite 370 A nochmals.

---

373 B

(von Seite 384 B)

Übung 20

$$100 - \frac{2}{3} \cdot 69 = \ldots$$

Denke daran: Punktrechnung geht vor Strichrechnung. Rechne und schlage dann Seite 381 C auf.

---

373 C

(von Seite 361 A)

Eine der drei Aufgaben hat als Ergebnis 1. Welche ist es?

Aufgabe 1 Siehe Seite 366 B.

Aufgabe 2 Siehe Seite 368 B.

Aufgabe 3 Siehe Seite 371 A.

374 A

(von Seite 367 C)

Leider falsch. Auch ohne zu rechnen, hättest Du erkennen können, daß diese Gleichung nicht stimmt. $\frac{2}{3} : \frac{1}{2}$ kann niemals das gleiche Ergebnis haben wie $\frac{5}{8} : \frac{1}{2}$.

Ist es nicht besser, Du wiederholst das Teilen (die Division) von Brüchen im Kapitel 9, Seite 267 A? Wir empfehlen es Dir sehr, damit Du dieses Gebiet wirklich beherrschst. Danach rechne die Übung 16 auf Seite 363 B noch einmal durch.

---

374 B

(von Seite 372 C)

In Ordnung. Du hast richtig gerechnet. - Überprüfe trotzdem noch einmal den Lösungsweg:

Ergebnis der Übung 12

$$475 : 7\frac{1}{2} = \frac{475}{1} : \frac{15}{2} = \frac{950}{2} : \frac{15}{2} = \frac{950}{15} = \frac{190}{3} = \underline{\underline{63\frac{1}{3}}}$$

Oder: $$475 : 7\frac{1}{2} = \frac{475}{1} : \frac{15}{2} = \frac{\overset{95}{\cancel{475}}}{1} \cdot \frac{2}{\underset{3}{\cancel{15}}} = \frac{190}{3} = \underline{\underline{63\frac{1}{3}}}$$

Arbeite jetzt gleich auf dieser Seite weiter. Die nächste Aufgabe erfordert sorgfältiges Rechnen. Denke gut nach!

Übung 13

Ziehe von der Summe der Zahlen

$$5\frac{1}{2}, \qquad 8\frac{1}{3}, \qquad 9\frac{1}{6}$$

die Summe der Zahlen

$$4\frac{7}{12}, \qquad 5\frac{3}{4}, \qquad 2\frac{2}{3}$$ ab.

Schlage dann Seite 379 C auf.

375 A
(von Seite 366 C)

Falsch. Du hast wohl noch an das Malnehmen gedacht. Beim Zusammenzählen von Brüchen mußt Du zuerst den Hauptnenner suchen. Rechne noch einmal auf Seite 362 B.

---

375 B
(von Seite 382 B)

Übung 21

Löse die folgenden Aufgaben, aber achte darauf, daß zwischen den Zahlen immer ein anderes Zeichen steht:

$3\frac{1}{2} \cdot 2 = \ldots$ $3\frac{1}{2} : 2 = \ldots$ $3\frac{1}{2} + 2 = \ldots$ $3\frac{1}{2} - 2 = \ldots$

Wenn Du alle Aufgaben gerechnet hast, zähle die vier Ergebnisse zusammen. Schlage dann Seite 380 C auf.

---

375 C
(von Seite 370 A)

Welche Aufgaben haben dieselbe Lösung?

Aufgabe 1 und Aufgabe 2 Siehe Seite 373 A.

Aufgabe 1 und Aufgabe 3 Siehe Seite 376 A.

Aufgabe 2 und Aufgabe 3 Siehe Seite 378 A.

Die drei Aufgaben haben verschiedene Lösungen. Siehe Seite 383 C.

376 A
(von Seite 375 C)

Dir scheint das Abziehen von Brüchen doch noch Schwierigkeiten zu machen. Daher wäre es am besten, wenn Du das Kapitel 7 noch einmal wiederholtest. Schlage bitte Seite 185 A auf, und löse danach Übung 18 auf Seite 370 A nochmals.

---

376 B
(von Seite 387 B)

Übung 23

Löse die folgenden Aufgaben:

1. $5\frac{1}{2} : 2\frac{3}{4} = \ldots$ 2. $5\frac{1}{2} : 1\frac{5}{6} = \ldots$ 3. $5\frac{1}{2} : 1\frac{3}{8} = \ldots$

Es ist gar nicht so schwer, wie Du denkst, denn Du kannst wunderbar kürzen. Wenn Du alle Aufgaben gerechnet hast, addiere die drei Ergebnisse und schlage dann Seite 378 C auf.

---

376 C
(von Seite 372 C)

Du mußt einen Fehler gemacht haben. Vergleiche den Beginn der Ausrechnung:

$$475 : 7\frac{1}{2} = \frac{475}{1} : \frac{15}{2} = \ldots$$

Jetzt gibt es zwei Lösungswege, die selbstverständlich beide dasselbe Ergebnis bringen müssen. Versuche es einmal und vergleiche dann erneut mit Seite 372 C.

377 A

(von Seite 379 C)

Diese Aufgabe war leichter, als sie zunächst erschien, nicht wahr? Hier kannst Du Deinen Lösungsweg noch einmal überprüfen:

Ergebnis der Übung 13

$$\left(5\frac{1}{2} + 8\frac{1}{3} + 9\frac{1}{6}\right) - \left(4\frac{7}{12} + 5\frac{3}{4} + 2\frac{2}{3}\right) =$$

$$22\,\frac{3+2+1}{6} \quad - 11\,\frac{7+9+8}{12} =$$

$$22\frac{6}{6} \quad - 11\frac{24}{12} =$$

$$23 \quad - 13 = \underline{\underline{10}}$$

Jetzt hast Du schon über die Hälfte der Übungen dieses Kapitels geschafft. Fein! Willst Du wieder etwas ausruhen? Verdient hättest Du es. Wenn Du aber die letzten Übungen des Kapitels gleich anpacken willst, dann wünschen wir Dir viel Erfolg. Übung 14 steht auf Seite 361 A.

P

---

377 B

(von Seite 381 C)

Du mußt noch einmal rechnen, denn Du hast vergessen, 69 mit $\frac{2}{3}$ malzunehmen. Das Produkt mußt Du dann von 100 abziehen. Schlage wieder Seite 373 B auf.

---

377 C

(von Seite 352 C)

Du mußt Dich verrechnet haben. Die Aufgabe ist doch gar nicht schwer. Zuerst rechnest Du

$$325 \cdot 15 \qquad \text{und dann} \qquad \frac{2}{3} \cdot 15 = \frac{2}{3} \cdot \frac{15}{1} = \ldots$$

Du kannst mit 3 kürzen. Zähle danach die beiden Produkte zusammen und vergleiche Dein Ergebnis mit Seite 352 C.

378 A

(von Seite 375 C)

Eine gute Leistung! Du hast es wieder einmal geschafft.

Ergebnisse der Übung 18

1. $2\frac{1}{8} - 1\frac{1}{2} = \frac{17}{8} - \frac{3}{2} = \frac{17-12}{8} = \underline{\underline{\frac{5}{8}}}$

2. $\frac{2}{3} - \frac{1}{6} = \frac{4-1}{6} = \frac{3}{6} = \underline{\underline{\frac{1}{2}}}$

3. $4\frac{1}{4} - 3\frac{3}{4} = \frac{17-15}{4} = \frac{2}{4} = \underline{\underline{\frac{1}{2}}}$

Die Lösungen von Aufgabe 2 und 3 sind gleich. Nun wird es wieder etwas schwieriger. Ob Du nicht eine kleine Verschnaufpause einlegst, bevor Du mit neuer Kraft zum Endspurt auf Seite 380 A (Übung 19) ansetzt?

P

---

378 B

(von Seite 380 C)

Leider hast Du Dich verrechnet. Das kann leicht vorkommen bei so verschiedenartigen Aufgaben. Rechne noch einmal genau nach. Schlage wieder Seite 375 B auf.

---

378 C

(von Seite 376 B)

Wie heißt die Summe der drei Ergebnisse?

$7\frac{1}{2}$ — Siehe Seite 381 B.

9 — Siehe Seite 386 A.

$11\frac{3}{8}$ — Siehe Seite 388 B.

Wenn Du ein anderes Ergebnis hast, rechne bitte noch einmal.

379 A

(von Seite 381 C)

Das war nicht sorgfältig genug. Du hast nämlich 69 nur mit $\frac{1}{3}$ malgenommen. Beende die Rechnung

$$100 - \frac{2 \cdot \overset{23}{\cancel{69}}}{\underset{1}{\cancel{3}} \cdot 1} = \ldots$$

und schlage dann wieder Seite 381 C auf.

---

379 B

(von Seite 386 A)

Übung 24

Rechne die folgenden Aufgaben:

1. $300 - 172\frac{1}{2}$
2. $300\frac{1}{2} - 172$
3. $300\frac{1}{2} - 172\frac{1}{2}$

Schlage dann Seite 385 C auf.

---

379 C

(von Seite 374 B)

Wie heißt Dein Ergebnis?

10	Siehe Seite 377 A.
11	Siehe Seite 380 B.
Mein Ergebnis ist nicht dabei.	Siehe Seite 383 A.

380 A
(von Seite 378 A)

Übung 19

$$1\frac{1}{2} \cdot \frac{2}{3} - 1\frac{1}{4} \cdot \frac{4}{5} = \ldots$$

Kennst Du die Regel "Punktrechnung geht vor Strichrechnung"? Du mußt also zuerst malnehmen (multiplizieren) und dann erst die beiden Produkte voneinander abziehen (subtrahieren). Rechne und schlage dann Seite 382 C auf.

---

380 B
(von Seite 379 C)

Bei einer so langen Aufgabe kann man sich leicht verrechnen. Rechne noch einmal nach. Schlage dann Seite 383 A auf, denn dort geben wir Dir einige Hilfen, mit denen Du das richtige Ergebnis leicht findest.

---

380 C
(von Seite 375 B)

Welche der folgenden drei Zahlen ist die gesuchte Summe?

$10\frac{1}{2}$ — Siehe Seite 378 B.

12 — Siehe Seite 384 A.

$15\frac{3}{4}$ — Siehe Seite 390 A.

Wenn Du ein anderes Ergebnis hast, rechne bitte noch einmal.

381 A
(von Seite 383 B)

Übung 25

Im Kapitel 10 hast Du auf Seite 327 A gelernt, daß "$\frac{3}{8}$ von ..." bedeutet: "Multipliziere $\frac{3}{8}$ mit ..." Ob Du solche Aufgaben noch rechnen kannst?

1. $\frac{5}{6}$ von 15 2. $\frac{2}{3}$ von 16 3. $\frac{1}{8}$ von 100

Rechne und schlage dann Seite 386 C auf.

---

381 B
(von Seite 378 C)

Du mußt Deine Rechnung noch einmal überprüfen. Hast Du auch die gemischten Zahlen in unechte Brüche umgewandelt? Bedenke auch, daß Du dann mit dem Kehrwert des zweiten Bruches (des Teilers) malnehmen mußt. Du wirst sehen, wie gut man kürzen kann.

Schlage wieder Seite 376 B auf.

---

381 C
(von Seite 373 B)

Welches Ergebnis hast Du?

31 Siehe Seite 377 B.

77 Siehe Seite 379 A.

54 Siehe Seite 382 B.

Wenn Du ein anderes Ergebnis hast, rechne bitte noch einmal.

382 A
(von Seite 390 C)

Leider falsch. Hast Du daran gedacht, daß die gemischten Zahlen erst einmal in unechte Brüche verwandelt werden müssen? Schlage wieder Seite 385 B auf und rechne noch einmal.

---

382 B
(von Seite 381 C)

Deine Lösung ist richtig. Gut!

Ergebnis der Übung 20

$$\frac{2}{3} \cdot 69 = \frac{2}{\not{3}_{1}} \cdot \frac{\not{69}^{23}}{1} = 46$$

$$100 - 46 = \underline{\underline{54}}$$

Die nächsten Aufgaben (Übung 21) werden Dir auch keine Schwierigkeiten bereiten. Du findest sie auf Seite 375 B.

---

382 C
(von Seite 380 A)

Welches Ergebnis hast Du herausbekommen?

0 Siehe Seite 384 B.

$\frac{2}{15}$ Siehe Seite 386 B.

$\frac{11}{16}$ Siehe Seite 389 B.

383 A
(von Seite 379 C)

Du hast bei dieser langen Aufgabe irgendwo einen Fehler gemacht. Wir wollen ihn gemeinsam suchen. - Zuerst zähle die ersten drei gemischten Zahlen zusammen:

$$5\frac{1}{2} + 8\frac{1}{3} + 9\frac{1}{6} = 22 + \frac{3 + 2 + 1}{6} = \ldots$$

Dann:

$$4\frac{7}{12} + 5\frac{3}{4} + 2\frac{2}{3} = 11 + \frac{7 + 9 + 8}{12} = \ldots$$

Beide Summen ergeben ganze Zahlen, die Du zum Schluß noch voneinander abziehen mußt. Rechne und vergleiche wieder mit Seite 379 C, es ist jetzt ganz einfach.

---

383 B
(von Seite 385 C)

Gut. Du hast richtig gerechnet. - Vergleiche die Lösungen.

Ergebnisse der Übung 24

1. $300 = 299\frac{2}{2}$; $299\frac{2}{2} - 172\frac{1}{2} = 127\frac{1}{2}$
2. $300\frac{1}{2} - 172 = 128\frac{1}{2}$
3. $300\frac{1}{2} - 172\frac{1}{2} = 128$

Die letzte Übung findest Du auf Seite 381 A. Viel Erfolg!

---

383 C
(von Seite 375 C)

Du hast mindestens einen Fehler gemacht. Es wird daher gut sein, wenn Du das Abziehen von Brüchen noch einmal gründlich wiederholst. Schlage dazu Kapitel 7, Seite 185 A auf. Du wirst sehen, daß Du nach dieser Wiederholung ein viel sicherer Rechner geworden bist und die Übung 18 auf Seite 370 A leicht lösen kannst.

384 A
(von Seite 380 C)

Diesmal ist nicht alles glattgegangen. Rechne die Aufgaben noch einmal nach. Schlage wieder Seite 375 B auf.

---

384 B
(von Seite 382 C)

Gut. Du hast richtig gerechnet. - Überprüfe Deine Rechnung:

Ergebnis der Übung 19

$$1\frac{1}{2} \cdot \frac{2}{3} = \frac{\not{3}^{1}}{\not{2}_{1}} \cdot \frac{\not{2}^{1}}{\not{3}_{1}} = 1 \quad \text{und:} \quad 1\frac{1}{4} \cdot \frac{4}{5} = \frac{\not{5}^{1}}{\not{4}_{1}} \cdot \frac{\not{4}^{1}}{\not{5}_{1}} = 1$$

$$1 - 1 = 0, \quad \text{also auch:} \quad 1\frac{1}{2} \cdot \frac{2}{3} - 1\frac{1}{4} \cdot \frac{4}{5} = \underline{\underline{0}}$$

P

Weiter geht es auf Seite 373 B (Übung 20).

---

384 C
(von Seite 362 C)

Du hast mindestens einen Fehler gemacht. Es wird daher gut sein, wenn Du das Malnehmen von Brüchen noch einmal gründlich wiederholst. Schlage dazu auf Seite 216 A das Kapitel 8 auf. Du wirst dann beim nächsten Mal an dieser Stelle keine Schwierigkeiten mehr haben.

385 A

(von Seite 386 C)

Leider hast Du Dich geirrt. $\frac{2}{3} \cdot \frac{16}{1}$ kann nicht das gleiche Ergebnis haben wie $\frac{1}{8} \cdot \frac{100}{1}$, denn das erste Produkt behält im Nenner die 3, während das zweite Produkt nach dem Kürzen eine 2 im Nenner hat.

Schlage wieder Seite 381 A auf; Du wirst Deinen Fehler sicher finden.

---

385 B

(von Seite 390 A)

Übung 22

Löse die folgenden Aufgaben:

1. $7\frac{1}{2} \cdot \frac{2}{3} = \ldots$
2. $11\frac{1}{2} \cdot \frac{1}{2} = \ldots$
3. $1\frac{1}{3} \cdot 4\frac{1}{2} = \ldots$
4. $2\frac{2}{3} \cdot 3\frac{3}{4} = \ldots$

Wenn Du alle Aufgaben gerechnet hast, zähle die vier Ergebnisse zusammen und schlage dann Seite 390 C auf.

---

385 C

(von Seite 379 B)

Eine der drei Aufgaben hat als Ergebnis $127\frac{1}{2}$. Welche ist es?

Aufgabe 1 — Siehe Seite 383 B.

Aufgabe 2 — Siehe Seite 387 A.

Aufgabe 3 — Siehe Seite 390 B.

11

386 A

(von Seite 378 C)

Du hast gut gearbeitet. - Hier kannst Du Deine Rechnung überprüfen:

<u>Ergebnisse der Übung 23</u>

1. $5\frac{1}{2} : 2\frac{3}{4} = \frac{11}{2} : \frac{11}{4} = \frac{\overset{1}{\cancel{11}}}{\underset{1}{\cancel{2}}} \cdot \frac{\overset{2}{\cancel{4}}}{\underset{1}{\cancel{11}}} = \underline{\underline{2}}$

2. $5\frac{1}{2} : 1\frac{5}{6} = \frac{11}{2} : \frac{11}{6} = \frac{\overset{1}{\cancel{11}}}{\underset{1}{\cancel{2}}} \cdot \frac{\overset{3}{\cancel{6}}}{\underset{1}{\cancel{11}}} = \underline{\underline{3}}$

3. $5\frac{1}{2} : 1\frac{3}{8} = \frac{11}{2} : \frac{11}{8} = \frac{\overset{1}{\cancel{11}}}{\underset{1}{\cancel{2}}} \cdot \frac{\overset{4}{\cancel{8}}}{\underset{1}{\cancel{11}}} = \underline{\underline{4}}$

Weiter geht es auf <u>Seite 379 B</u> (Übung 24). Wenn Du aber bei diesen Aufgaben Schwierigkeiten hattest, solltest Du das Teilen von Brüchen wiederholen. Schlage dazu <u>Seite 267 A</u> auf, arbeite das Kapitel 9 durch und schlage erst dann Seite 379 B auf.

---

386 B

(von Seite 382 C)

Du hast Dich leider verrechnet. Hast Du etwa zuerst die Ganzen voneinander abgezogen? Das ist falsch. Zunächst mußt Du die gemischten Zahlen in unechte Brüche umwandeln, erst dann kannst Du malnehmen und anschließend abziehen. Schlage wieder <u>Seite 380 A</u> auf und versuche es noch einmal. Die Aufgabe ist ganz einfach zu lösen.

---

386 C

(von Seite 381 A)

Welche der folgenden drei Gleichungen ist nach Deiner Meinung richtig?

$\frac{2}{3}$ von 16 = $\frac{1}{8}$ von 100 — Siehe <u>Seite 385 A</u>.

$\frac{5}{6}$ von 15 = $\frac{2}{3}$ von 16 — Siehe <u>Seite 388 A</u>.

$\frac{5}{6}$ von 15 = $\frac{1}{8}$ von 100 — Siehe <u>Seite 391 B</u>.

387 A
(von Seite 385 C)

Nein, Du hast Dich verrechnet. Schlage wieder Seite 379 B auf und prüfe alle drei Aufgaben.

---

387 B
(von Seite 390 C)

In Ordnung.

Ergebnisse der Übung 22

1. $7\frac{1}{2} \cdot \frac{2}{3} = \frac{\overset{5}{\cancel{15}}}{\underset{1}{\cancel{2}}} \cdot \frac{\overset{1}{\cancel{2}}}{\underset{1}{\cancel{3}}} = \underline{\underline{5}}$

2. $11\frac{1}{2} \cdot \frac{1}{2} = \frac{23}{2} \cdot \frac{1}{2} = \frac{23}{4} = \underline{\underline{5\frac{3}{4}}}$

3. $1\frac{1}{3} \cdot 4\frac{1}{2} = \frac{\overset{2}{\cancel{4}}}{\underset{1}{\cancel{3}}} \cdot \frac{\overset{3}{\cancel{9}}}{\underset{1}{\cancel{2}}} = \underline{\underline{6}}$

4. $2\frac{2}{3} \cdot 3\frac{3}{4} = \frac{\overset{2}{\cancel{8}}}{\underset{1}{\cancel{3}}} \cdot \frac{\overset{5}{\cancel{15}}}{\underset{1}{\cancel{4}}} = \underline{\underline{10}}$

Die Summe der vier Ergebnisse ist:

$$5 + 5\frac{3}{4} + 6 + 10 = \underline{\underline{26\frac{3}{4}}}$$

Wenn Du bei einer dieser vier Aufgaben Schwierigkeiten hattest, solltest Du Dir überlegen, ob es nicht besser für Dich wäre, Kapitel 8 zu wiederholen. Es beginnt auf Seite 216 A. Anschließend kannst Du hier weitermachen. Wenn alles glattgegangen ist, folgen auf Seite 376 B (Übung 23) noch einige Aufgaben zum Teilen von Brüchen.

P

388 A
(von Seite 386 C)

Diesmal hast Du leider falsch gerechnet. $\frac{5}{6} \cdot \frac{15}{1}$ kann nicht das gleiche Ergebnis haben wie $\frac{2}{3} \cdot \frac{16}{1}$, denn beim ersten Produkt wird durch Kürzen aus der 6 im Nenner eine 2, dagegen bleibt beim zweiten Produkt die 3 im Nenner erhalten.

Rechne also noch einmal und schlage dazu wieder Seite 381 A auf. Du wirst Deinen Fehler sicher finden.

---

388 B
(von Seite 378 C)

Diesmal ist etwas schiefgegangen. Hast Du auch die gemischten Zahlen in unechte Brüche umgewandelt? Dann mußt Du mit dem Kehrwert des zweiten Bruches malnehmen. Vergiß das Kürzen nicht. Schlage nun noch einmal Seite 376 B auf.

---

388 C
(von Seite 367 C)

Du hast mindestens einen Fehler gemacht. Es wird daher gut sein, wenn Du das Teilen von Brüchen noch einmal gründlich wiederholst. Schlage dazu Seite 267 A auf, arbeite Kapitel 9 durch und schlage dann wieder Seite 363 B auf. Du wirst sehen, daß sich dieser kleine Umweg lohnt.

389 A
(von Seite 390 C)

Wie bist Du nur auf dieses Ergebnis gekommen? Du machst Dir nur etwas vor, wenn Du durch Raten versuchst, Dich durch dieses Kapitel hindurchzuschlängeln. Gib Dir etwas mehr Mühe, dann wirst Du es schaffen. Schlage bitte noch einmal Seite 385 B auf. Verwandle vor dem Malnehmen die gemischten Zahlen in unechte Brüche.

---

389 B
(von Seite 382 C)

Du warst in Gedanken noch beim Teilen und hast jeweils vom zweiten Bruch den Kehrwert gebildet. Der Schaden ist jedoch schnell behoben. Du wirst sehen, wie gut sich alles kürzen läßt. Rechne die Aufgabe auf Seite 380 A noch einmal.

---

389 C
(von Seite 366 C)

Rechne die Aufgaben noch einmal nach. Wenn Du bei einer Aufgabe ein anderes Ergebnis herausbringst, dann vergleiche noch einmal mit den Angaben auf Seite 366 C. Wenn Du aber auf dieselben Ergebnisse kommst, dann ist es das beste, wenn Du Dir das Zusammenzählen von Brüchen in den Kapiteln 4 und 5 wieder gründlich klarmachst. Denn Deine Ergebnisse zeigen, daß Du keinen Flüchtigkeitsfehler gemacht hast, sondern daß Du irgendwo noch eine Lücke hast, die Du "stopfen" solltest, bevor Du weiterarbeitest. Kehre also zu Seite 98 A zurück und schlage danach wieder Übung 17 (Seite 362 B) auf. Du wirst sehen, daß sich die Mühe lohnt.

390 A
(von Seite 380 C)

Richtig. Das war eine gute Leistung.

Ergebnisse der Übung 21

$$3\frac{1}{2} \cdot 2 = \frac{7}{\not 2_1} \cdot \frac{\not 2^1}{1} = \underline{\underline{7}}$$

$$3\frac{1}{2} : 2 = \frac{7}{2} : \frac{2}{1} = \frac{7}{2} \cdot \frac{1}{2} = \frac{7}{4} = \underline{\underline{1\frac{3}{4}}}$$

$$3\frac{1}{2} + 2 = \underline{\underline{5\frac{1}{2}}}$$

$$3\frac{1}{2} - 2 = \underline{\underline{1\frac{1}{2}}}$$

Die Summe der vier Ergebnisse ist also:

$$7 + 1\frac{3}{4} + 5\frac{1}{2} + 1\frac{1}{2} = 14 + \frac{3+2+2}{4} = 14 + \frac{7}{4} = \underline{\underline{15\frac{3}{4}}}$$

Die Aufgaben der Übung 22 findest Du auf Seite 385 B.

---

390 B
(von Seite 385 C)

Falsch. Sieh Dir die dritte Aufgabe genau an. Dann wirst Du sicher gleich erkennen, daß das Ergebnis nur eine ganze Zahl sein kann. Schlage wieder Seite 379 B auf und rechne alle Aufgaben noch einmal.

---

390 C
(von Seite 385 B)

Welche der folgenden drei Zahlen ist die gesuchte Summe?

$21\frac{3}{4}$ Siehe Seite 382 A.

$26\frac{3}{4}$ Siehe Seite 387 B.

31 Siehe Seite 389 A.

Wenn Dein Ergebnis nicht dabei ist, rechne bitte noch einmal.

391 A

(von Seite 343 C)

Diesmal hast Du Dich geirrt. $20 \cdot \frac{2}{3}$ kann nicht 12 ergeben, denn die 3 im Nenner läßt sich nicht durch Kürzen beseitigen:

$$3. \quad 20 \cdot \frac{2}{3} = \frac{40}{3} = \underline{\underline{13\frac{1}{3}}}$$

Rechne nun die beiden anderen Aufgaben auf Seite 350 B noch einmal.

---

391 B

(von Seite 386 C)

Gratuliere! Nun hast Du auch die letzte Hürde genommen. - Überprüfe Deine Lösungen aber sicherheitshalber.

Ergebnisse der Übung 25

$$1. \quad \frac{5}{6} \cdot 15 = \frac{5}{\cancel{6}_{2}} \cdot \frac{\cancel{15}^{5}}{1} = \frac{25}{2} = \underline{\underline{12\frac{1}{2}}}$$

$$2. \quad \frac{2}{3} \cdot 16 = \frac{2}{3} \cdot \frac{16}{1} = \frac{32}{3} = \underline{\underline{10\frac{2}{3}}}$$

$$3. \quad \frac{1}{8} \cdot 100 = \frac{1}{\cancel{8}_{2}} \cdot \frac{\cancel{100}^{25}}{1} = \frac{25}{2} = \underline{\underline{12\frac{1}{2}}}$$

Also ist auch $\frac{5}{6}$ von $15 = \frac{1}{8}$ von 100.

Damit ist der Übungsteil abgeschlossen. Von Zeit zu Zeit solltest Du diese Übungen wiederholen, um Deine Kenntnisse in der Bruchrechnung aufzufrischen. Weiteres Übungsmaterial findest Du auch im Anhang auf den Seiten 409 bis 417.

Eine Übersicht über das Bruchrechnen

Die Seitenzahlen am rechten Rand verweisen auf den Lernabschnitt, in dem der Begriff ausführlich erklärt wurde.

Was ist ein Bruch? 1 A

Ein Zeichen wie $\frac{3}{4}$ bezeichnet einen Bruch. Es wird gelesen "drei Viertel" und bedeutet, daß ein Ganzes (oder eine Menge aus gleichen Dingen) in vier gleiche Teile aufgeteilt werden soll; drei (dieser vier gleichen) Teile werden durch die Zahl $\frac{3}{4}$ bezeichnet. 11 A 18 A 10 A 20 B

Die Zahl über dem waagerechten Bruchstrich heißt Zähler (dieser "zählt" die Anzahl der gleichen Teile); die Zahl unter dem Bruchstrich heißt Nenner (dieser "nennt" die gleichen Teile, in die das Ganze oder die Menge zu teilen ist). 12 A 14 A 12 A 14 A

Ein Bruch, dessen Zähler kleiner ist als der Nenner, wird als echter Bruch bezeichnet: $\frac{1}{2}$, $\frac{5}{7}$, $\frac{9}{10}$ usw. 40 A

Ist der Zähler größer als der Nenner oder gleich dem Nenner, spricht man von einem unechten Bruch: $\frac{4}{3}$, $\frac{7}{5}$, $\frac{33}{10}$ usw. 40 A
Solche unechten Brüche kann man in gemischte Zahlen (und bei Scheinbrüchen in ganze Zahlen) umwandeln: $\frac{4}{3} = 1\frac{1}{3}$, $\frac{7}{5} = 1\frac{2}{5}$, $\frac{33}{10} = 3\frac{3}{10}$. Sie bestehen aus einer ganzen Zahl und einem echten Bruch. $1\frac{1}{3}$ ist eine abgekürzte Schreibweise für $1 + \frac{1}{3}$. Ebenso ist $1\frac{2}{5} = 1 + \frac{2}{5}$, $3\frac{3}{10} = 3 + \frac{3}{10}$. Gemischte Zahlen lassen sich stets wieder in unechte Brüche verwandeln; Beispiel: 1 A 36 A 143 A 50 A

$$4\frac{2}{3} = \frac{12}{3} + \frac{2}{3} = \underline{\underline{\frac{14}{3}}}$$

Brüche mit dem Zähler 1 heißen Stammbrüche: $\frac{1}{2}$, $\frac{1}{3}$, $\frac{1}{4}$ usw.

Unechte Brüche wie $\frac{12}{4}$, $\frac{18}{3}$, $\frac{4}{4}$, deren Zähler Vielfache des

53 A Nenners sind, heißen <u>Scheinbrüche</u>; sie sind eine andere

42 A Schreibweise für ganze Zahlen: $\frac{12}{4} = 3$, $\frac{18}{3} = 6$, $\frac{4}{4} = 1$.

Bei der Bruchrechnung sind folgende Grundsätze über die Schreibweise zu beachten:

1 A a) Der Bruchstrich wird immer waagerecht geschrieben (nicht 3/4).

34 A b) Das Gleichheitszeichen = und die Rechenzeichen + - · : gehören in die Höhe des Bruchstriches. Beispiele:

$$\frac{3}{4} \cdot \frac{7}{2} = \frac{21}{8} = 2 + \frac{5}{8} = \underline{\underline{2\frac{5}{8}}}$$

$$\frac{3}{4} - \frac{1}{2} = \frac{3}{4} - \frac{2}{4} = \underline{\underline{\frac{1}{4}}}$$

51 A c) In gemischten Zahlen wird die ganze Zahl annähernd doppelt so groß geschrieben wie die Zahlen des Bruches:

$$1\frac{1}{3},\ 1\frac{2}{5},\ 3\frac{3}{10}$$

Darauf muß besonders bei handschriftlichen Rechnungen geachtet werden, während beim Druck dieser Unterschied in der Schriftgröße nicht so wichtig ist, weil sich hier die ganze Zahl vom Bruch deutlich genug abhebt.

Erweitern und Kürzen

Durch Erweitern und Kürzen wird <u>der Wert</u> eines Bruches <u>nicht</u> verändert.

111 A Man <u>erweitert</u> einen Bruch, indem man Zähler und Nenner mit derselben Zahl malnimmt (multipliziert). Beispiele:

$$\frac{2}{3} = \frac{2 \cdot 5}{3 \cdot 5} = \underline{\underline{\frac{10}{15}}}; \qquad \frac{2}{3} = \frac{2 \cdot 7}{3 \cdot 7} = \underline{\underline{\frac{14}{21}}}$$

Als Erweiterungszahl kann man jede ganze Zahl benutzen.

Man <u>kürzt</u> einen Bruch, indem man Zähler und Nenner durch die gleiche Zahl teilt. Beispiele: 134 A

$$\frac{4}{12} = \frac{4:2}{12:2} = \underline{\underline{\frac{2}{6}}}; \qquad \frac{4}{12} = \frac{4:4}{12:4} = \underline{\underline{\frac{1}{3}}}$$

Kürzungszahl kann jede ganze Zahl sein, die als gemeinsamer Teiler in Zähler und Nenner enthalten ist.

Unter den folgenden Brüchen, die alle den gleichen Wert haben,

$$\frac{24}{36}, \frac{48}{72}, \frac{100}{150}, \frac{28}{42}, \frac{8}{12}, \frac{2}{3}, \frac{10}{15}, \frac{18}{27},$$

gibt es einen, den man nicht mehr kürzen kann, nämlich $\frac{2}{3}$. Dies ist die <u>einfachste Form</u> des Bruches. Man erhält sie, wenn man einen Bruch durch den größten gemeinsamen Teiler (g g T) von Zähler und Nenner teilt (dividiert). Beispiele:

$$\frac{24}{36} = \frac{24:12}{36:12} = \frac{2}{3}; \quad \frac{100}{150} = \frac{100:50}{150:50} = \frac{2}{3}; \quad \frac{18}{27} = \frac{18:9}{27:9} = \frac{2}{3}$$

Das Ergebnis einer Aufgabe soll man stets in der einfachsten Form angeben.

g g T und k g V

Die Menge der ganzen Zahlen 1, 2, 3, 4, 5, 6, 7, ... besteht aus

a) der <u>Zahl 1</u>; sie hat nur einen Teiler, nämlich sich selbst, 93 A

b) den <u>Primzahlen</u> 2, 3, 5, 7, 11, ...; sie enthalten <u>zwei</u> Teiler, nämlich die Zahl 1 und sich selbst, 65 A

c) den <u>zusammengesetzten Zahlen</u> 4, 6, 8, 9, 10, ...; sie enthalten mindestens <u>drei</u> Teiler: 65 A

4 ist durch 1, 2 und 4 teilbar,

6 ist durch 1, 2, 3 und 6 teilbar,

8 ist durch 1, 2, 4 und 8 teilbar usw.

Sowohl die Zahl 9 als auch die Zahl 12 und auch die Zahl 21 haben den Teiler 3. Man sagt: Die Zahlen 9, 12 und 21 haben

75 A den gemeinsamen Teiler 3. Weitere Beispiele:

6 ist ein gemeinsamer Teiler von 12, 18 und 30.

8 ist ein gemeinsamer Teiler von 8, 24 und 32.

Alle geraden Zahlen sind durch 2 ohne Rest teilbar; deshalb ist 2 gemeinsamer Teiler aller geraden Zahlen.

Der größte unter den gemeinsamen Teilern mehrerer Zahlen

83 A heißt der größte gemeinsame Teiler (g g T). Beispiel:

Teiler von 24:	1,	2,	3,	4,	5,	6,	8,			12,
Teiler von 36:	1,	2,	3,	4,		6,		9,		12,
Teiler von 60:	1,	2,	3,	4,	5,	6,			10,	12,

Teiler von 24:				24.			
Teiler von 36:		18,				36.	
Teiler von 60:	15,		20,		30,		60.

Gemeinsame Teiler von 24, 36 und 60 sind 1, 2, 3, 4, 6 und 12. Die Zahl 12 ist der g g T der Zahlen 24, 36 und 60.

82 A Zahlen heißen teilerfremd, wenn sie nur die Zahl 1 als gemeinsamen Teiler haben. Beispiele:

a) Teiler von 8: 1, 2, 4, 8.
   Teiler von 9: 1, 3, 9.
   8 und 9 sind teilerfremd, nur 1 ist gemeinsamer Teiler.

b) Teiler von 16: 1, 2, 4, 8, 16.
   Teiler von 27: 1, 3, 9, 27.
   16 und 27 sind teilerfremd, nur 1 ist gemeinsamer Teiler.

c) Verschiedene Primzahlen sind stets teilerfremd zueinander.

Den g g T benötigt man zum Kürzen. 135 A

Die Zahlen 3, 6, 9, 12, 15, 30, 42, 69, ... sind Vielfache der Zahl 3. Man erhält ein Vielfaches einer Zahl, wenn man sie mit einer ganzen Zahl malnimmt (multipliziert). 67 A

Vergleicht man die Vielfachen von zwei verschiedenen Zahlen, z. B. 4 und 6, so findet man in diesen beiden Zahlenfolgen gemeinsame Vielfache. Beispiel: 64 A

4:	4,	8,	[12],	16,	20,	[24],	28,	32,	[36],	40, ...	
6:		6,	[12],	18,		[24],	30,		[36],	...	

12, 24, 36, 48, ... sind die gemeinsamen Vielfachen von 4 und 6.

Zu zwei Zahlen gibt es immer (beliebig viele) gemeinsame Vielfache. In unserem Beispiel ist 12 das kleinste gemeinsame Vielfache (k g V) der Zahlen 4 und 6. 71 A

Das k g V von zwei teilerfremden Zahlen findet man, indem man diese Zahlen miteinander malnimmt (multipliziert). Bei nicht teilerfremden Zahlen sucht man die größte der vorkommenden Zahlen heraus und bildet von ihr die Vielfachen, bis man ein gemeinsames Vielfaches gefunden hat. Beispiel: 90 A 79 A

Wie heißt das k g V von 4, 6 und 9? 9 ist die größte der drei Zahlen. Man sagt das 1 mal 9 auf:

9, 18, 27, 36, 45, 54, 63, 72, ...

36 ist die erste Zahl im 1 mal 9, die auch Vielfaches von 4 und 6 ist; 36 ist das k g V von 4, 6 und 9.

Das k g V benötigt man, wenn man den Hauptnenner mehrerer Brüche sucht. 116 A

Das Zusammenzählen (die Addition) von Brüchen

Erstes Beispiel: $\frac{1}{7} + \frac{2}{7} + \frac{3}{7} = \ldots$

103 A Diese Brüche haben den gleichen Nenner, sie sind gleichnamig. Sie werden addiert, indem man ihre Zähler addiert und die Summe der Zähler über den Nenner setzt, den diese Brüche gemeinsam haben:

$$\frac{1}{7} + \frac{2}{7} + \frac{3}{7} = \frac{1 + 2 + 3}{7} = \underline{\underline{\frac{6}{7}}}$$

Zweites Beispiel: $\frac{1}{4} + \frac{2}{7} + \frac{5}{14} = \ldots$

110 A Diese Brüche haben verschiedene Nenner, sie sind ungleichnamig und müssen erst durch Erweitern auf den

116 A Hauptnenner gebracht werden. Der Hauptnenner ist das k g V der Einzelnenner, in diesem Fall von 4, 7 und 14. Das k g V von 4, 7 und 14 ist 28.

$$\frac{1}{4} + \frac{2}{7} + \frac{5}{14} = \frac{7}{28} + \frac{8}{28} + \frac{10}{28} = \ldots$$

Dann verfährt man wie bei gleichnamigen Brüchen:

$$\frac{7 + 8 + 10}{28} = \underline{\underline{\frac{25}{28}}}$$

Drittes Beispiel: $2\frac{1}{3} + 3\frac{1}{2} = \ldots$

173 A Diese gemischten Zahlen werden in unechte Brüche verwandelt. Dann wird wie im Beispiel 2 weitergerechnet.

$$2\frac{1}{3} + 3\frac{1}{2} = \frac{7}{3} + \frac{7}{2} = \frac{14 + 21}{6} = \frac{35}{6} = \underline{\underline{5\frac{5}{6}}}$$

Viertes Beispiel: $75\frac{2}{3} + 28\frac{1}{6} = \ldots$

169 A Bei großen Zahlen ist es einfacher, erst die ganzen Zahlen und dann die Brüche für sich zusammenzuzählen:

$$75\frac{2}{3} + 28\frac{1}{6} = 75 + 28 + \frac{2}{3} + \frac{1}{6} = 103 + \frac{4+1}{6} = \underline{\underline{103\frac{5}{6}}}$$

Man muß stets prüfen, ob sich das Ergebnis noch durch Kürzen vereinfachen läßt. Ist das Ergebnis ein unechter Bruch, so muß er in eine gemischte Zahl umgewandelt werden. 135 A

Das Abziehen (die Subtraktion) von Brüchen

Erstes Beispiel: $\frac{5}{8} - \frac{3}{8} = \ldots$

Bei gleichnamigen Brüchen werden erst die Zähler subtrahiert: 186 A

$$5 - 3 = 2$$

Dann schreibt man das Ergebnis über den Nenner, den diese Brüche gemeinsam haben:

$$\frac{5}{8} - \frac{3}{8} = \frac{5-3}{8} = \frac{2}{8}$$

Bei dieser Aufgabe kann noch durch 2 gekürzt werden:

$$\frac{2:2}{8:2} = \underline{\underline{\frac{1}{4}}}$$

Zweites Beispiel: $\frac{2}{3} - \frac{3}{5} = \ldots$

Ungleichnamige Brüche werden durch Erweitern auf den Hauptnenner gebracht: 191 A

$$\frac{2}{3} - \frac{3}{5} = \frac{10}{15} - \frac{9}{15} = \ldots$$

Dann verfährt man wie bei der Subtraktion gleichnamiger Brüche:

$$\frac{2}{3} - \frac{3}{5} = \frac{10}{15} - \frac{9}{15} = \frac{10-9}{15} = \underline{\underline{\frac{1}{15}}}$$

Drittes Beispiel: $3\frac{3}{4} - 1\frac{1}{3} = \ldots$

Gemischte Zahlen werden in unechte Brüche umgewandelt 199 A

und auf den Hauptnenner gebracht:

$$3\frac{3}{4} - 1\frac{1}{3} = \frac{15}{4} - \frac{4}{3} = \frac{45}{12} - \frac{16}{12} = \ldots$$

Dann arbeitet man wie im 1. Beispiel weiter:

$$\frac{45}{12} - \frac{16}{12} = \frac{45-16}{12} = \frac{29}{12}$$

Ist das Ergebnis ein unechter Bruch, so wird es in eine gemischte Zahl umgewandelt:

$$\frac{29}{12} = \underline{\underline{2\frac{5}{12}}}$$

Viertes Beispiel: $75\frac{2}{3} - 48\frac{1}{2} = \ldots$

193 A Bei großen Zahlen können zuerst die ganzen Zahlen subtrahiert werden:

$$75\frac{2}{3} - 48\frac{1}{2} = 27\frac{2}{3} - \frac{1}{2} = \ldots$$

Anschließend werden die Brüche subtrahiert:

$$27\frac{2}{3} - \frac{1}{2} = 27\frac{4}{6} - \frac{3}{6} = 27\,\frac{4-3}{6} = \underline{\underline{27\frac{1}{6}}}$$

Fünftes Beispiel: $26\frac{1}{3} - 15\frac{1}{2} = \ldots$

197 A Ist der abzuziehende Bruch größer als der, von dem abgezogen werden soll, wird ein Ganzes der ersten Zahl in einen Scheinbruch umgewandelt und dem Bruch hinzugezählt:

$$25 + \frac{3}{3} + \frac{1}{3} - 15\frac{1}{2} = 25\frac{4}{3} - 15\frac{1}{2} = \ldots$$

202 A Dann wird wie beim 4. Beispiel weitergearbeitet:

$$24\frac{4}{3} - 15\frac{1}{2} = 9\,\frac{8-3}{6} = \underline{\underline{9\frac{5}{6}}}$$

Sechstes Beispiel: $17 - 6\frac{3}{5} = \ldots$

In diesem Beispiel muß ebenfalls von der ersten Zahl ein Ganzes in einen Scheinbruch umgewandelt werden: 204 A

$$16\frac{5}{5} - 6\frac{3}{5} = \ldots$$

Dann wird wie beim 4. Beispiel weitergearbeitet:

$$16\frac{5}{5} - 6\frac{3}{5} = 10\,\frac{5-3}{5} = 10\frac{2}{5}$$

Das Ergebnis wird (wenn möglich) - durch Kürzen und Umwandeln in eine gemischte Zahl - vereinfacht.

Das Malnehmen (die Multiplikation) von Brüchen

Ganze Zahl mal Bruch

Erstes Beispiel: $3 \cdot \frac{2}{7} = \ldots$ 233 A

Die Multiplikation ist eine verkürzte Form der Addition:

$$3 \cdot \frac{2}{7} = \frac{2}{7} + \frac{2}{7} + \frac{2}{7} = \frac{6}{7} \quad \text{oder:} \quad \frac{3 \cdot 2}{7} = \frac{6}{7}$$

Bruch mal ganze Zahl

Zweites Beispiel: $\frac{2}{11} \cdot 3 = \ldots$ 248 A

Es ist $3 \cdot 5 = 15$ und $5 \cdot 3 = 15$, also:

$$3 \cdot 5 = 5 \cdot 3$$

Entsprechend kann man bei jeder Multiplikation von ganzen Zahlen die Faktoren vertauschen. Man hat deswegen vereinbart, daß auch $\frac{2}{11} \cdot 3$ dieselbe Zahl bedeuten soll wie $3 \cdot \frac{2}{11}$, also:

$$\frac{2}{11} \cdot 3 = 3 \cdot \frac{2}{11}$$

Nun kann man wie im 1. Beispiel weiterrechnen:

$$3 \cdot \frac{2}{11} = \frac{3 \cdot 2}{11} = \underline{\underline{\frac{6}{11}}}$$

Bruch mal Bruch

240 A Drittes Beispiel: $\frac{3}{5} \cdot \frac{2}{7} = \ldots$

Es wird vereinbart:

255 A Bruch mal Bruch = $\frac{\text{Zähler mal Zähler}}{\text{Nenner mal Nenner}}$

also: $\frac{3}{5} \cdot \frac{2}{7} = \frac{3 \cdot 2}{5 \cdot 7} = \underline{\underline{\frac{6}{35}}}$

Viertes Beispiel: $\frac{2}{9} \cdot \frac{3}{5} = \ldots$

243 A Nach der Vereinbarung gilt:

$$\frac{2}{9} \cdot \frac{3}{5} = \frac{2 \cdot 3}{9 \cdot 5} = \frac{6}{45} = \frac{2}{15}$$

In diesem Beispiel ist es zweckmäßig, bereits vor dem Malnehmen zu kürzen:

$$\frac{2}{9} \cdot \frac{3}{5} = \frac{2 \cdot \overset{1}{\not{3}}}{\underset{3}{\not{9}} \cdot 5} = \underline{\underline{\frac{2}{15}}}$$

231 B Durch frühzeitiges Kürzen erleichtert man sich die Rechnung und vermeidet damit Rechenfehler.

Gemischte Zahl mal Bruch

Fünftes Beispiel: $1\frac{1}{3} \cdot \frac{7}{8} = \ldots$

230 B Die gemischte Zahl wird in einen unechten Bruch umgewandelt:

$$1\frac{1}{3} \cdot \frac{7}{8} = \frac{4}{3} \cdot \frac{7}{8} = \ldots$$

Wenn möglich, wird vor dem Weiterrechnen gekürzt:

$$\frac{4}{3} \cdot \frac{7}{8} = \frac{\overset{1}{\not{4}} \cdot 7}{3 \cdot \underset{2}{\not{8}}} = \frac{7}{6}$$

Das Ergebnis ist ein unechter Bruch und wird daher noch in eine gemischte Zahl umgewandelt:

$$\frac{7}{6} = 1\frac{1}{6}$$

Ganze Zahl mal gemischte Zahl

Sechstes Beispiel: $115 \cdot 6\frac{2}{3}$ 223 A

$6\frac{2}{3} = 6 + \frac{2}{3}$, deshalb kann man rechnen:

$$115 \cdot 6 + 115 \cdot \frac{2}{3} = \ldots$$

1. Nebenrechnung:

$$115 \cdot 6 = 690$$

2. Nebenrechnung:

$$\frac{115 \cdot 2}{1 \cdot 3} = \frac{230}{3} = 76\frac{2}{3}$$

$$690 + 76\frac{2}{3} = 766\frac{2}{3}$$

Oder:

1. Schritt: $115 \cdot 6 = 690$

2. Schritt: $115 \cdot \frac{2}{3} = 76\frac{2}{3}$

3. Summe: $115 \cdot 6\frac{2}{3} = 766\frac{2}{3}$

Gemischte Zahl mal gemischte Zahl

Siebtes Beispiel: $27\frac{1}{3} \cdot 18\frac{1}{4} = \ldots$ 261 A

Beide gemischte Zahlen werden in unechte Brüche umgewandelt:

$$27\frac{1}{3} \cdot 18\frac{1}{4} = \frac{82}{3} \cdot \frac{73}{4} = \ldots$$

Nach Möglichkeit wird gekürzt:

$$\frac{\overset{41}{\cancel{82}} \cdot 73}{3 \cdot \underset{2}{\cancel{4}}} = \frac{2993}{6} = \underline{\underline{498\tfrac{5}{6}}}$$

Der Bruchteil einer ganzen Zahl

327 A Achtes Beispiel: $\frac{3}{8}$ von 16 = ...

"$\frac{3}{8}$ von" bedeutet: "Nimm mit $\frac{3}{8}$ mal!"; also:

$$\frac{3}{8} \text{ von } 16 = \frac{3}{8} \cdot 16 = \frac{3 \cdot 16}{8} = \frac{6}{1} = \underline{\underline{6}}$$

Diese Aufgabe kann man auch so lösen:

1. Schritt: $\frac{1}{8}$ von 16 = 2

2. Schritt: $\frac{3}{8}$ von 16 = 3 · 2 = $\underline{\underline{6}}$

Das Teilen (die Division) von Brüchen

Gleichnamige Brüche

270 B Erstes Beispiel: $\frac{14}{15} : \frac{11}{15}$ = ...

$$\text{Bruch durch Bruch} = \frac{\text{Zähler durch Zähler}}{\text{Nenner durch Nenner}}$$

$$\frac{14}{15} : \frac{11}{15} = \frac{14 : 11}{15 : 15} = \frac{14 : 11}{1} = 14 : 11$$

Die Teilungsaufgabe 14 : 11 kann jetzt als Bruch geschrieben werden:

$$14 : 11 = \frac{14}{11} = \underline{\underline{1\tfrac{3}{11}}}$$

Ungleichnamige Brüche

275 A Zweites Beispiel: $\frac{5}{9} : \frac{2}{7}$ = ...

Ungleichnamige Brüche werden durch Erweitern auf den

Hauptnenner gebracht: Das k g V von 9 und 7 ist 63.

$$\frac{5}{9} : \frac{2}{7} = \frac{35}{63} : \frac{18}{63} = \frac{35 : 18}{63 : 63} = \ldots$$

Dann wird wie bei den gleichnamigen Brüchen weitergearbeitet:

$$\frac{35 : 18}{63 : 63} = \frac{35 : 18}{1} = 35 : 18 = \frac{35}{18} = 1\frac{17}{18}$$

Drittes Beispiel: $\frac{5}{9} : \frac{2}{7} = \ldots$

Man teilt (dividiert) durch einen Bruch, indem man mit dem Kehrwert dieses Bruches malnimmt (multipliziert): 296 A

$$\frac{5}{9} : \frac{2}{7} = \frac{5}{9} \cdot \frac{7}{2} = \frac{5 \cdot 7}{9 \cdot 2} = \frac{35}{18} = 1\frac{17}{18}$$

Gemischte Zahlen

Viertes Beispiel: $6\frac{2}{3} : 4\frac{1}{2} = \ldots$

Die gemischten Zahlen werden in unechte Brüche umgewandelt:

$$6\frac{2}{3} : 4\frac{1}{2} = \frac{20}{3} : \frac{9}{2} = \ldots$$

Jetzt wird wie im 2. oder im 3. Beispiel weitergerechnet:

a) $\frac{20}{3} : \frac{9}{2} = \frac{40}{6} : \frac{27}{6} = \frac{40 : 27}{6 : 6} = \frac{40 : 27}{1}$ 281 A

$= 40 : 27 = \frac{40}{27} = 1\frac{13}{27}$

b) $\frac{20}{3} : \frac{9}{2} = \frac{20}{3} \cdot \frac{2}{9} = \frac{40}{27} = 1\frac{13}{27}$ 284 B

Beide Lösungswege führen selbstverständlich zum selben Ergebnis.

Bruch durch ganze Zahl

Fünftes Beispiel: $\frac{4}{5} : 6 = \ldots$

Die ganze Zahl 6 wird als Scheinbruch $\frac{6}{1}$ geschrieben. Dann wird wie im 2. oder im 3. Beispiel weitergerechnet:

290 A a) $\frac{4}{5} : \frac{6}{1} = \frac{4}{5} : \frac{30}{5} = \frac{4 : 30}{5 : 5} = \frac{4 : 30}{1} = \frac{4}{30} = \underline{\underline{\frac{2}{15}}}$

289 A b) $\frac{4}{5} : \frac{6}{1} = \frac{4}{5} \cdot \frac{1}{6} = \frac{\overset{2}{\cancel{4}} \cdot 1}{5 \cdot \underset{3}{\cancel{6}}} = \underline{\underline{\frac{2}{15}}}$

Ganze Zahl durch Bruch

Sechstes Beispiel: $12 : \frac{2}{15} = \ldots$

Auch hier wird die ganze Zahl 12 als Scheinbruch $\frac{12}{1}$ geschrieben:

273 A a) $\frac{12}{1} : \frac{2}{15} = \frac{180}{15} : \frac{2}{15} = \frac{180 : 2}{15 : 15} = \frac{90}{1} = \underline{\underline{90}}$

298 A b) $\frac{12}{1} : \frac{2}{15} = \frac{12}{1} \cdot \frac{15}{2} = \frac{\overset{6}{\cancel{12}} \cdot 15}{1 \cdot \underset{1}{\cancel{2}}} = \frac{90}{1} = \underline{\underline{90}}$

Zusammenfassung

Die Rechenschritte, die für die Addition und Subtraktion von Brüchen mit verschiedenen Nennern erforderlich sind, kann man sich durch die HERKUles-Regel einprägen.

147 A

1. Addition: $\frac{3}{4} + \frac{7}{12} = \ldots$

H	Der Hauptnenner von 4 und 12 ist 12.
E	Erweitere: $\frac{3}{4} = \frac{3 \cdot 3}{4 \cdot 3} = \frac{9}{12}$
R	Rechne: $\frac{9}{12} + \frac{7}{12} = \frac{16}{12}$
K	Kürze: $\frac{16}{12} = \frac{16 : 4}{12 : 4} = \frac{4}{3}$
U	$\frac{4}{3}$ muß man noch in eine gemischte Zahl umwandeln: $\frac{4}{3} = 1\frac{1}{3}$

Zusammengefaßt:

$$\frac{3}{4} + \frac{7}{12} = \frac{9}{12} + \frac{7}{12} = \frac{16}{12} = \frac{4}{3} = 1\frac{1}{3}$$

2. Subtraktion: $3\frac{4}{5} - 2\frac{3}{10} = \ldots$

Vor der Anwendung der HERKUles-Regel sind die gemischten Zahlen in unechte Brüche umzuwandeln:

191 A

$$3\frac{4}{5} = \frac{19}{5} \quad \text{und} \quad 2\frac{3}{10} = \frac{23}{10}$$

H	Der Hauptnenner von 5 und 10 ist 10.
E	Erweitere: $\frac{19}{5} = \frac{19 \cdot 2}{5 \cdot 2} = \frac{38}{10}$
R	Rechne: $\frac{38}{10} - \frac{23}{10} = \frac{15}{10}$
K	Kürze: $\frac{15}{10} = \frac{15 : 5}{10 : 5} = \frac{3}{2}$
U	Durch Umwandeln erhält man: $\frac{3}{2} = 1\frac{1}{2}$

Zusammengefaßt:

$$3\frac{4}{5} - 2\frac{3}{10} = \frac{19}{5} - \frac{23}{10} = \frac{38}{10} - \frac{23}{10} = \frac{15}{10} = \frac{3}{2} = 1\frac{1}{2}$$

Für die Multiplikation gilt die Regel

255 A $$\text{Bruch mal Bruch} = \frac{\text{Zähler mal Zähler}}{\text{Nenner mal Nenner}}$$

3. Multiplikation:

$$\frac{3}{4} \cdot \frac{3}{5} = \frac{3 \cdot 3}{4 \cdot 5} = \frac{9}{20}$$

296 A Divisionen kann man auf die Multiplikation zurückführen, indem man mit dem Kehrwert des Teilers (Divisors) multipliziert.

4. Division:

$$\frac{3}{4} : \frac{3}{5} = \frac{3}{4} \cdot \frac{5}{3} = \frac{\overset{1}{\cancel{3}} \cdot 5}{4 \cdot \underset{1}{\cancel{3}}} = \frac{5}{4} = 1\frac{1}{4}$$

Zusätzliche Übungsaufgaben

Auf den Seiten 410 bis 424 findest Du weitere Aufgaben zum Üben und zur Wiederholung für die Kapitel 3 bis 10. Du wirst selbst am besten wissen, welche Aufgaben Dir noch nicht ganz geläufig sind.

Es wird gut sein, wenn Du von Zeit zu Zeit fleißig übst und wiederholst. Dazu brauchst Du von jeder Seite nur vier bis fünf Aufgaben zu rechnen, am besten aus jeder Aufgabengruppe eine. Es ist beim Rechnen wie beim Sport: Du mußt ständig trainieren, wenn Du in Form bleiben willst.

Die Lösungen der zusätzlichen Übungsaufgaben stehen im Elternbegleitheft. Wenn niemand Deine Aufgaben überprüft, laß Dir bitte dieses Heft mit den Lösungen geben, damit Du Deine Ergebnisse selbst vergleichen kannst.

3 Was ist ggT und kgV ?

1. Nenne alle Teiler von

a) 64 b) 66 c) 72 d) 80
e) 81 f) 84 g) 90 h) 96
i) 100 k) 108 l) 144 m) 160

2. Wie heißt der g g T von

a) 8, 12 und 16 b) 9, 15 und 21
c) 12, 15 und 25 d) 39, 91 und 104
e) 35, 49 und 56 f) 33, 46 und 57
g) 12, 20 und 34 h) 8, 18 und 28
i) 9, 18 und 33 k) 12, 14 und 75
l) 27, 45 und 75 m) 60, 90 und 135
n) 96, 120 und 144 o) 180, 240 und 330
p) 72, 96 und 128 q) 108, 168 und 252

3. Wie heißt das k g V von

a) 32 und 48 b) 36 und 60
c) 35 und 56 d) 55 und 75
e) 8, 12 und 16 f) 10, 15 und 18
g) 8, 16 und 25 h) 15, 25 und 40
i) 16, 24 und 32 k) 16, 20 und 24
l) 10, 16 und 20 m) 8, 9 und 18

4. Berechne den g g T und das k g V von

a) 12, 18 und 24 b) 24, 30 und 36
c) 15, 30 und 45 d) 18, 27 und 36

4 Das Zusammenzählen (die Addition) von Brüchen

1. Erweitere zu Zwölftel:

$\frac{1}{2}$, $\frac{3}{4}$, $\frac{5}{6}$, $\frac{1}{3}$, $\frac{2}{6}$, $\frac{1}{4}$, $\frac{4}{6}$, $\frac{1}{6}$, $\frac{2}{3}$, $\frac{3}{6}$

2. Erweitere zu Achtzehntel:

$\frac{2}{9}$, $\frac{1}{2}$, $\frac{7}{9}$, $\frac{1}{9}$, $\frac{2}{3}$, $\frac{1}{6}$, $\frac{5}{9}$, $\frac{1}{3}$, $\frac{4}{6}$, $\frac{3}{9}$

3. Mache gleichnamig:

a) $\frac{2}{9}$, $\frac{1}{3}$ b) $\frac{1}{4}$, $\frac{5}{12}$ c) $\frac{1}{3}$, $\frac{5}{6}$, $\frac{2}{4}$

d) $\frac{2}{7}$, $\frac{2}{3}$, $\frac{1}{2}$ e) $\frac{1}{3}$, $\frac{2}{5}$, $\frac{1}{2}$ f) $\frac{3}{4}$, $\frac{2}{5}$, $\frac{2}{3}$

4. Zähle zusammen:

a) $\frac{1}{3} + \frac{2}{7}$ b) $\frac{2}{3} + \frac{5}{21}$ c) $\frac{3}{7} + \frac{2}{21}$

d) $\frac{5}{7} + \frac{1}{5}$ e) $\frac{6}{7} + \frac{2}{35}$ f) $\frac{11}{35} + \frac{1}{5}$

g) $\frac{1}{3} + \frac{3}{8}$ h) $\frac{2}{5} + \frac{1}{6}$ i) $\frac{3}{4} + \frac{2}{9}$

5. Zähle zusammen:

a) $\frac{1}{3} + \frac{1}{3} + \frac{1}{4}$ b) $\frac{1}{3} + \frac{1}{4} + \frac{1}{5}$ c) $\frac{1}{4} + \frac{1}{5} + \frac{1}{6}$

d) $\frac{1}{5} + \frac{1}{6} + \frac{1}{7}$ e) $\frac{2}{6} + \frac{1}{7} + \frac{1}{4}$ f) $\frac{3}{11} + \frac{1}{5} + \frac{1}{3}$

g) $\frac{1}{3} + \frac{1}{5} + \frac{1}{10}$ h) $\frac{2}{7} + \frac{1}{6} + \frac{1}{4}$ i) $\frac{3}{8} + \frac{1}{4} + \frac{1}{12}$

5 Das Zusammenzählen (die Addition) von Brüchen (Fortsetzung)

1. Wandle in gemischte Zahlen um:

a) $\frac{5}{3}$, $\frac{9}{2}$, $\frac{17}{2}$, $\frac{30}{4}$, $\frac{15}{8}$ b) $\frac{74}{8}$, $\frac{19}{3}$, $\frac{17}{6}$, $\frac{25}{6}$, $\frac{17}{7}$

2. Wandle in unechte Brüche um:

a) $4\frac{1}{4}$, $3\frac{1}{8}$, $5\frac{2}{3}$, $8\frac{5}{6}$, $7\frac{3}{5}$, b) $13\frac{9}{10}$, $2\frac{1}{12}$, $6\frac{1}{9}$, $5\frac{5}{7}$, $12\frac{3}{8}$

3. Suche den Hauptnenner und mache gleichnamig:

a) $\frac{1}{2}$, $\frac{5}{6}$, $\frac{7}{8}$ b) $\frac{3}{4}$, $\frac{5}{8}$, $\frac{5}{6}$ c) $\frac{2}{3}$, $\frac{3}{8}$, $\frac{7}{12}$

d) $\frac{3}{5}$, $\frac{7}{8}$, $\frac{3}{10}$ e) $\frac{5}{12}$, $\frac{3}{8}$, $\frac{9}{20}$ f) $\frac{3}{4}$, $\frac{5}{8}$, $\frac{9}{16}$, $\frac{5}{24}$

4. Kürze soweit wie möglich:

a) $\frac{5}{25}$, $\frac{15}{20}$, $\frac{12}{16}$, $\frac{16}{40}$, $\frac{4}{8}$ b) $\frac{35}{40}$, $\frac{28}{70}$, $\frac{6}{10}$, $\frac{32}{56}$, $\frac{44}{88}$

5. Zähle zusammen:

a) $\frac{2}{3} + \frac{4}{7} + \frac{5}{6}$ b) $\frac{2}{3} + \frac{4}{7} + \frac{1}{4}$ c) $\frac{2}{3} + \frac{2}{5} + \frac{3}{4}$

d) $\frac{2}{5} + \frac{1}{2} + \frac{5}{6}$ e) $\frac{1}{6} + \frac{3}{14} + \frac{3}{4}$ f) $\frac{5}{12} + \frac{3}{7} + \frac{1}{6}$

g) $\frac{2}{9} + \frac{5}{12} + \frac{3}{8} + \frac{1}{6}$ h) $\frac{4}{15} + \frac{4}{9} + \frac{2}{5} + \frac{1}{3}$

6 Das Zusammenzählen (die Addition) von gemischten Zahlen

1. Wandle in unechte Brüche um:

a) $8\frac{1}{4}$, $3\frac{1}{6}$, $5\frac{7}{12}$, $9\frac{1}{2}$, $7\frac{11}{12}$ b) $6\frac{2}{5}$, $7\frac{2}{9}$, $3\frac{2}{7}$, $6\frac{7}{10}$, $7\frac{7}{8}$

2. Kürze soweit wie möglich:

a) $\frac{25}{30}$, $\frac{60}{80}$, $\frac{45}{120}$, $\frac{3}{6}$, $\frac{36}{54}$ b) $\frac{48}{120}$, $\frac{27}{45}$, $\frac{24}{60}$, $\frac{66}{110}$, $\frac{60}{180}$

3. Zähle zusammen:

a) $9\frac{1}{4} + 6\frac{7}{8}$ b) $8\frac{2}{3} + 3\frac{5}{6}$ c) $3\frac{1}{2} + 4\frac{3}{5}$

d) $4\frac{5}{8} + 3\frac{1}{5}$ e) $6\frac{1}{3} + 7\frac{1}{4}$ f) $7\frac{2}{5} + 8\frac{1}{6}$

4. Zähle zusammen:

a) $5\frac{1}{4} + 17\frac{5}{8} + 9\frac{1}{2}$ b) $8\frac{3}{4} + 3\frac{5}{12} + 14\frac{17}{24}$

c) $6\frac{1}{2} + 15\frac{1}{4} + 19\frac{5}{8}$ d) $16\frac{2}{3} + 9\frac{5}{6} + 18\frac{5}{24}$

e) $16\frac{4}{5} + 7\frac{1}{2} + 21\frac{7}{20}$ f) $8\frac{1}{6} + 13\frac{5}{12} + 11\frac{7}{24}$

5. Zähle zusammen:

a) $456\frac{3}{10} + 159\frac{1}{12}$ b) $234\frac{5}{6} + 129\frac{3}{8}$

c) $632\frac{9}{10} + 255\frac{3}{16}$ d) $369\frac{7}{32} + 289\frac{9}{24}$

e) $59\frac{2}{3} + 95\frac{7}{8} + 108\frac{7}{12}$ f) $264\frac{9}{20} + 431\frac{17}{40} + 915\frac{3}{10}$

7 Das Abziehen (die Subtraktion) von Brüchen

1. a) $\frac{7}{8} - \frac{3}{5}$ b) $\frac{8}{9} - \frac{5}{8}$ c) $\frac{5}{6} - \frac{3}{5}$ d) $\frac{4}{5} - \frac{5}{8}$

e) $\frac{3}{4} - \frac{1}{6}$ f) $\frac{5}{6} - \frac{2}{9}$ g) $\frac{7}{8} - \frac{3}{10}$ h) $\frac{5}{9} - \frac{1}{12}$

i) $\frac{7}{10} - \frac{4}{15}$ k) $\frac{3}{8} - \frac{1}{12}$ l) $\frac{7}{12} - \frac{3}{16}$ m) $\frac{11}{20} - \frac{3}{8}$

2. a) $8\frac{2}{3} - 5\frac{2}{5}$ b) $24\frac{5}{8} - 8\frac{7}{12}$ c) $48\frac{3}{4} - 19\frac{7}{15}$

d) $15\frac{3}{4} - 7\frac{1}{6}$ e) $65\frac{4}{5} - 27\frac{7}{8}$ f) $15\frac{2}{3} - 4\frac{1}{2}$

g) $48\frac{7}{9} - 16\frac{1}{6}$ h) $65\frac{3}{8} - 41\frac{1}{12}$ i) $87\frac{9}{10} - 69\frac{2}{15}$

k) $9\frac{5}{12} - 3\frac{7}{9}$ l) $7\frac{1}{4} - 2\frac{9}{10}$ m) $8\frac{9}{15} - 4\frac{11}{12}$

3. a) $117\frac{3}{4} - 67\frac{1}{6}$ b) $234\frac{5}{6} - 129\frac{3}{8}$ c) $456\frac{3}{10} - 159\frac{1}{12}$

d) $539\frac{5}{12} - 354\frac{9}{20}$ e) $713\frac{5}{16} - 249\frac{9}{20}$ f) $369\frac{7}{32} - 289\frac{9}{24}$

g) $369\frac{3}{4} - 287\frac{9}{14}$ h) $632\frac{9}{10} - 255\frac{3}{16}$ i) $839\frac{7}{15} - 565\frac{7}{25}$

k) $516\frac{1}{2} - 175\frac{3}{4}$ l) $674\frac{4}{5} - 508\frac{1}{8}$ m) $225\frac{5}{12} - 126\frac{7}{9}$

4. a) $57 - 39\frac{5}{9}$ b) $132 - 68\frac{4}{11}$ c) $319 - 159\frac{3}{4}$

d) $207 - 118\frac{1}{2}$ e) $410 - 341\frac{6}{7}$ f) $101 - 56\frac{2}{3}$

8 Das Malnehmen (die Multiplikation) von Brüchen

1\. a) $\frac{5}{6} \cdot \frac{4}{5}$ b) $\frac{3}{10} \cdot \frac{5}{8}$ c) $\frac{5}{12} \cdot \frac{2}{3}$ d) $\frac{4}{15} \cdot \frac{7}{8}$

e) $\frac{9}{10} \cdot \frac{1}{4}$ f) $\frac{7}{24} \cdot \frac{2}{3}$ g) $\frac{5}{6} \cdot \frac{7}{8}$ h) $\frac{2}{7} \cdot \frac{4}{9}$

2\. a) $\frac{3}{4} \cdot 7\frac{1}{2}$ b) $\frac{5}{6} \cdot 4\frac{3}{4}$ c) $\frac{3}{8} \cdot 5\frac{5}{6}$ d) $\frac{6}{7} \cdot 3\frac{1}{4}$

e) $3\frac{5}{11} \cdot \frac{4}{5}$ f) $5\frac{1}{4} \cdot \frac{1}{6}$ g) $2\frac{7}{11} \cdot \frac{2}{3}$ h) $4\frac{3}{4} \cdot \frac{3}{4}$

3\. a) $4 \cdot 2\frac{1}{2}$ b) $6 \cdot 3\frac{3}{4}$ c) $8 \cdot 4\frac{4}{5}$

d) $12 \cdot 3\frac{1}{4}$ e) $14 \cdot 2\frac{1}{5}$ f) $13 \cdot 8\frac{7}{8}$

4\. a) $4\frac{3}{4} \cdot 27$ b) $3\frac{2}{3} \cdot 38$ c) $6\frac{7}{25} \cdot 45$

d) $6\frac{5}{12} \cdot 68$ e) $5\frac{4}{9} \cdot 87$ f) $4\frac{7}{12} \cdot 93$

5\. a) $12\frac{3}{8} \cdot 62\frac{8}{9}$ b) $13\frac{4}{7} \cdot 48\frac{4}{5}$ c) $25\frac{1}{2} \cdot 37\frac{2}{3}$

9 Das Teilen (die Division) von Brüchen

1. a) $\frac{4}{5} : \frac{2}{5}$ b) $\frac{6}{7} : \frac{2}{7}$ c) $\frac{7}{11} : \frac{1}{11}$ d) $\frac{8}{13} : \frac{2}{13}$

   e) $\frac{7}{8} : \frac{3}{8}$ f) $\frac{11}{12} : \frac{5}{12}$ g) $\frac{3}{14} : \frac{9}{14}$ h) $\frac{1}{10} : \frac{7}{10}$

2. a) $\frac{4}{7} : \frac{2}{3}$ b) $\frac{3}{8} : \frac{3}{4}$ c) $\frac{5}{6} : \frac{3}{8}$ d) $\frac{5}{12} : \frac{2}{3}$

   e) $2\frac{4}{5} : \frac{3}{4}$ f) $3\frac{3}{4} : \frac{5}{6}$ g) $7\frac{1}{3} : \frac{4}{9}$ h) $5\frac{5}{8} : \frac{5}{6}$

3. a) $1\frac{7}{8} : 1\frac{1}{4}$ b) $4\frac{3}{8} : 1\frac{3}{4}$ c) $3\frac{3}{4} : 2\frac{1}{2}$

   d) $5\frac{5}{8} : 2\frac{1}{4}$ e) $4\frac{7}{8} : 3\frac{1}{4}$ f) $5\frac{5}{16} : 4\frac{1}{4}$

4. a) $7\frac{3}{16} : 5\frac{3}{4}$ b) $14\frac{5}{8} : 9\frac{3}{4}$ c) $3\frac{3}{10} : 1\frac{1}{2}$

   d) $2\frac{1}{12} : 1\frac{1}{4}$ e) $2\frac{7}{9} : 1\frac{2}{3}$ f) $5\frac{5}{8} : 2\frac{1}{2}$

5. a) $2\frac{1}{32} : 1\frac{5}{8}$ b) $4\frac{4}{9} : 3\frac{1}{3}$ c) $6\frac{1}{9} : 3\frac{2}{3}$

   d) $5\frac{13}{15} : 4\frac{2}{5}$ e) $13\frac{1}{3} : 5\frac{1}{3}$ f) $9\frac{3}{10} : 6\frac{1}{5}$

10 Wiederholung und Vertiefung

1. a) $\frac{5}{12}$ von 36 b) $\frac{11}{12}$ von 72 c) $\frac{3}{7}$ von 49

   d) $\frac{3}{5}$ von 40 e) $\frac{5}{9}$ von 54 f) $\frac{4}{11}$ von 121

2. Der wievielte Teil von

   a) 12 ist 3 b) 15 ist 5 c) 21 ist 7

   d) 36 ist 4 e) 32 ist 8 f) 27 ist 3

3. Der wievielte Teil von

   a) 15 ist 12 b) 27 ist 24 c) 33 ist 21

   d) 72 ist 27 e) 81 ist 36 f) 96 ist 45

4. Wie heißt das Ganze?

   a) $\frac{2}{5}$ ist 16 b) $\frac{3}{7}$ ist 12 c) $\frac{5}{7}$ ist 20

   d) $\frac{3}{8}$ ist 27 e) $\frac{4}{9}$ ist 14 f) $\frac{3}{10}$ ist 33

5. Wie heißt das Ganze?

   a) $\frac{1}{4}$ ist 23 b) $\frac{2}{9}$ ist 31 c) $\frac{5}{7}$ ist 37

   d) $\frac{3}{5}$ ist 41 e) $\frac{4}{5}$ ist 59 f) $\frac{5}{9}$ ist 79

Zusätzliche Textaufgaben

A. Vom Einkaufen

1. Frau Renz kauft zu einem Kleid $4\frac{1}{4}$ m Stoff; 1 m kostet 14 DM.

2. Frau Welz fertigt ihren beiden Mädchen Sonntagskleider. Für 1 Kleid rechnet sie $2\frac{3}{4}$ m; 1 m Stoff kostet 6,80 DM.

3. Frau Schwab verbraucht täglich im Haushalt $1\frac{1}{2}$ Liter Milch. Berechne a) den Verbrauch in einer Woche (einschließlich Sonntag), b) im Monat Juli, c) im ganzen Jahr (365 Tage).

4. Corinna hat eingekauft, sie kann die große Einkaufstasche kaum tragen: $2\frac{1}{2}$ kg Mehl, $\frac{3}{4}$ kg Fleisch, $\frac{1}{4}$ kg Wurst, $1\frac{1}{2}$ kg Zucker, $\frac{1}{2}$ kg Nudeln und $\frac{1}{8}$ kg Kaffee.

B. Im Haushalt

5. Frau Schmidt möchte zum Geburtstag eine Nußtorte backen. Im Kochbuch steht folgendes Rezept: 150 g Zucker, 6 Eier, 6 Eßlöffel Wasser, 100 g Haselnüsse, 100 g Mandeln, 180 g Mehl, 4 g Backpulver. Da ihr die Torte etwas zu klein ist, nimmt Frau Schmidt die $1\frac{1}{2}$ fache Menge der Zutaten.

6. Frau Hellweg bekommt von ihren Verwandten 48 kg Kirschen geliefert, die samt Fracht auf 43,20 DM kommen. Für sich selbst behält sie die Hälfte; von der anderen Hälfte gibt sie $\frac{1}{3}$ ihrer Freundin, $\frac{1}{4}$ ihrer Nachbarin und den Rest ohne Preis-

aufschlag einer Bekannten. Wieviel kg Kirschen bekommt jede, und wieviel kosten sie?

7. Frau Holder richtet $\frac{7}{10}$-Liter-Flaschen, um $3\frac{1}{2}$ Liter Saft von schwarzen Johannisbeeren abzufüllen.

8. a) Frau Barth erntet in ihrem Garten $4\frac{1}{2}$ kg Erdbeeren, am nächsten Tag $5\frac{3}{4}$ kg und am folgenden Tag noch einmal $2\frac{1}{2}$ kg. Sie verkauft die geernteten Erdbeeren und erhält für jedes kg 1,40 DM.

   b) Ihre Kinder trinken gerne Himbeersaft. Frau Barth hat 5 Flaschen mit je $\frac{7}{10}$ Liter Inhalt und 3 Flaschen mit je $\frac{1}{2}$ Liter. Wieviel Saft kann sie in diese Flaschen einfüllen?

9. Frau Sonnemann möchte 16 Einkochgläser mit Bohnen füllen; für 1 Glas rechnet sie $\frac{3}{4}$ kg Bohnen.

10. $9\frac{1}{10}$ Liter Saft sollen in $\frac{7}{10}$-Liter-Flaschen gefüllt werden.

C. Vom Handel

11. Die Molkerei verschickt an einen Buttergroßhändler 18 Kartons Butter mit je 25 kg Inhalt. Die Butter ist in $\frac{1}{4}$-kg-Stücke gepackt. Berechne die Zahl der Einzelstücke.

12. Ein Milchgeschäft bestellt 2 Kartons Butter mit je 5 kg in Päckchen zu je $\frac{1}{8}$ kg und 1 Karton mit 15 kg in Päckchen zu je $\frac{1}{4}$ kg. Wie viele Päckchen jeder Größe sind zu liefern?

13. Ein Müller liefert einem Bäcker 30 Tüten Mehl im Gewicht von je $2\frac{1}{2}$ kg; 1 kg kostet 68 Pfennig.

14. Im Milchwerk wurden heute 6 850 Flaschen Milch mit je 1 Liter Inhalt, 2 850 Flaschen mit je $\frac{1}{2}$ Liter und 3 640 Flaschen mit je $\frac{1}{4}$ Liter Milch abgefüllt. Wie viele Liter Milch sind das im ganzen?

15. Für das Schulfrühstück wurden von den Schulen der Stadt Lemgo von Montag bis Freitag täglich 864 Fläschchen Kakao und 376 Fläschchen Milch mit je $\frac{1}{4}$ Liter Inhalt und 135 Fläschchen Joghurt mit je $\frac{1}{5}$ Liter Inhalt bestellt. Berechne

    a) wieviel Liter Kakao täglich bereitet werden müssen,

    b) wieviel Liter Milch abzufüllen sind,

    c) wieviel Liter Joghurt gebraucht werden,

    d) wie groß der Bedarf für die ganze Woche ist.

    e) Mache mit dem Milchwerk die Abrechnung für die ganze Woche, wenn $\frac{1}{4}$ Liter Kakao oder Milch 18 Pfennig, $\frac{1}{5}$ Liter Joghurt 25 Pfennig kostet.

16. In der Nudelfabrik Birkel & Co. kamen an einem Tag 4 860 Packungen Eiernudeln mit je $\frac{1}{4}$ kg und 2 750 Packungen mit je $\frac{1}{2}$ kg zum Versand. Berechne das Gesamtgewicht der Nudeln.

17. a) An das Lebensmittelfachgeschäft Ostertag werden 60 Beutel mit je $\frac{1}{4}$ kg und 20 Beutel mit je $\frac{1}{2}$ kg Eiernudeln geliefert.

b) An das Lebensmittelgeschäft Noske sind 2 Kartons Nudeln mit je 10 kg in $\frac{1}{4}$ -kg - Beutel zu verpacken. Der Lehrling bekommt den Auftrag. Wie viele Tüten muß er sich zurechtlegen?

18. Ein Bäcker stellt 26,5 kg Suppennudeln her und füllt sie in Tüten zu je $\frac{1}{4}$ kg. Er verkauft die Tüte für 65 Pfennig.

    a) Wie viele Tüten kann er füllen?

    b) Wie groß ist seine Einnahme, wenn er alles verkauft hat?

19. Eine Weinflasche faßt $\frac{7}{10}$ Liter, eine andere $\frac{3}{4}$ Liter. Wie groß ist der Unterschied?

D. Rund um die Uhr

20. Zwei Uhren werden genau nach Radiozeit gestellt. Nach 24 Stunden geht die eine $3\frac{1}{4}$ Minuten vor, die andere $1\frac{1}{2}$ Minuten nach. Wie viele Minuten weichen sie nach einem Tag voneinander ab?

21. Ein Eisenbahnzug fuhr um $11\frac{1}{4}$ Uhr aus Hamburg-Altona ab und kam pünktlich $3\frac{1}{2}$ Stunden später in Hannover an. Wie spät war es?

22. Der Zug aus München kam nach $10\frac{3}{4}$ Stunden Fahrt um $17\frac{1}{4}$ Uhr in Hannover an. Wann ist er in München abgefahren?

23. Der fahrplanmäßige Zug Stuttgart - Bremen kam in Bremen

mit $1\frac{1}{4}$ Stunden Verspätung um 20 Uhr an. Wann hätte er fahrplanmäßig ankommen sollen?

24. Vater plant einen Sonntagsausflug: Für die Bahnfahrt rechnet er $2\frac{1}{2}$ Stunden, Aufenthalt und Besichtigung $1\frac{3}{4}$ Stunden, Wanderung $2\frac{1}{4}$ Stunden, Rast $1\frac{1}{2}$ Stunden und für die Heimfahrt $1\frac{1}{4}$ Stunden. Wie lange ist die Familie unterwegs?

25. Herr Behrs macht bei Frau Fuhr Gartenarbeiten. Am ersten Tag arbeitet er $6\frac{1}{2}$ Stunden, am zweiten $7\frac{1}{4}$ Stunden und am dritten $5\frac{3}{4}$ Stunden. Für die Stunde rechnet er 2,10 DM. Außerdem gibt ihm Frau Fuhr täglich ein Mittagessen, das auf etwa 1,95 DM kommt. Wie hoch sind die Unkosten der Frau Fuhr?

26. Der längste Tag im Sommer ist bei uns $16\frac{3}{4}$ Stunden, der kürzeste Tag im Winter dagegen nur $7\frac{1}{2}$ Stunden lang. Um wieviel Stunden ist der Sommertag länger?

E. Vermischte Aufgaben

27. Vier Kinder sollen sich fünf gleiche Äpfel teilen. Wieviel bekommt jedes Kind?

28. Fünf Kinder sollen sich sechs (sieben, acht, neun) Äpfel teilen. Wieviel erhält jedes Kind?

29. Ein Maler hat in einer Wohnung folgende Flächen zu streichen: $19\frac{3}{4}$ qm, $23\frac{4}{5}$ qm, $17\frac{1}{4}$ qm, $25\frac{1}{2}$ qm und $31\frac{2}{5}$ qm. Mit einem Eimer Wandfarbe kann er 35 qm streichen. Wie viele Eimer muß er für diese Arbeit mindestens besorgen?

30. An einem Richtfest nehmen 38 Maurer und Zimmerleute teil. Jeder bekommt ein Essen, 6 Glas Bier mit je $\frac{2}{5}$ Liter Inhalt und $\frac{1}{4}$ Liter Wein.

a) Wieviel Bier und Wein muß der Wirt bereithalten?

b) Berechne die Kosten, wenn ein Essen 2,80 DM, 1 Glas Bier 38 Pfennig und $\frac{1}{4}$ Liter Wein 1,20 DM kosten.

31. a) Ernst verbraucht auf dem Schulausflug schon am ersten Verkaufsstand $\frac{1}{4}$ seines Geldes. Danach hat er noch 1,95 DM. Wieviel Geld hatte er mitgenommen?

b) Lotte hat am Abend noch $\frac{1}{3}$ ihres Geldes, nämlich 98 Pfennig.

c) Wenn Karl $\frac{2}{5}$ seines Geldes ausgibt, bleiben ihm noch 3,81 DM.

d) Erwin hat $\frac{7}{10}$ seines Geldes ausgegeben, jetzt hat er noch 1,14 DM.

F. Zum Knacken und Knobeln

32. Vermehre die gemischte Zahl $4\frac{3}{5}$ um $\frac{4}{5}$.

33. Vermindere die Zahl $7\frac{3}{10}$ um $\frac{3}{4}$.

34. Eine Zahl ist um $3\frac{5}{6}$ größer als $4\frac{1}{3}$. Wie heißt diese Zahl?

35. Eine Zahl ist um $3\frac{5}{6}$ kleiner als $4\frac{1}{3}$. Wie heißt diese Zahl?

36. Ziehe von der Summe der Brüche $\frac{3}{4}$, $\frac{2}{3}$, $\frac{5}{6}$ und $\frac{7}{12}$ die Summe der Brüche $\frac{1}{2}$, $\frac{1}{6}$ und $\frac{1}{4}$ ab.

37. Berechne die Summe der gemischten Zahlen $7\frac{3}{4}$, $2\frac{1}{2}$ und $4\frac{5}{8}$.

38. Die Summe meiner drei Brüche ist $36\frac{5}{8}$; mein erster Bruch heißt $8\frac{3}{4}$, mein zweiter $13\frac{1}{2}$; wie heißt mein dritter Bruch?

39. Ich denke mir eine Zahl und füge $3\frac{7}{8}$ hinzu; dann kommt $6\frac{3}{4}$ heraus. Welche Zahl habe ich mir gedacht?

40. Ich denke mir eine Zahl und ziehe davon $5\frac{3}{10}$ ab; das Ergebnis ist $4\frac{4}{5}$. Wie heißt die gedachte Zahl?

41. Das 7-fache meiner Zahl ist $6\frac{1}{8}$. Wie heißt diese Zahl?

42. Wenn ich meine Zahl mit 8 vervielfache und zum Ergebnis $2\frac{9}{10}$ hinzuzähle, kommt $7\frac{7}{10}$ heraus.

Ein Teil dieser Aufgaben wurde entnommen dem Werk
Mein Rechenbegleiter
Heft für das 5. und 6. Schuljahr (Klettbuch 16033)

Alphabetisches Stichwortverzeichnis

Die angegebenen Seitenzahlen verweisen Dich auf den Lernabschnitt (oder die Lernabschnitte), in denen Du eine ausführliche Erklärung finden kannst.

Addition

Das Fremdwort addieren bedeutet hinzufügen (im Sinne von zusammenzählen). Addition ist das Hauptwort dazu. Die Zahlen, die man addiert, heißen Summanden. Das Ergebnis der Addition ist die Summe. Zusammengefaßt (in einer Gleichung) sieht das so aus:

3 + 5 = 8

Summand plus Summand gleich Summe

Für die Addition gilt das Vertauschungsgesetz; die Reihenfolge der Summanden kann vertauscht werden:

3 + 5 = 8 und 5 + 3 = 8, also 3 + 5 = 5 + 3 usw.

Bruch (1 A, 11 A, 14 A)

$\frac{3}{7}$ ist das Zeichen für einen Bruch und wird gelesen: "drei Siebtel".

Die Zahl über dem Bruchstrich ist der Zähler, die Zahl unter dem Bruchstrich heißt Nenner. $\frac{3}{7}$ bedeutet, daß ein Ganzes (oder eine Menge) in sieben gleiche Teile aufgeteilt ist; drei Teile (von diesen sieben Teilen) werden durch diesen Bruch hervorgehoben (bezeichnet). $\frac{3}{7}$ kann auch als andere Schreibweise für die Division 3 : 7 aufgefaßt werden.

Division

Das Fremdwort dividieren bedeutet teilen; das Hauptwort dazu heißt Division. Beispiel:

15 : 5 = 3

Divisor

Das Fremdwort Divisor bedeutet Teiler. Der Divisor ist ein Teil einer Divisionsaufgabe:

$$12 \quad : \quad 4 \quad = \quad 3$$

Dividend durch Divisor gleich Quotient

Dividend und Divisor dürfen nicht vertauscht werden.

Echter Bruch (40 A)

Einen Bruch wie $\frac{3}{4}$, dessen Zähler kleiner ist als der Nenner, bezeichnet man als echten Bruch.

Erweitern (111 A)

Einen Bruch erweitern heißt: Zähler und Nenner mit derselben Zahl malnehmen (multiplizieren). Erweitern bedeutet für den Bruch keine Wertänderung. Beispiele:

$$\frac{1}{3} = \frac{\dots}{12}; \quad \frac{1}{3} = \frac{1 \cdot 4}{3 \cdot 4} = \underline{\underline{\frac{4}{12}}}$$

$$\frac{1}{3} = \frac{2}{6} = \frac{3}{9} = \frac{4}{12} = \frac{5}{15} \text{ usw.}$$

Als Erweiterungszahl kann jede ganze Zahl benutzt werden. Durch Erweitern kann man Brüche auf den Hauptnenner bringen (gleichnamig machen).

Faktor

Das Fremdwort Faktor bedeutet Macher. Der Faktor ist ein Teil einer Multiplikationsaufgabe:

$$3 \quad \cdot \quad 5 \quad = \quad 15$$

Faktor mal Faktor gleich Produkt

Faktoren können vertauscht werden:

$3 \cdot 5 = 15$ und $5 \cdot 3 = 15$, also $3 \cdot 5 = 5 \cdot 3$

Ganze Zahlen

siehe: Zahlen

Gemeinsamer Teiler (75 A)

Jede Zahl, die in mehreren Zahlen als Teiler (ohne Rest) enthalten ist, heißt ein gemeinsamer Teiler dieser Zahlen. Beispiel:

Teiler von 12: 1 , 2 , 3 , 4, 6 , 12.
Teiler von 18: 1 , 2 , 3 , 6 , 9, 18.
Teiler von 30: 1 , 2 , 3 , 5, 6 , 10, 15, 30.

1, 2, 3 und 6 sind gemeinsame Teiler von 12, 18 und 30.

Gemeinsame Vielfache mehrerer Zahlen (64 A)

Wenn man die Vielfachen von zwei oder mehr verschiedenen Zahlen bildet, findet man in diesen Zahlenfolgen gemeinsame Vielfache. Beispiel:

4: 4, 8, 12 , 16, 20, 24 , 28, 32, 36 , ...
6: 6, 12 , 18, 24 , 30, 36 , ...

12, 24, 36, 48, ... sind die gemeinsamen Vielfachen von 4 und 6. Zu zwei Zahlen gibt es immer (beliebig viele) gemeinsame Vielfache.

Gemischte Zahlen (1 A)

Zahlen wie $1\frac{3}{4}$, die aus einer ganzen Zahl und einem echten Bruch zusammengesetzt sind, heißen gemischte Zahlen. $1\frac{3}{4}$ ist eine abgekürzte Schreibweise für $1 + \frac{3}{4}$.

Gleichnamig machen (116 A)

Durch Erweitern kann man Brüche auf den Hauptnenner bringen. Dies nennt man gleichnamig machen. Bei der Addition und Subtraktion von ungleichnamigen Brüchen muß man die Brüche zuerst gleichnamig machen.

Gleichnamige Brüche (110 A)

Brüche nennt man gleichnamig, wenn sie den gleichen Nenner haben. Beispiele:

$$\frac{1}{5}, \frac{3}{5}, \frac{4}{5} \quad \text{oder} \quad \frac{2}{7}, \frac{3}{7}, \frac{5}{7}, \frac{6}{7}$$

Gleichung (34 A)

Wenn man ausdrücken will, daß zwei Zahlen oder Zahlenausdrücke gleich sind, setzt man das Gleichheitszeichen = :

$$\frac{6}{8} = \frac{3}{4} \qquad 1\tfrac{1}{2} = \frac{3}{2} \qquad 3 \cdot 5 = 15 \qquad \frac{5}{8} : \frac{3}{4} = \frac{5}{8} \cdot \frac{4}{3}$$

Dies sind vier Beispiele für Gleichungen.

Größter gemeinsamer Teiler (g g T) (83 A)

Die größte Zahl, die in mehreren Zahlen als Teiler (ohne Rest) enthalten ist, heißt der größte gemeinsame Teiler (g g T) dieser Zahlen. Beispiel:

Teiler von 12:	1,	2,	3,	4,		6,				12.		
Teiler von 18:	1,	2,	3,			6,	9,				18.	
Teiler von 30:	1,	2,	3,		5,	6,		10,	15,			30.

1, 2, 3 und 6 sind gemeinsame Teiler von 12, 18 und 30. Die Zahl 6 ist der größte gemeinsame Teiler dieser Zahlen.

Der g g T wird in der Bruchrechnung zum Kürzen benötigt. Beispiel:

$\frac{18}{30}$; der g g T von 18 und 30 ist 6. Wir können daher $\frac{18}{30}$ durch 6 kürzen: $\frac{18 : 6}{30 : 6} = \frac{3}{5}$

Hauptnenner (116 A)

Der Hauptnenner mehrerer ungleichnamiger Brüche ist das kleinste gemeinsame Vielfache (k g V) der Einzelnenner. Beispiel:

$$\frac{1}{4};\ \frac{1}{6};\ \frac{1}{8}$$

Das k g V von 4, 6 und 8 ist 24. 24 ist der Hauptnenner dieser drei Einzelnenner.

HERKUles-Regel (147 A)

- H Hauptnenner suchen (k g V der Einzelnenner);
- E durch Erweitern alle Brüche der Aufgabe auf den Hauptnenner bringen;
- R Rechnen (addieren oder subtrahieren);
- K das Ergebnis durch Kürzen (g g T) auf die einfachste Form bringen;
- U unechte Brüche in gemischte Zahlen umwandeln.

Kleinste gemeinsame Vielfache (k g V) (71 A)

Von zwei oder mehr Zahlen gibt es immer (beliebig viele) gemeinsame Vielfache. Die kleinste dieser Zahlen nennt man das kleinste gemeinsame Vielfache (k g V) dieser Zahlen. Man benötigt das k g V, um den Hauptnenner ungleichnamiger Brüche zu finden.

Kürzen (134 A)

Einen Bruch kürzen heißt: Zähler und Nenner durch dieselbe Zahl teilen (dividieren). Kürzen bedeutet für den Bruch keine Wertänderung. Beispiel: $\frac{8}{16} = \frac{\ldots}{2}$ $\quad \frac{8}{16} = \frac{8 : 8}{16 : 8} = \underline{\underline{\frac{1}{2}}}$.

Kürzungszahl kann jede ganze Zahl sein, die als gemeinsamer Teiler in Zähler und Nenner enthalten ist. Benutzt man als Kürzungszahl den größten gemeinsamen Teiler (g g T) von Zähler und Nenner, bringt man einen Bruch auf seine einfachste Form. In dieser Form, die nicht mehr gekürzt werden kann, soll stets das Ergebnis einer Bruchrechnung stehen.

Multiplikation

Das Fremdwort multiplizieren bedeutet vervielfachen im Sinne von malnehmen. Das Hauptwort dazu ist Multiplikation. Die Multiplikation ist eine Kurzform der Addition gleicher Summanden:

$$5 + 5 + 5 + 5 + 5 + 5 + 5 = 35$$
$$7 \cdot 5 = 35$$

Für die Multiplikation gilt das Vertauschungsgesetz:

$$7 \cdot 5 = 5 \cdot 7,$$

weil $7 \cdot 5 = 35$ und auch $5 \cdot 7 = 35$ ist.

Nenner (14 A)

Mit Nenner bezeichnet man in einem Bruch die Zahl unter dem waagerechten Bruchstrich. Er gibt an, in wie viele gleiche Teile das Ganze (oder die Menge) aufgeteilt ist.

Primzahlen (65 A)

Jede ganze (natürliche) Zahl, die nur durch 1 und sich selbst teilbar ist, nennt man Primzahl. Primzahlen haben also nur zwei Teiler. Die ersten zehn Primzahlen sind:

2, 3, 5, 7, 11, 13, 17, 19, 23, 29

(Die Zahl 1 ist keine Primzahl; sie hat nur einen Teiler, nämlich sich selbst.)

Scheinbruch (53 A)

Ist der Zähler ein Vielfaches des Nenners, spricht man von Scheinbrüchen. Sie sind eine andere Schreibweise für ganze Zahlen.

Beispiele: $\frac{8}{2} = 4$, $\quad \frac{5}{5} = 1$, $\quad \frac{12}{4} = 3$

Stammbruch

Brüche mit dem Zähler 1 wie $\frac{1}{2}$, $\frac{1}{3}$, $\frac{1}{7}$, ... heißen Stammbrüche.

Subtraktion

Das Fremdwort subtrahieren bedeutet abziehen, Subtraktion ist das Hauptwort dazu. Beispiel:

$$8 - 5 = 3$$

Summand

Das Fremdwort Summand bedeutet das Zusammenzuzählende. Die einzelnen Glieder bei der Addition heißen Summanden:

3 + 7 = 10
Summand plus Summand gleich Summe

Summanden können vertauscht werden:
$3 + 7 = 10$ und $7 + 3 = 10$, also $3 + 7 = 7 + 3$

Teilbar (56 A)

Eine Zahl ist durch eine andere Zahl teilbar, wenn beim Teilen (bei der Division) kein Rest bleibt. Beispiel:

$35 : 5 = 7$ $35 : 7 = 5$

35 ist durch 5 und 7 teilbar, außerdem durch 1 und durch 35; denn:

$35 : 1 = 35$; $35 : 35 = 1$

35 ist durch 1, 5, 7 und 35 teilbar.

Teiler (56 A)

35 ist durch 5 (ohne Rest) teilbar. Man sagt, 5 ist ein Teiler von 35. 35 ist auch durch 1, 7 und 35 teilbar; denn:

$35 : 7 = 5$; $35 : 1 = 35$; $35 : 35 = 1$

Die Zahlen 1, 5, 7 und 35 sind Teiler von 35.

Teilerfremd (82 A)

Zahlen heißen teilerfremd, wenn sie nur die Zahl 1 als gemeinsamen Teiler haben. Beispiel: 15 und 16 sind teilerfremd, denn 15 hat die Teiler 1, 3, 5, 15.
16 hat die Teiler 1, 2, 4, 8. 16.

Beide Zahlen sind zusammengesetzte Zahlen, enthalten aber außer 1 keinen gemeinsamen Teiler.
Verschiedene Primzahlen sind stets teilerfremd zueinander.

Unechter Bruch (40 A)

Einen Bruch wie $\frac{5}{3}$, dessen Zähler größer ist als der Nenner, bezeichnet man als unechten Bruch. Man kann ihn in eine gemischte Zahl umwandeln. Beispiele: $\frac{5}{3} = 1\frac{2}{3}$ oder $\frac{13}{2} = 6\frac{1}{2}$

Ungleich (185 A)

Das Zeichen $\neq$ bedeutet "ist nicht gleich" und drückt aus, daß zwei Zahlen (oder Zahlenausdrücke) nicht gleich sind. Beispiele:
$3 \neq 7$ $3 : 5 \neq 5 : 3$ $3\frac{1}{2} \neq \frac{31}{2}$

Vielfache einer Zahl (67 A)

Wenn man eine Zahl mit einer ganzen Zahl malnimmt (multipliziert), erhält man ein Vielfaches der Zahl.

Zähler (14 A)

Mit Zähler bezeichnet man in einem Bruch die Zahl über dem waagerechten Bruchstrich. Er gibt an, wie viele gleiche Teilstücke des Ganzen oder wie viele gleiche Teile einer Menge durch den Bruch bezeichnet werden.

Zahlen (93 A)

Die Zahlenfolge 1, 2, 3, 4, 5, 6, 7, 8, ... enthält alle Zahlen, die zu der Menge der ganzen Zahlen gehören. Diese Zahlenfolge entsteht, wenn man von 1 aus immer wieder um 1 weiterzählt. Die Menge der ganzen Zahlen besteht aus drei Zahlenarten:
1. die Zahl 1; sie hat nur einen Teiler, nämlich sich selbst;
2. die Primzahlen (2, 3, 5, 7, ...); sie enthalten zwei Teiler, nämlich die Zahl 1 und sich selbst;
3. die zusammengesetzten Zahlen (4, 6, 8, ...); sie enthalten mindestens drei Teiler.

Zusammengesetzte Zahlen (65 A)

Alle ganzen (natürlichen) Zahlen, die außer 1 und sich selbst noch andere Zahlen als Teiler enthalten, nennt man zusammengesetzte Zahlen. Sie haben also mindestens drei Teiler. Die ersten fünf zusammengesetzten Zahlen, die zur Menge der ganzen Zahlen gehören, sind 4, 6, 8, 9, 10:
4 hat die Teiler 1, 2 und 4;
6 hat die Teiler 1, 2, 3 und 6;
8 hat die Teiler 1, 2, 4 und 8;
9 hat die Teiler 1, 3 und 9;
10 hat die Teiler 1, 2, 5 und 10.
Die Zahl 1 und die Primzahlen sind keine zusammengesetzten Zahlen.

Hat Dir das Buch gefallen? Dann interessieren Dich vielleicht auch

weitere TT - Programme

Dezimalrechnen (einschließlich Elternbegleitheft)

von H. Lindner zusammen mit H. Michalke und E. Moltzen

344 S., zahlreiche Abb.,	Linson	15,60 DM	(Klettbuch 7654)
	Paperback	11,40 DM	(Klettbuch 76542)

Das Komma spielt, wie Du sicher weißt, beim Geld, beim Messen und Wiegen eine entscheidende Rolle. Wie das Komma bei Zahlen hin und her hüpft und nach welcher Regel man es setzt, lernst Du in diesem Buch. Wenn Du es durchgearbeitet hast, kann Dich kein Komma bei Zahlen mehr in Verlegenheit bringen.

Wenn Du eine Realschule oder ein Gymnasium besuchst, benötigst Du die

Trigonometrie (einschließlich Begleitheft)

von H. Lindner zusammen mit R. Brinker und F. Thayssen

356 S., zahlreiche Abb.,	Linson	16,80 DM	(Klettbuch 7653)
	Paperback	12,20 DM	(Klettbuch 76532)

Hast Du schon beobachtet, daß Karten im Maßstab 1 : 25 000 oder 1 : 50 000 viele kleine Dreiecke mit einem Punkt enthalten (⚠)? Diese Punkte sind die Grundlage der Landvermessung, die Grundlage für Wander- und Autokarten und für die genaue Lagebestimmung jedes gewünschten Ortes auf der Karte. Durch das Berechnen von Dreiecken kann jeder Punkt der Erdoberfläche genau vermessen werden. Diese Dreiecksmessung heißt Trigonometrie.

Übrigens:
Wenn Du die **Bruchrechnung** weiterempfehlen willst, dann beachte, daß es jetzt auch eine kartonierte Ausgabe (Paperback-Ausgabe) für 13,20 DM gibt (Linson 18,80 DM).